A NAVALHA DE OCKHAM

A NAVALHA DE OCKHAM

O PRINCÍPIO FILOSÓFICO QUE
LIBERTOU A CIÊNCIA E AJUDOU
A EXPLICAR O UNIVERSO

JOHNJOE McFADDEN

SEXTANTE

Título original: *Life is Simple*

Copyright © 2021 por Johnjoe McFadden Limited
Copyright da tradução © 2022 por GMT Editores Ltda.

Todos os direitos reservados. Nenhuma parte deste livro pode ser utilizada ou reproduzida sob quaisquer meios existentes sem autorização por escrito dos editores.

tradução: George Schlesinger
preparo de originais: Denise Pasito Saú | Ab Aeterno
revisão técnica: Luany Molissani | Ab Aeterno
revisão: Luis Américo Costa, Midori Hatai e Priscila Cerqueira
diagramação e adaptação de capa: Ana Paula Daudt Brandão
capa: Ann Kirchner
imagem de capa: NASA, ESA, N. Smith (Universidade do Arizona) e J. Morse (BoldlyGo Institute)
impressão e acabamento: Lis Gráfica e Editora Ltda.

CIP-BRASIL. CATALOGAÇÃO NA PUBLICAÇÃO
SINDICATO NACIONAL DOS EDITORES DE LIVROS, RJ

M429n

McFadden, Johnjoe
    A navalha de Ockham / Johnjoe McFadden ; tradução George Schlesinger. - 1. ed. - Rio de Janeiro : Sextante, 2022.
    368 p. ; 23 cm.

    Tradução de: Life is simple
    ISBN 978-65-5564-426-5

    1. William, - de Ockham, - aproximadamente 1285-aproximadamente 1349. 2. Ciência - Filosofia. 3. Ciência - Metodologia. I. Schlesinger, George. II. Título.

22-78362
CDD: 501
CDU: 57.01

Gabriela Faray Ferreira Lopes - Bibliotecária - CRB-7/6643

Todos os direitos reservados, no Brasil, por
GMT Editores Ltda.
Rua Voluntários da Pátria, 45 – Gr. 1.404 – Botafogo
22270-000 – Rio de Janeiro – RJ
Tel.: (21) 2538-4100 – Fax: (21) 2286-9244
E-mail: atendimento@sextante.com.br
www.sextante.com.br

*Dedico este livro a Pen e Ollie,
que me ajudaram a permanecer são.*

Sumário

Introdução	9
PARTE I Descoberta	19
1 De eruditos e hereges	21
2 A física de Deus	39
3 A navalha	53
4 Quão simples são os direitos?	69
5 A centelha	81
6 O interregno	95
PARTE II O destravamento	113
7 O cosmo heliocêntrico, mas hermético	115
8 Quebrando as esferas	127
9 Trazendo simplicidade para a Terra	149
10 Espíritos sapientes e átomos	161
11 A noção de movimento	183
12 Fazendo o movimento funcionar	193
PARTE III Navalhas da vida	205
13 A faísca vital	207
14 A direção crucial da vida	229
15 De ervilhas, prímulas, moscas e roedores cegos	255

PARTE IV A navalha cósmica   271
   16 O melhor de todos os mundos possíveis?   273
   17 Um *quantum* de simplicidade   287
   18 Abrindo a navalha   303
   19 O mais simples de todos os mundos possíveis?   317

   Epílogo   341
   Agradecimentos   345
   Créditos   347
   Notas   349

Introdução

É maio de 1964. Dois físicos americanos contemplam um instrumento científico do tamanho de um caminhão. O equipamento, no formato de uma gigantesca corneta acústica, está no topo de um pequeno morro na cidadezinha de Holmdel, em Nova Jersey. Os homens estão na casa dos 30 anos. Arno Penzias, nascido em uma família judia da Baviera que fugiu para o Bronx em 1939, é alto, usa óculos e está perdendo cabelo. Robert Woodrow Wilson, de Houston, Texas, também é alto, tem barba escura e é careca. A dupla se conheceu em uma conferência apenas dois anos antes – Penzias falando pelos cotovelos; Wilson, tímido e cauteloso. Logo se entenderam e uniram forças nos mundialmente famosos Laboratórios Bell para trabalhar em um projeto de mapeamento estelar por meio de micro-ondas. Ambos olham perplexos para o céu.

FIGURA 1: Arno Penzias e Robert Wilson observando a antena em forma de corneta acústica dos Laboratórios Bell.

As micro-ondas, uma radiação com comprimentos de onda entre 1 milímetro e 1 metro, haviam sido descobertas quase um século antes e se tornaram um assunto polêmico quando cientistas militares tentaram, na Segunda Guerra Mundial, utilizá-las para criar armas capazes de derrubar mísseis inimigos. Após a guerra, empresas de telecomunicações também passaram a se interessar pelas micro-ondas depois que o físico Robert H. Dicke, trabalhando no famoso Massachusetts Institute of Technology (Instituto de Tecnologia de Massachusetts; MIT, na sigla em inglês), projetou um eficiente receptor capaz de detectá-las. Com emissor e detector disponíveis, um novo meio de comunicação sem fio estava prestes a surgir.

Em 1959, os Laboratórios Bell construíram em Holmdel a antena em forma de corneta acústica para detectar micro-ondas refletidas por satélites. No entanto, esse interesse foi diminuindo e o foco se voltou para outras tecnologias de comunicação sem fio. Assim, a Bell passou a emprestar a antena para que cientistas pudessem fazer bom uso de uma corneta acústica gigante para captar micro-ondas, como Penzias e Wilson, cujo objetivo era mapear o céu. Em 20 de maio de 1964, eles foram para a sala de controle – uma espécie de cabana elevada conectada com a extremidade traseira da corneta – e apontaram a antena para o alto. No entanto, para onde quer que olhassem, mesmo mirando as regiões mais escuras do céu noturno, com raras estrelas, detectaram apenas um baixo e intrigante ruído de fundo, uma estática ou chiado.[1]

O primeiro palpite foi que havia algum tipo de interferência de uma fonte local de micro-ondas. Os dois logo descartaram a possibilidade de essa interferência vir da cidade de Nova York, de testes nucleares, de uma instalação militar próxima e de perturbações atmosféricas. Rastejando dentro da antena, descobriram um par de pombos empoleirados e desconfiaram que seus dejetos pudessem ter causado os ruídos. Prepararam armadilhas e limparam a sujeira, mas, como os pássaros sempre voltavam, decidiram abatê-los. Mesmo assim, sempre que apontavam o instrumento para o céu noturno, ele continuava chiando.

A Universidade de Princeton fica a cerca de uma hora de carro de Holmdel. Depois da guerra, Robert Dicke havia se mudado para lá a fim de lecionar e comandar um grupo de pesquisa focado em física de partículas, lasers e cosmologia. Seu laboratório especializou-se em desenvolver instrumentos sensíveis para testar predições cosmológicas da teoria da relatividade geral de Einstein. A cosmologia estava sendo discutida por dois grupos rivais de teóricos que competiam para explicar a impressionante descoberta de Edwin Hubble, ocorrida décadas antes, de que o Universo estava se expandindo. Um dos campos favorecia a teoria do estado estacionário, segundo a qual o Universo sempre estivera se expandindo, equilibrado por uma criação contínua de matéria em seus espaços. Os teóricos rivais, incluindo Dicke, entendiam a expansão como um processo iniciado cerca de 14 bilhões de anos antes, propondo que o Universo teria se originado de uma explosão cataclísmica a partir de um minúsculo ponto.

O problema é que não era fácil distinguir as teorias rivais, uma vez que ambas faziam predições muito parecidas. De todo modo, Dicke percebeu que uma explosão que tivesse originado o Universo deixaria para trás uma evidência: uma nuvem uniforme de micro-ondas de baixa radiação. Ele reconheceu que o tipo de radar que desenvolvera no MIT poderia ser adaptado para detectar uma nuvem de energia cósmica. A radiação em micro-ondas seria, no entanto, muito mais fraca do que qualquer sinal conhecido, por isso sua detecção exigiria uma nova geração de radares de micro-ondas altamente sensíveis. Então Dicke e seu grupo da Universidade de Princeton decidiram construir um.

Nos anos seguintes, membros do grupo realizaram palestras descrevendo seu progresso nas pesquisas. Um colega de Penzias e Wilson compareceu a uma dessas reuniões e comentou com a dupla as notícias sobre os esforços da equipe de Princeton. Seria possível que o persistente chiado de micro-ondas da antena fosse o sinal que Dicke estava procurando? Então, durante uma reunião entre Dicke e seus colegas no escritório em Princeton, o telefone tocou. Do outro lado da linha estava Penzias. Todos os presentes se lembram de Dicke escutando atentamente ao telefone, de vez em quando repetindo "antena de corneta" ou "excesso de ruído" enquanto assentia. Ao desligar, Dicke se virou para o grupo e disse: "Bem, rapazes, nos passaram a perna." Ele percebeu que Penzias e Wilson haviam descoberto o Big Bang.

No dia seguinte, Dicke e sua equipe foram até os Laboratórios Bell para admirar a antena e analisar os dados de forma mais meticulosa. Voltaram convencidos de que Penzias e Wilson tinham, de fato, descoberto as micro-ondas remanescentes do Big Bang. O que mais impressionou as duas equipes foi a suave uniformidade da radiação cósmica de fundo em micro--ondas (RCFM), como foi posteriormente chamada. Até onde foram capazes de perceber, tinha exatamente a mesma intensidade em qualquer ponto do céu para onde olhassem. Essa descoberta rendeu a Penzias e Wilson o Prêmio Nobel de Física em 1978. Cerca de uma década mais tarde, a NASA lançou seu satélite COBE (Cosmic Background Explorer, ou Explorador da Radiação Cósmica de Fundo) para fornecer medições mais precisas e descobriu tênues ondulações na RCFM, com variações na intensidade de radiação menores que uma parte em 100 mil. Isso é muito inferior à variação de brancura que se veria na mais branca folha de papel existente. Já em 1998 a European Space Agency (Agência Espacial Europeia; ESA, na sigla em inglês) lançou seu detector de micro-ondas, o Observatório Espacial Planck, e confirmou tanto as leves ondulações quanto a extraordinária uniformidade da RCFM.

FIGURA 2: Radiação cósmica de fundo em micro-ondas.

A RCFM é uma espécie de fotografia do Universo tirada quando ele era menor que a Via Láctea. Sua uniformidade significa que, naquele momento, quando o primeiro raio de luz emergiu de trilhões de átomos, nosso Universo era simples. Na verdade, a RCFM continua sendo a matéria mais simples que conhecemos, ainda mais simples que um único átomo. Ela pode ser descrita por um único número, 0,00001, que se refere ao grau de variação da intensidade de suas ondulações. Como afirmou Neil Turok, diretor emérito do Instituto Perimeter de Física Teórica, em Ontário, no Canadá, a RCFM revela que "o Universo é impressionantemente simples [...] [tanto que] não sabemos como foi que a natureza conseguiu resolver isso".[2]

O Universo se *lembra* de seu começo simples, de modo que, 14 bilhões de anos após o Big Bang, suas peças continuam simples. Este livro trata de revelar essas peças – os blocos de construção simples do nosso Universo – por meio de uma ferramenta conhecida como navalha de Ockham, batizada em homenagem a um frade franciscano chamado Guilherme de Ockham, que viveu sete séculos antes de Penzias e Wilson.

Meu interesse por essa simplicidade começou durante uma reunião de pesquisa em biologia ocorrida no meu local de trabalho na Universidade de Surrey, no Reino Unido, mais ou menos na época em que a ESA lançou sua missão Planck para medir a RCFM. Ali fui a uma palestra com o provocante título "A navalha de Ockham não tem lugar na biologia", proferida por meu amigo e colega Hans Westerhoff. O ponto crucial do argumento de Hans era que a vida era complexa demais, até mesmo "irredutivelmente complexa", nas palavras dele, para que a navalha de Ockham tivesse alguma utilidade. Naquela época, mais de duas décadas atrás, eu não sabia nada sobre Ockham e sua navalha, mas me lembrava de passar de carro todos os dias, a caminho do trabalho, por uma placa na estrada indicando o vilarejo de Ockham. A coincidência foi suficiente para despertar meu interesse e me convencer a varrer a internet na mesma noite em busca de alguma informação que pudesse salvar a reputação da tal navalha.

Minha busca logo revelou que a navalha de fato tinha sido batizada com o nome de Guilherme de Ockham, nascido no vilarejo próximo, em Surrey, no fim do século XIII. Depois de entrar para a ordem dos franciscanos, ele estudou teologia em Oxford, onde desenvolveu sua preferência pelas soluções mais simples. Essa ideia não era totalmente nova, mas a aplicação implacável desse princípio para desmantelar boa parte da filosofia medieval tornou-se tão notória que, três séculos depois de sua morte, o teólogo francês Libert Froidmont cunhou o termo "navalha de Ockham". Referia-se à preferência de Guilherme por cortar o excesso de complexidade.[3]

Hoje, o conceito da navalha é conhecido principalmente como "entidades não devem ser multiplicadas além da necessidade". A palavra "entidades" refere-se às partes de uma hipótese, explicação ou modelo de qualquer sistema. Assim, se você detectar inesperadamente micro-ondas na sua antena em forma de corneta acústica, procure entidades familiares para explicar o fenômeno, como radares ou pombos, antes de inventar entidades novas, como Big Bangs. Até onde sabemos, Guilherme nunca manifestou sua preferência pela parcimônia usando exatamente essas palavras, mas expressou a ideia em frases como "A pluralidade não deve ser postulada sem necessidade" ou "É inútil fazer com mais aquilo que pode ser feito com menos".

Na noite seguinte ao seminário de Hans, passei a estudar a história de Guilherme de Ockham e quanto mais eu me aprofundava, mais fascinante ela me parecia. As ideias do frade, inclusive seu desmantelamento de todas as "provas" estabelecidas sobre a existência de Deus, ultrapassaram as fronteiras de Oxford e provocaram uma acusação de heresia e uma convocação para enfrentar um julgamento perante o papa, em Avignon. Uma vez lá, Guilherme se envolveu em um conflito ainda mais grave entre o papa e os franciscanos, o que o levou a acusar Sua Santidade de heresia e obrigou-o a fugir da cidade, perseguido por um grupo de soldados papais.

Essa passagem foi emocionante, mas eu já tinha munição suficiente para defender nosso herói local. Na minha palestra no dia seguinte, ressaltei que a navalha, em sua formulação mais conhecida, afirma apenas que "entidades não devem ser multiplicadas além da necessidade". A expressão "além da necessidade" é generosa. Se todas as explicações mais simples para um fenômeno fracassam, a navalha dá plena licença para criar quantas noções disparatadas forem necessárias, tais como a alegação de que o Universo explodiu a partir de um ponto infinitesimal há 14 bilhões de anos. Como dizia Sherlock Holmes, "Uma vez que se elimina o impossível, o que sobra, seja lá o que for, não importa quão improvável seja, deve ser a verdade".[4] Assim, quando Hans argumentou que a navalha é um instrumento grosseiro demais para lidar com os delicados sustentáculos da biologia, contrapus que a expressão "além da necessidade" nos permite criar tantas entidades quantas precisarmos, mas sem passar disso.

O debate continua, mas agora sob a influência do meu fascínio por Guilherme, por seu trabalho e pelo papel de sua navalha na ciência. A pesquisa me levou dos claustros de Oxford e palácios de Avignon às primeiras faíscas da ciência moderna no mundo medieval. Desde então sigo seu rastro, da mesma forma que o fizeram alguns gigantes da ciência moderna – de Copérnico a Kepler, passando por Newton, Einstein e Darwin, todos expressando uma preferência por soluções simples. Essa jornada me convenceu de que a simplicidade não é apenas uma ferramenta da ciência, ao lado da experimentação; está para a ciência assim como os números estão para a matemática e as notas para a música. De fato, em última análise, creio que a simplicidade é o que separa a ciência da miríade de outras formas de dar sentido ao mundo. Em 1934, Albert Einstein insistiu que "o grande objetivo de toda a ciência [é] cobrir o maior número de fatos empíricos por dedução lógica a partir do menor número possível de hipóteses ou axiomas".[5] A navalha de Ockham nos ajuda a encontrar "o menor número possível de hipóteses ou axiomas".

Mas o trabalho da navalha de Ockham não está terminado, e continua tão controverso quanto na época de Guilherme. À medida que a física avança lentamente rumo às teorias mais simples, os biólogos lutam para extrair teorias simples do acelerado fluxo de dados que jorra da genômica e outras tecnologias "-ômicas". Estatísticos debatem constantemente seu valor e sua significância. Há não muito tempo, um grupo de cientistas franceses publicou um artigo defendendo a ideia de que modelos simples aperfeiçoados pela navalha dão mais sentido à pandemia de Covid-19 do que os volumosos e incômodos modelos usados pela maioria dos epidemiologistas. Na ciência de ponta, a simplicidade continua a nos apresentar as percepções mais profundas, enigmáticas e, às vezes, inquietantes.

Talvez o mais surpreendente seja isto: fica cada vez mais claro que o valor da navalha de Ockham não se limita à ciência. William Shakespeare insistia que "a brevidade é a alma da sagacidade", e a modernidade levou esse princípio a sério. Da música minimalista de John Cage às linhas arquitetônicas limpas de Le Corbusier, da prosa enxuta de Samuel Beckett às linhas suaves do iPad, a cultura moderna está impregnada de simplicidade. A navalha de Ockham encontra expressão no conselho do arquiteto Mies van der Rohe de que "menos é mais"; na instrução do cientista da computação Bjarne Stroustrup para "tornar simples as tarefas simples"; e nesta observação do escritor e aviador Antoine de Saint-Exupéry: "Parece que a perfeição é alcançada não quando não resta mais nada a acrescentar, mas quando não resta nada a ser retirado." Em engenharia, essa ideia é mais conhecida pela sigla KISS, de "Keep it simple, stupid" ("Simplifique, idiota"), um princípio de design adotado pela Marinha dos Estados Unidos na década de 1960, hoje reconhecido universalmente como fundamental para a engenharia. A navalha de Ockham é o sustentáculo do mundo moderno.

Também quero ser claro em relação ao que *não* estou tentando fazer neste livro. Não é meu objetivo tecer uma história exaustiva da ciência. Em vez disso, espero convencer você do valor da navalha de Ockham, ainda pouco apreciado, por meio de um relato seletivo de ideias e inovações fundamentais que exemplificam sua importância e ilustram seu uso. Isso significa, inevitavelmente, que muitos avanços relevantes feitos pelos maiores cientistas foram omitidos. Para os leitores interessados em preencher essas lacunas, recomendo alguns livros excelentes.[6]

Além disso, e talvez ainda mais importante, este livro não é tanto sobre a história da ciência, e sim um relato e uma exploração das melhores ideias, dentro e fora da ciência, inspiradas pela navalha de Ockham. Inicio em um mundo em que a ciência era essencialmente um ramo da teologia. Hoje isso pode parecer estranho, mas, ao longo da história da humanidade, foi a perspectiva predominante. Guilherme de Ockham e sua navalha ajudaram a libertar a ciência rompendo suas amarras teológicas, um feito, acredito eu, crucial para o curso subsequente da história. Todavia, a ciência permanece prisioneira de seu contexto cultural, algo visível quando consideramos suas origens e seu desenvolvimento. Consequentemente, esta obra também examina um mundo mais amplo onde a navalha de Ockham se faz presente.

Por fim, existe apenas uma ciência, mas há muitos ramos e raízes que se propagam, chegando à antiga Mesopotâmia, onde os primeiros astrônomos registraram o movimento das estrelas, e à Índia ancestral, onde o sistema de algarismos arábicos foi inventado. Essas raízes também remontam à antiga China, berço de muitas tecnologias, como a xilografia; às costas do mar Egeu, onde os antigos gregos usaram a matemática para dar sentido ao mundo; e ao Oriente Médio e ao Norte da África, onde eruditos islâmicos preservaram e expandiram a ciência grega para novas áreas, como óptica e química. Centenas de lugares, incontáveis épocas e milhões de pessoas contribuíram para esse notável sistema de pensamento a que chamamos ciência moderna. Infelizmente, a maioria dos cientistas em cujo trabalho me inspirei para ilustrar o papel da navalha de Ockham é composta de homens brancos, ricos e ocidentais. Não há dúvida de que pessoas de todos os gêneros e raças contribuíram para a ciência moderna, mas a falta de oportunidades, o preconceito e as barreiras sociais impediram a documentação de grande parte dessas contribuições. Tentei compensar esse déficit nos capítulos finais do livro, para ilustrar minha convicção de que a ciência foi e continuará sendo o empreendimento mais cooperativo da humanidade.

Nossa jornada começa a bordo de uma embarcação.

PARTE I

Descoberta

1
De eruditos e hereges

Descobri muitas coisas que eram heréticas, erradas, tolas, ridículas, fantásticas, insanas e difamatórias, contrárias e francamente adversas à fé ortodoxa, à boa moral, à razão natural, à experiência certa e à caridade fraternal. Decidi que algumas delas deveriam ser inseridas aqui.

Guilherme de Ockham,
"Uma carta para a Ordem dos Frades Menores", 1334[1]

Fuga

Na noite de 26 de maio de 1328, três frades, tonsurados e vestidos com as batinas de cor cinza dos franciscanos, saíram furtivamente da cidade papal de Avignon e desceram a cavalo para o sul, até o porto fluvial dos cruzados em Aigues-Mortes, cerca de 100 quilômetros a noroeste de Marselha. O primeiro deles era Michele de Cesena, ministro-geral da ordem franciscana e chanceler do selo da ordem. O segundo era o jurista-chefe dos franciscanos, Bonogratia de Bérgamo. Ambos eram bem conhecidos de príncipes e papas, tendo viajado muito entre as cortes europeias como representantes da ordem. O terceiro fugitivo, que tinha cerca de 40 anos e compleição esguia, era o erudito inglês Guilherme de Ockham. Embora fosse mais de uma década mais jovem que seus irmãos franciscanos, suas ideias ousadas já lhe haviam rendido notoriedade e uma acusação de heresia. Os três estavam fugindo da justiça papal por terem acusado o papa de ser herege. Se capturados, enfrentariam excomunhão, encarceramento ou até mesmo uma morte lenta e cruel na fogueira.

O grupo viajou com uma escolta de "servos bem armados".* Já em Aigues-Mortes, foram recebidos por "Giovanni Gentile, cidadão de Savona, o capitão de uma galera"[2] atracada no porto. Esses navios, longos e lentos na água, similares a uma gôndola veneziana, porém maiores e equipados tanto com velas quanto com fileiras de remos, eram capazes de navegar por mares rasos e rios. Por isso eram muito utilizados no comércio de bens entre os portos do norte do Mediterrâneo. Os frades, com toda a certeza, ficaram aliviados ao embarcar na galera e deviam estar ansiosos para zarpar logo, mas o tempo fechado e a maré contrária frustraram a fuga.

Nesse ínterim, em Avignon, a fuga fora descoberta e um pelotão de soldados papais fora despachado para capturar os frades. Comandado pelo lorde de Arrabley e "acompanhado por um grande número de servidores papais e reais", o grupo encarregado da prisão apareceu no meio da noite, quando os franciscanos já estavam a bordo da galera de Gentile, ainda ancorada no porto, sem poder partir. Arrabley exigiu que o capitão entregasse os fugitivos. Gentile inicialmente pareceu cooperar, convidando o nobre a bordo. O enviado papal deu voz de prisão aos franciscanos e os ameaçou com "as mais graves penalidades" se Gentile se recusasse a entregá-los. Os dois homens chegaram ao acordo de que os franciscanos se renderiam às autoridades papais. No entanto, logo que Arrabley desembarcou, ainda na escuridão da noite, "o capitão desenrolou as velas e zarpou em segredo".

Observar os irados soldados papais cada vez mais distantes deve ter deleitado os aterrorizados franciscanos, mas a alegria durou pouco. Depois de terem "navegado por umas boas 30 léguas rio abaixo" (naquela época o porto ficava a muitos quilômetros do mar), "a Providência divina criou um vento contrário", que os soprou de volta rio acima, obrigando Gentile a buscar refúgio mais uma vez ao alcance do pelotão papal. As negociações foram retomadas para a entrega dos franciscanos, que permaneceram a bordo por vários dias "em extremo temor". No entanto, tudo indica que o astuto capitão estava tentando ganhar tempo, pois, quando

---

* Esse relato foi descoberto há algumas décadas no arquivo do Vaticano por George Knysh, que gentilmente forneceu uma "tradução preliminar" do texto em latim. Citações diretas da tradução são indicadas por aspas.

as condições climáticas melhoraram, ele zarpou novamente, dessa vez entrando em mar aberto, onde o aguardava uma grande galera bélica savoniana capitaneada por um certo "Li Pelez", aliado do então recém-eleito imperador do Sacro Império Romano, Luís da Baviera. Gentile providenciou a transferência dos fugitivos para o navio maior e, em 3 de junho, a galera de guerra com seus passageiros franciscanos alçou velas para além do alcance do furioso papa. Guilherme ainda viveu por um bom tempo, mas, até onde sabemos, nunca mais voltou à França nem a seu lar na Inglaterra.

O relato histórico da fuga dos franciscanos é interrompido após sua partida de Aigues-Mortes. No entanto, é possível obter uma amostra do tipo de viagem que Guilherme e seus amigos teriam vivenciado por meio do relato quase contemporâneo de Jean de Joinville, que acompanhou Luís IX na sétima cruzada, em 1248, partindo do mesmo porto.

> Quando os cavalos estavam no navio, nosso capitão gritou para seus marinheiros na proa: "Vocês estão prontos?" E eles responderam: "Sim, senhor." "Então que se apresentem os clérigos e padres." Logo que estes se apresentaram, o capitão se dirigiu a eles: "Cantem, em nome de Deus!" E todos eles entoaram a uma só voz: "Veni Creator Spiritus." Então ele gritou para os seus marinheiros: "Desenrolar as velas, em nome de Deus!" E eles assim o fizeram. Em pouco tempo, o vento nos levara para fora de vista da terra, de modo que não víamos nada a não ser céu e mar. [...] E essas coisas eu lhes conto para que possam entender quão temerário é o homem que ousa [...] colocar-se em perigo mortal vendo que se deitam para dormir à noite a bordo do navio sem saber se pela manhã poderão se encontrar no fundo do mar.[3]

Mas, afinal, o que tinham as ideias de Guilherme de tão perigosas que fizeram o papa se dar ao trabalho de tentar capturá-lo? Para compreender, precisamos mergulhar na mentalidade arcaica do mundo medieval.

Guilherme nasceu por volta de 1288 em Ockham, um pequeno vilarejo em Surrey, cerca de um dia de viagem a sudoeste de Londres. Não há relatos contemporâneos, exceto a inscrição do povoado no Domesday Book,* escrito em 1086, 20 anos depois da conquista da Inglaterra pelos normandos e 200 anos antes do nascimento de Guilherme. Pode parecer muito tempo, mas, após o turbilhão imediato da Conquista, o ritmo de mudança na Inglaterra medieval era muito mais lento que hoje e, pelo que sabemos, Ockham permaneceu o vilarejo insignificante descrito sob o nome anglo-saxão de Bocheham. Havia pasto para 26 vacas, florestas produzindo bolotas para alimentar 40 porcos, campos para sustentar cerca de 20 famílias e um moinho. Talvez a característica mais arcaica do relato do Domesday seja a maneira como o livro descreve os habitantes humanos do lugar: "32 arrendatários feudais (*villeins*) e quatro servos livres (*bordars*), [...] três servos sem autonomia (*bondmen*)". Apesar das categorias diferentes, esses servos eram pouco mais que escravos, comprados e vendidos junto com o feudo. Nenhum nome foi mencionado, exceto o de um homem livre cujo nome anglo-saxão era Gundrid. O feudo todo fora avaliado em 15 libras, que equivaliam, aproximadamente, a oito vezes o que um trabalhador podia ganhar em um ano.

O primeiro fato conhecido a respeito de Guilherme é que ele foi entregue à ordem franciscana quando tinha cerca de 11 anos. Isso era relativamente comum em famílias nobres, porém há fortes indícios de que Guilherme não era da nobreza. Primeiro, não há registros de sua família, o que sugere uma origem humilde. Segundo, não há nobres listados na Ockham do Domesday Book nem em relatos posteriores. Os mosteiros também serviam de orfanatos extraoficiais para crianças não desejadas, de modo que é mais provável que Guilherme tenha sido uma criança órfã, bastarda ou abandonada na escadaria de um deles.

Havia diversos pequenos mosteiros franciscanos em cidades próximas a Ockham, por exemplo, em Guildford e Chertsey. Talvez Guilherme tenha passado seus primeiros anos em um deles, onde teria recebido

---

* Registro de um grande levantamento da Inglaterra encomendado por Guilherme I após conquistar o país. (*N. do T.*)

a tonsura e o hábito cinza com capuz.* Como oblato, um tipo de frade aprendiz, teria se submetido a uma vida monástica altamente regrada. Os dias começavam às seis da manhã, com louvores. Depois havia serviços e entoação de salmos, seguidos de aulas. O objetivo dessa educação primária era assegurar que ele crescesse capaz de cumprir seu dever básico como frade, lendo preces e entoando salmos. O método de ensino padrão consistia em decorar e entoar ou cantar as passagens. Nesse estágio, não se esperava que os meninos necessariamente entendessem o latim de seus cânticos e preces. Conforme confessa o garoto no "Conto da Prioresa", de Chaucer: "Aprendo cântico, sei pouca gramática."

Durante seus primeiros anos no seminário, Guilherme provavelmente recebeu instrução em aritmética básica, leitura da Bíblia e a vida dos santos. Livros eram muito preciosos, de modo que o ensino envolvia sobretudo ditados mecânicos de trechos lidos pelo Mestre e então copiados em placas de cera com um estilete. A disciplina era rígida em um regime que não devia ser muito diferente daquele defendido por São Benigno de Dijon: "Se os rapazes cometerem alguma falta, [...] que não se tarde em despi-los imediatamente da batina e que sejam surrados apenas vestindo a camisa."[4] Guilherme não só sobreviveu como impressionou seus superiores, tanto que, por volta de 1305, quando tinha pouco menos de 20 anos, o enviaram para a escola franciscana mais próxima, ou *studium generale*, a Greyfriars (Frades Cinzentos), perto de Newgate, na cidade de Londres, para receber sua educação secundária.

Newgate era uma área no sudeste da Cidade Velha, adjacente a um dos sete portões nas muralhas de Londres, cerca de um dia de viagem a cavalo ao norte de Ockham ou Guildford. Ou, mais provavelmente, a vários dias de caminhada. O mosteiro, o maior e mais antigo da Inglaterra, abrigava mais de uma centena de frades e ficava perto do movimentado mercado de carne de Newgate. Podemos imaginar o noviço abrindo caminho a coto-

---

* Um frade é um membro de uma das ordens mendicantes, a maioria fundada no século XII ou XIII, que incluíam carmelitas, franciscanos, dominicanos e agostinianos. Os franciscanos modernos usam marrom, mas acredita-se que a alcunha de "frades cinzentos" seja derivada do antigo costume franciscano (que Guilherme e seus colegas devem ter seguido) de vestir hábitos confeccionados com lã não tingida que ficavam acinzentados com o uso. Os frades se distinguiam dos monges, pelo menos no início, por adotarem um estilo de vida eremita e viajante, mas, no século XIV, já viviam basicamente em mosteiros.

veladas através de vielas estreitas, barulhentas, escorregadias, fedorentas e lotadas, com nomes como Rua da Bexiga ou Passeio da Carne, desviando de homens e garotos carregando carcaças de vacas, porcos e carneiros pingando sangue e baldes fumegantes de sangue congelado para o pudim vendido na Rua do Pudim, nas redondezas. É fácil imaginar Guilherme sentindo um grande alívio ao cruzar as portas de madeira e chegar ao relativo isolamento e sossego do mosteiro.

Como *studium generale*, a Greyfriars era algo entre escola e universidade, onde um frade com inclinações acadêmicas estudava por três anos para um bacharelado ou por seis anos para um mestrado. Se fosse inteligente o bastante, prosseguiria para um doutorado em teologia. Foi lá que a educação de Guilherme se ampliou de modo a abranger o *trivium* das artes liberais da universidade medieval, que compreendia gramática, lógica e retórica, antes de avançar para o *quadrivium*, que incluía, além de música, matérias que hoje fariam parte do currículo de ciências: aritmética, geometria e astronomia.

No entanto, quando Guilherme se sentava na sala de aula com paredes de pedra, ao lado de colegas tonsurados vestindo hábito cinza, para ouvir seus mestres lecionarem lógica, aritmética, geometria ou astronomia, a experiência era totalmente diferente da de qualquer estudante moderno. Para começar, a maioria dos textos básicos tinha centenas ou até mais de mil anos.

O cosmo lotado antes da navalha

> Uma nuvem parecia nos envolver, radiante, densa, com uma superfície polida e firme que, com brilho de diamante, ofuscava sob a luz refletida do sol. Passamos por dentro da pérola eterna, como um raio de sol numa correnteza, que sorve a luz. [...] Se eu era corpo ou alma sem substância eu não sei. [...] Pálidas como pérola branca sobre fronte branca, então ao meu redor havia muitas faces agora ansiosas para falar.
> DANTE, *A divina comédia*, "A esfera da Lua"

Devo primeiro ressaltar que a *ciência*, tal como o termo é entendido hoje, não existia no mundo medieval. A palavra deriva do latim *scientia*, que significa "conhecimento". No entanto, os eruditos medievais identificavam *scientia* como o conhecimento que podia ser afirmado com certeza, tal como a Lua ser redonda ou o quadrado da hipotenusa ser igual à soma dos quadrados dos catetos de um triângulo retângulo. Isso contrastava com questões de opinião, como quem era o maior poeta, se Dante ou Chaucer, ou qual pecado era pior, se roubo ou adultério. Todavia, em contraste com a ciência de hoje, a *scientia* também incluía "verdades teológicas" consideradas certas, como a existência de Céu e Inferno.

Com esse esclarecimento em mente, a primeira *scientia* (no sentido moderno) com que Guilherme teve contato na Greyfriars teria se fundamentado em comentários de eruditos gregos, como Euclides (matemática) e Aristóteles (basicamente todo o resto), dos séculos III e IV a.C., e eruditos romanos, como Boécio, do século V. Nessa época, Aristóteles era a principal autoridade, e Guilherme deve ter estudado sua *Física* e outras obras, como *De animalibus* (Dos animais), *De caelo et mundo* (Do céu e do mundo), *De generatione et corruptione* (Da geração e corrupção) e *Meteorologica* (Meteorologia), Livros I e IV. Entre os comentários, possivelmente estava o *Tractatus de sphaera* (Tratado da esfera), escrito por volta de 1230 por Johannes de Sacrobosco, que oferecia um resumo legível da astronomia encontrada em Aristóteles e em filósofos gregos posteriores, como Ptolomeu. O livro de Sacrobosco influenciou profundamente a arte e a literatura medievais, inclusive o maior poema da Idade Média, *A divina comédia*, de Dante Alighieri.

Dante escreveu *A divina comédia* entre 1308 e 1320, enquanto Guilherme estudava em Londres. A obra é permeada de elementos extraídos do *Tractatus de sphaera*, também apresentando componentes de outros eruditos medievais, como Roger Bacon e Robert Grosseteste[5] – que Guilherme também havia estudado –, além de uma boa dose da fértil imaginação do poeta. Embora seja bastante fantasioso, o livro ilustra quanto teologia e *scientia* estavam emaranhadas na filosofia medieval[6] e é, portanto, um bom ponto de partida para a nossa exploração do papel da navalha de Ockham no progresso da ciência.

Em seu poema épico, Dante nos leva a um passeio pelas regiões do universo medieval. Ele começa sua viagem na Terra, de onde desce para o Inferno e de lá visita o Purgatório.* Depois, ascende ao Paraíso, acom-

---

* Na doutrina católica, lugar onde as almas dos pecadores que conseguiram evitar o Inferno devem fazer uma expiação por um período de sofrimento antes de poderem ascender ao Céu.

panhado pelo espírito de Beatriz, seu amor de juventude. Beatriz então conduz Dante por uma excursão por dez céus, onde visitam os orbes do Sol, da Lua e dos planetas Mercúrio, Vênus, Marte, Júpiter e Saturno. O material com "brilho de diamante" na passagem que abre esta seção é uma esfera giratória feita de cristal transparente na qual se acreditava que a Lua (a "pérola eterna") estivesse ancorada. As rotações da esfera lunar transportavam a Lua ao redor da Terra em seu circuito mensal. O Sol e cada um dos planetas eram similarmente impulsionados em suas órbitas geocêntricas por esferas de cristal. É na esfera inferior, a lunar, que Dante encontra pela primeira vez alguns dos habitantes sobrenaturais dos céus, as "faces" das almas dos abençoados.

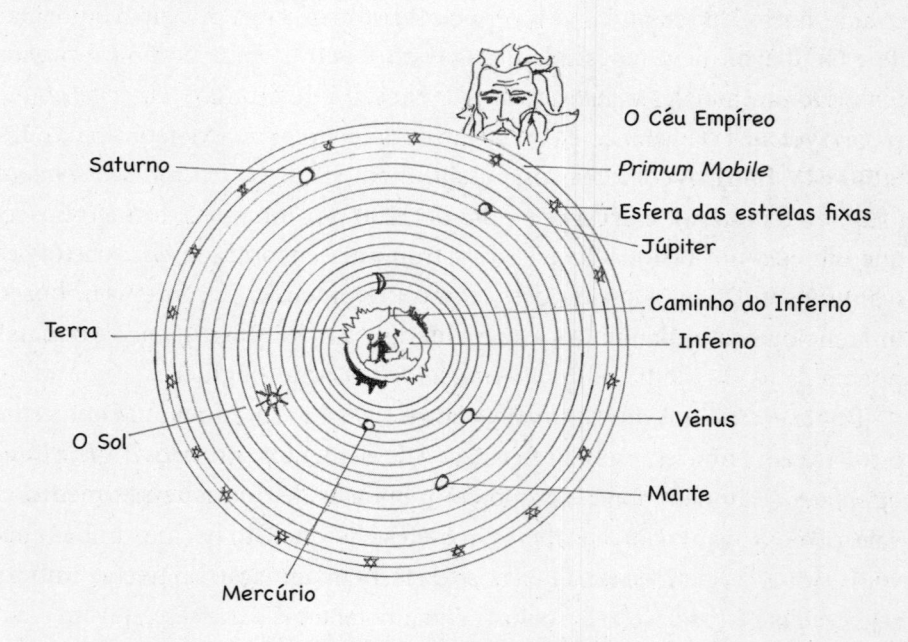

FIGURA 3: O cosmo medieval.

O Paraíso de Dante é claramente um espaço físico... mas é ciência ou teologia? Ambas as coisas. Há almas e anjos em abundância, mas também questões que hoje descreveríamos como científicas. Um exemplo disso é que, durante sua excursão, Dante e Beatriz embarcam em uma prolongada discussão sobre as possíveis causas dos pontos escuros na Lua. Esse era um tópico calorosamente debatido entre eruditos no mundo medieval, porque se esperava que a Lua, como habitante do céu, fosse imaculada. Alguns alegavam que as manchas eram as marcas dos pecados da humanidade, ao passo que Beatriz discute e despreza outra possibilidade: a de que a Lua poderia ter regiões transparentes. Ciência e teologia habitam, portanto, a *scientia* do cosmo medieval.

Dante continua sua ascensão, viajando através das cinco esferas planetárias antes de visitar a esfera celeste que carrega as estrelas fixas em sua órbita diária. Havia considerável discussão sobre a natureza das estrelas: se eram corpos redondos presos à sua esfera ou minúsculos furos de agulha na esfera celeste, através dos quais brilhava a luz estelar divina. Depois da esfera celeste, havia o céu mais elevado, ou *Primum Mobile*, cujo propósito, explica Beatriz, é somente impulsionar as esferas internas que carregam as estrelas e os orbes. Além dele, encontrava-se o local de moradia de Deus e dos santos.

Devo destacar que o texto de astronomia de Sacrobosco não inclui anjos nem menciona qualquer outra teologia explícita, pois se baseava bastante na astronomia quase secular de Aristóteles. Não obstante, a maioria dos que estudavam Aristóteles no mundo medieval eram teólogos em busca de meios de incorporar sua astronomia na ideia de um céu cristão, conforme fica claro em seus comentários. O poema de Dante fornece, portanto, um vislumbre do céu que Guilherme estudou, mas também o que homens e mulheres cultos pensavam observar quando olhavam para o céu noturno. Muito distante da nossa noção moderna de uma noite preenchida por esferas de rochas ou gás quente separadas por vastos vazios, a pessoa medieval via os muros do céu decorados com o Sol, a Lua e as estrelas. Se pudessem, como Dante, subir às alturas e descascar o firmamento estrelado, o que esperavam ver, junto dos anjos e santos, era a face de Deus.

O Universo medieval era, portanto, um amálgama peculiar de astronomia grega e teologia cristã. Os componentes teológicos haviam sido costurados com base na Bíblia hebraica e nos escritos de teólogos cristãos. Para descobrir as origens de suas partes científicas, precisamos nos dirigir, ao mesmo tempo, para leste de Newgate e voltar no tempo até a antiga Mesopotâmia.

Os orbes

Olhe para o céu em uma noite clara e você verá cerca de 2 mil estrelas. Pode ser que também veja a Lua e até cinco planetas. É fácil localizar o satélite. Mas quais das 2 mil e tantas estrelas são, na verdade, planetas?

Os antigos babilônios (1800-600 a.C.) poderiam ter lhe fornecido uma resposta. Graças às noites de verão passadas ao relento, eles tinham muita familiaridade com os movimentos visíveis no céu. Cresciam aprendendo a identificar as constelações de 2 mil e tantas *estrelas fixas* que piscavam e desenhavam círculos perfeitos em torno de um ponto marcado pela Estrela Polar. Mas também reconheciam cinco estrelas que não piscavam nem seguiam trajetos circulares, mas vagavam através de uma ampla faixa de constelações conhecida como zodíaco. Por seus hábitos nômades, foram chamadas de estrelas errantes, ou *planétes*, em grego.

A característica que mais intrigava aqueles astrônomos era o movimento dos planetas. Como a maioria dos povos antigos, eles estabeleciam uma distinção entre objetos inanimados e animados. Acreditavam que os inanimados tendiam a permanecer estacionários, a menos que lhes fosse dado um impulso. Já os objetos animados possuíam o poder de movimento autônomo conferido por uma alma sobrenatural que animava a carne. Uma vez que os corpos celestes se moviam erraticamente pelo céu sem que qualquer agente visível propiciasse o movimento, os babilônios, assim como quase todos os antigos, acreditavam que esses corpos eram animados por almas ou agentes sobrenaturais. O planeta que chamamos de Mercúrio era puxado pela carruagem do deus Nabu. De maneira similar, Ishtar, Nergal, Marduque e Ninurta guiavam os planetas que hoje conhecemos como Vênus, Marte, Júpiter e Saturno. Para prover a Lua e o Sol com sua força motriz independente, os babilônios os atrelaram às carruagens de Sin e Shamash, deuses da Lua e do Sol, respectivamente.* Os cinco planetas visíveis, mais o Sol e a Lua, deram a eles, e a nós, os sete dias da semana. Ligar um deus a cada estrela fixa teria custado uma fortuna em divindades, de modo que os babilônios optaram por uma solução mais simples, ligando-as à superfície

---

* A maioria dos povos antigos não diferenciava os cinco planetas visíveis que conhecemos hoje do Sol e da Lua – eram todos "planetas".

interna de uma concha de ostra cosmológica esférica que girava todo dia de leste para oeste em volta da Estrela Polar.

Esse cosmo repleto de divindades soa pitoresco hoje, mas, na ausência de qualquer compreensão da gravidade, os deuses faziam o serviço no céu. Como descobriremos mais adiante, a ciência não se dedica a encontrar algum tipo de verdade absoluta, mas trabalha com a construção de hipóteses ou modelos para fazer predições úteis. O modelo babilônio do céu, povoado por deuses, funcionava suficientemente bem para seu principal propósito: fornecer um calendário que astrônomos e astrólogos usavam para predizer a melhor época para plantar, colher, casar ou guerrear.

As esferas

A Babilônia foi derrotada pelo Império Persa Aquemênida em 539 a.C., mas sua astronomia sobreviveu, cruzou o mar Egeu e foi adotada pelos antigos astrônomos gregos. Ali, o panteão celestial de deuses babilônios foi suplantado por divindades gregas, como Afrodite e Ares. No entanto, os gregos de mentalidade mais filosófica, como Anaxímenes de Mileto (585-528 a.C.; Mileto é uma cidade grega na costa da Anatólia), tornaram os deuses redundantes, pelo menos no céu, substituindo sua condução divina por uma série concêntrica de esferas mecânicas cujas rotações impulsionavam a Lua, o Sol, os planetas e as estrelas em torno da Terra e através do firmamento. Para explicar por que ninguém conseguia ver as esferas, Anaxímenes adotou uma abordagem que atormentou a ciência pré-moderna: inventou uma entidade para preencher o vazio explanatório. Propôs que as esferas eram feitas de um elemento celeste perfeitamente transparente, como cristal, conhecido como éter, quinto elemento ou quintessência, termo hoje usado para se referir ao que há de mais refinado e precioso.

Não havia, é claro, nenhuma evidência das esferas ou do éter, mas, no mundo antigo, esse foi um jeito prático de explicar os movimentos celestes substituindo um panteão de deuses por apenas duas entidades. No entanto, sua existência presumida inspirou místicos, filósofos, astrólogos e astrônomos a inventar entidades adicionais por milênios. Pitágoras (*c.*570-*c.*495

a.C.), que nasceu na ilha de Samos, afirmava que a rotação das esferas criava uma música celeste audível apenas por ouvidos altamente sintonizados. Mil anos depois de Anaxímenes, os alquimistas alegavam extrair quintessência pura de suas poções. Dois mil anos após Pitágoras, compositores ainda escreviam *música das esferas*. Entidades podem se tornar supérfluas, mas com frequência são extraordinariamente duradouras.

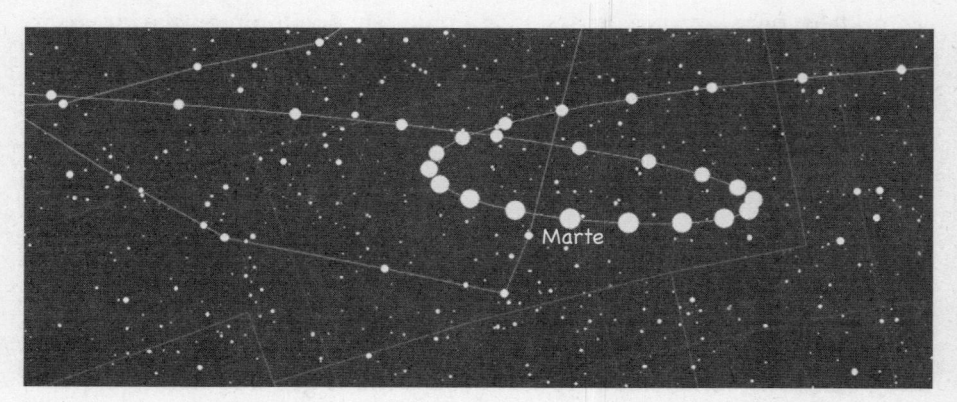

FIGURA 4: Posição de Marte em relação às estrelas de fundo em noites consecutivas.

Embora esferas de cristal funcionassem bem para o Sol, a Lua e as estrelas fixas que se moviam diariamente em círculos perfeitos através do céu, elas não explicavam o movimento dos planetas errantes. Não só as trajetórias desses planetas não eram circulares, mas, além de girar de leste para oeste junto das estrelas fixas, mudavam de curso com frequência, no que chamamos hoje de movimento retrógrado – mover-se de oeste para leste. Isso não fora um problema para os antigos planetas babilônios guiados por deuses caprichosos, mas como é possível fazer um objeto vagar pela superfície de uma esfera em rotação?

O maior filósofo do mundo antigo achava que sabia a resposta. Platão nasceu por volta de 428 a.C. em uma família ateniense abastada. Tornou-se discípulo de Sócrates e, após a execução do mestre, fundou a primeira escola de filosofia, a famosa Academia, em Atenas. Ali palestrou e escreveu extensivamente sobre filosofia, artes, política, ética e ciência, sobretudo matemática pitagórica e astronomia. Sua ideia mais influente, que iria moldar de maneira profunda o curso da cultura ocidental, foi o conceito de Formas* e a tradição filosófica que a acompanhava, conhecida como realismo filosófico.

O realismo platônico abrange todos os aspectos da experiência, porém é mais bem explicado considerando a natureza de objetos matemáticos e geométricos, tais como círculos. Ele fez a seguinte pergunta: o que é um círculo? Em resposta, você poderia indicar um exemplo qualquer, rabiscado em pedra ou desenhado na areia, mas Platão retrucaria que, se você olhar com mais atenção, perceberá que nem esse desenho nem qualquer outro círculo existente são perfeitos. Todos têm distorções ou outras imperfeições, e todos estão sujeitos a mudanças e deteriorações com o passar do tempo. Então, como podemos falar de círculos se eles nem sequer existem de fato?

O problema não se restringe a objetos geométricos – ele fica evidente toda vez que nomeamos uma classe de objetos ou conceitos, como rocha, areia, gato, peixe, amor, justiça, lei, nobreza e assim por diante. Exemplos ou instâncias individuais são diferentes entre si e nenhum corresponde ao gato, à rocha ou à nobreza idealizados; contudo, não temos dificuldade em reconhecê-los e falar sobre eles. Então, com que os comparamos para poder identificá-los como círculos, rochas, peixes ou gatos?

A extraordinária resposta de Platão foi que o mundo que vemos é um pálido reflexo de uma realidade mais profunda de Formas, ou *universais*, em que gatos perfeitos perseguem ratos perfeitos em círculos perfeitos em torno de rochas perfeitas observados por nobres perfeitos. Platão acreditava que as Formas, ou universais, eram a verdadeira realidade que existe em um reino invisível mas perfeito além dos nossos sentidos. Seu sistema é conhecido como *realismo filosófico* para denotar que Platão e seus seguidores acreditavam que Formas, ou universais, não são apenas reais como também são a realidade absoluta que dá origem às nossas percepções sensoriais.**

Platão ilustrou graficamente esse modelo em sua famosa Alegoria da Caverna, na qual comparava a experiência humana com a de pessoas acorrentadas de frente para a parede de uma caverna iluminada por uma fogueira. Objetos reais (análogos a suas Formas) passam entre elas e o fogo, mas os habitantes da caverna só podem perceber suas sombras projetadas

---

* O termo "Forma" costuma ser escrito em maiúscula quando se refere à entidade filosófica.
** Não confundir com "ser realista", no sentido de ser sensato ou prático.

na parede. Estão convencidos de que essas sombras são o mundo real e não têm consciência de que existe outra realidade mais vibrante, mas bastaria que se virassem para vê-la. Platão também insistia que o mundo real das Formas não pode ser percebido pelos nossos sentidos, apenas por nossa mente. Segundo ele, a mente do filósofo, "junto de toda a sua alma, deve se virar e se afastar daquilo que está sujeito a vir a ser [o mundo visível da nossa experiência], até ser capaz de poder contemplar aquilo que de fato é e, portanto, a parte mais resplandecente: e isto declaramos ser o Bem".[7]

Ninguém tem certeza de onde Platão situava seu reino de Formas perfeitas, mas, em *Fedro*, elas estão em um "local além do céu". Como coabitantes do reino celeste, os planetas precisam ser perfeitos de todas as maneiras, inclusive percorrendo trajetórias circulares geometricamente perfeitas e em velocidade uniforme. Para Platão, o fato de os sentidos contradizerem essa alegação devia ser consequência do único ponto de vista possível a quem estava dentro da caverna. Ele insistiu para que seus seguidores ignorassem a lente distorcida dos sentidos e usassem o intelecto para descobrir os "movimentos circulares, uniformes [velocidade constante através do céu] e perfeitamente regulares, [que] devem ser admitidos como hipóteses, de modo que seja possível salvar a aparência apresentada pelos planetas".[8] Assim, *salvar a aparência dos planetas*, como essa busca passou a ser chamada, tornou-se a missão primordial dos astrônomos por mais de 2 mil anos.

O primeiro a assumir o desafio de salvar a aparência do céu foi Eudoxo de Cnido (410-347 a.C.), discípulo de Platão, que, seguindo um padrão que se tornará familiar, acrescentou mais esferas. Imagine que você está parado na caverna de Platão, que fica no centro de uma versão simplificada do modelo de Eudoxo; nessa versão, há apenas uma esfera, que representaremos na Figura 5 como uma seção transversal – uma faixa – da esfera de cristal (lembrando que Eudoxo imaginou uma esfera inteira). Ligada a algum lugar no interior da circunferência da faixa há uma luz brilhante, que chamaremos de "Planeta". Agora, imagine observar apenas a luz enquanto a faixa gira. Você verá que o Planeta segue uma trajetória perfeitamente circular. Imagine encaixar uma esfera de cristal completa no interior da faixa, de modo que faixa e esfera sejam concêntricas. A faixa agora corre suavemente sobre rodinhas ao longo de um trilho fixo sobre a superfície da esfera de cristal. De sua perspectiva no centro da faixa e da esfera, o Planeta continua percorrendo uma trajetória circular. Mas agora, à medida que a faixa gira, permitimos que a esfera interna também gire em torno de outro eixo. O movimento do Planeta permanece perfeitamente circular, se visto de sua perspectiva; no entanto, da perspectiva de quem está na caverna, ele parece seguir uma trajetória mais complexa, que é a superposição de dois movimentos circulares. Esse movimento é como o dos planetas no céu.

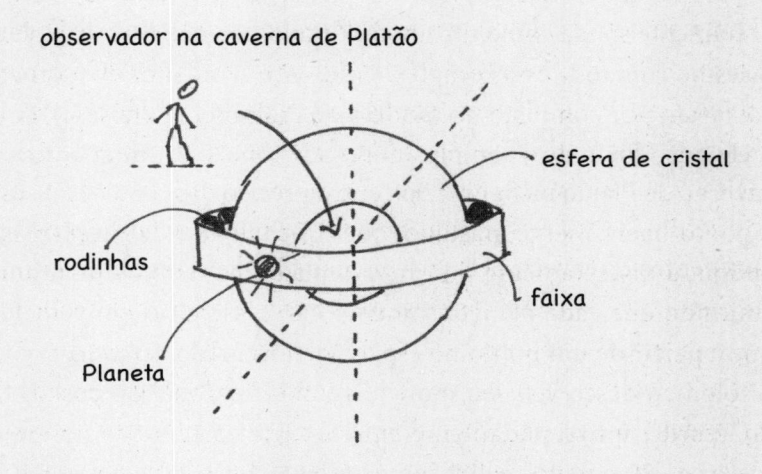

FIGURA 5: Vista dos movimentos planetários no modelo de Eudoxo.

O modelo de Eudoxo funcionava bastante bem, mas necessitava de 27 esferas. Outro discípulo de Platão, Aristóteles, que tinha uma mentalidade mecânica, adicionou mais esferas para atuarem como rolamentos modernos, a fim de impedir que o movimento de uma esfera fosse transmitido para as demais. O número de esferas celestes pulou para 56. Ainda assim, restava um problema. Nenhuma quantidade de esferas rígidas em rotação podia acomodar outra característica do movimento planetário: a oscilação regular na luminosidade dos planetas. Para manter a iluminação constante, teriam que se aproximar e se afastar da Terra. Como poderiam executar essa manobra na superfície de uma esfera rígida?

Uma solução foi concebida pelo último grande astrônomo da Antiguidade, Ptolomeu (Claudius Ptolomaeus, c.90-168), que viveu na cidade de Alexandria, famosa por sua grande biblioteca. Sua primeira atitude foi incorporar uma ideia de Apolônio, astrônomo grego do século III a.C.* Imagine que, em vez prender o planeta da Figura 5 à faixa externa, o penduremos em uma pequena roda giratória, mais ou menos como um assento de roda-gigante, cujo eixo é preso à faixa. A esfera e o anel giram o planeta exatamente como antes, mas agora a rotação da roda-gigante confere um epiciclo adicional que o move alternadamente para mais perto e mais longe do nosso ponto de vista. A adição da roda-gigante explicaria a oscilação no brilho dos planetas, mas como uma roda poderia balançar um planeta através de uma esfera de cristal supostamente sólida como uma rocha? Ptolomeu não tentou explicar.

Mesmo com toda essa complexidade, os movimentos dos planetas não se encaixavam por completo no modelo de Ptolomeu. Para resolver o problema, ele introduziu dois complicadores adicionais. Primeiro, moveu a Terra (a caverna de Platão na figura) do centro preciso das rotações da esfera para um ponto ligeiramente afastado, que foi chamado de *excêntrico*. Depois, abandonou discretamente o princípio platônico de movimento uniforme, permitindo que cada planeta somente parecesse girar em velocidade uniforme a partir de um ponto no espaço denominado *equante*.

Ptolomeu descreveu seu modelo geométrico final do cosmo no *Almagesto*, escrito aproximadamente em 150. Era bastante complexo, incluindo cerca de 80 círculos, epiciclos, pontos excêntricos e equantes. Também era profundamente não físico, uma vez que envolvia os planetas em suas rodas-gigantes celestes, girando livres através de esferas de cristal sólidas. Era também geocêntrico, com a Terra, e não o Sol, localizada em seu centro. Contudo, as predições astronômicas baseadas no modelo de cosmo de *Almagesto* eram muito acuradas, explicando boa parte dos movimentos observados no céu, bem como a data de eventos, como eclipses, tanto que se tornou a última palavra em astronomia por mais de mil anos. Esse modelo foi amplamente estudado no mundo árabe, e a maior parte da astronomia de Johannes de Sacrobosco presente no *Tractatus de sphaera*, que Guilherme de Ockham provavelmente estudou em Oxford, chegou a ele por meio das traduções árabes do *Almagesto*.

Como pode um modelo tão errado acertar tanto? Essa é, na verdade, uma pergunta muito profunda, pois desafia a ideia de que a missão da ciên-

---

* Apolônio, na realidade, nasceu na Anatólia.

cia é espreitar além dos limites dos nossos sentidos e do nosso intelecto para descobrir como o mundo *realmente é*. Se modelos científicos como o de Ptolomeu, que se baseiam em tantas premissas erradas, ainda podem fazer previsões precisas, como saber se uma teoria ou hipótese particular está certa ou errada? Quem sabe se os modelos científicos de hoje, que de modo similar explicam a maioria dos dados atuais, não são tão falhos quanto o de Ptolomeu? Como descobrir a verdade?

Você já deve imaginar: a resposta para esse enigma envolve a navalha de Ockham, mas adotá-la implicará abandonar o que se poderia chamar de visão ingênua da ciência como busca da verdade em favor de uma aceitação mais matizada, e talvez mais inquietante, de que a *verdade* sempre estará além da nossa compreensão. No entanto, apesar dessa limitação, e com a navalha de Ockham na mão, a ciência pode ajudar, e de fato ajuda, a dar sentido ao mundo de modo a podermos enviar foguetes a planetas remotos ou libertar bilhões de pessoas do jugo da doença e da fome. A ciência pode não saber para onde está indo, mas a viagem é impressionante.

A queda do céu

O modelo de Ptolomeu foi a última grande realização da ciência clássica. Alexandria continuou a ser um centro de aprendizagem durante boa parte da era cristã. Sua biblioteca era tão famosa que, nos dois primeiros séculos, a cidade era considerada a capital do estudo em todo o mundo antigo. O Museu de Alexandria, estabelecido em *c.*300 a.C., é indiscutivelmente uma das primeiras universidades que contou com eruditos eminentes, como Euclides, no corpo docente. Seu último diretor foi um matemático chamado Téon de Alexandria. A bela e culta filha de Téon, Hipátia, conquistou grande fama por si mesma como matemática, filósofa e professora, sintetizando os ideais da cultura helênica. Ela foi a primeira mulher matemática de que se tem notícia.[9] E continuou a lecionar e cultuar os deuses pagãos mesmo depois do édito do imperador Teodósio contra a antiga religião grega. João, bispo de Niquiu, relata seu destino em 415, quando "uma multidão de crentes em Deus [...] a arrastou até a grande igreja [...] e rasgaram suas roupas e arrastaram-na pelas ruas da cidade até ela morrer [...] e queimaram seu corpo".¹⁰ São Jerônimo, tradutor da *Vulgata*, escreveu que "a estúpida sabedoria dos filósofos" fora derrotada. As esferas de cristal que haviam fornecido "o curso das estrelas" para gregos e romanos foram despedaçadas e o modelo do cosmo cedeu lugar a uma Terra plana cercada por uma tenda hebraica para segurar as estrelas no alto. Severiano, bispo de Gabala, escreveu nas suas *Seis orações* sobre a Criação do mundo, datadas aproximadamente de 400, que "o mundo não é uma esfera, e sim uma tenda ou tabernáculo".¹¹

2
A física de Deus

No período histórico conhecido como Idade das Trevas* na Europa Ocidental, a população despencou de aproximadamente 9 milhões, em 550, para cerca de 5 milhões, em 950. Os índices de analfabetismo aumentaram de modo exponencial e a arquitetura monumental praticamente estacionou. Houve migrações massivas, com sucessivas ondas de invasores tentando preencher o vácuo deixado pelo colapso do Império Romano, além de refugiados buscando escapar do caos que se instaurou.

Algum estudo, porém, sobreviveu na Europa, muitas vezes nas bordas do antigo império, tais como na Nortúmbria e na Irlanda, nas Ilhas Britânicas. Estudiosos dessas duas regiões, como Alcuíno de York (735-804) e João Escoto (815-877), viajaram posteriormente pelo continente a fim de contribuir para a Renascença Carolíngia dos séculos VIII e IX, no período conhecido hoje como Idade Média Arcaica ou Período Medieval Arcaico.[1]

A Renascença Carolíngia trouxe inovações tecnológicas como o arado pesado ou carruca, o estribo e o moinho de vento. Contudo, embora essas inovações tenham resultado em progresso, o pano de fundo era de estagnação ou apenas de mudanças incrementais. Não há dados confiáveis sobre produtividade durante toda a Idade Média Arcaica, mas um padrão pode ser visto, por exemplo, na produção agrícola da Inglaterra entre os anos 1200 e 1500,[2] que pouco cresceu ao longo de três séculos. Esse tipo de

---

* A expressão é pouco usada atualmente pelos estudiosos, que insistem que esses séculos não foram nem de longe tão obscuros quanto sua reputação. No entanto, acredito que haja alguma justificativa para seu uso nos anos caóticos que se seguiram à queda do Império Romano do Ocidente, ainda que somente porque o declínio das taxas de alfabetização tenha tornado o período "tenebroso" sob a nossa perspectiva.

estagnação virtual – que hoje poderíamos chamar de crescimento linear – também ocorreu em civilizações mais antigas, como a babilônia, a grega ou a romana, bem como na China, na Índia e na Mesoamérica pré-industriais. Na verdade, esse padrão de crescimento linear interrompido por ocasionais surtos de progresso parece ter caracterizado quase toda a história humana, exceto pelo último século, quando houve um padrão de crescimento exponencial ou acelerado. Retornaremos à questão de como e por que o progresso humano mudou de marcha linear para exponencial em capítulos posteriores. No entanto, como é de esperar, acredito que a navalha de Ockham tenha desempenhado um papel fundamental.

Após a queda de Roma e o estabelecimento do Império Bizantino oriental centrado em Constantinopla, a Europa Ocidental manteve o latim romano como sua língua franca. Isso permitiu, por exemplo, que a lei romana fosse adotada pela maior parte do Ocidente. Ciência e filosofia, porém, eram escritas quase sempre em grego e, com isso, grande parte do estudo se perdeu para o Ocidente. Enquanto o Império Bizantino, que falava grego, manteve seu acesso aos textos gregos antigos, por motivos que permanecem obscuros os bizantinos parecem pouco ter se interessado pela ciência grega.

Alguns textos gregos, no entanto, haviam sido traduzidos para o latim antes da queda de Roma. Um dos mais famosos, intitulado *A consolação da filosofia*, foi escrito pelo aristocrata romano cristão Boécio (*c*.475-525) em sua cela enquanto esperava ser executado por traição. O texto apresenta um diálogo imaginado com a Senhora Filosofia sobre os méritos da filosofia, em particular a de Platão. Tornou-se muito popular na Idade Média, lido por quase toda a minoria letrada, e continua sendo impresso até hoje.

Traduções latinas de fragmentos dos diálogos de Platão também chegaram ao Ocidente, inclusive grande parte do seu *Timeu*, que influenciou profundamente o desenvolvimento intelectual de Agostinho de Hipona (mais tarde santificado e conhecido como Santo Agostinho). Em seu texto *A cidade de Deus*, que se tornou bastante prestigiado na Idade Média, ele descreve como Deus "pôs no meu caminho […] alguns livros dos platonistas traduzidos do grego para o latim". O efeito foi tão avassalador que, segundo ele conta, "penetrei na minha profundidade e assim fui colocado no caminho para a conversão".

Apesar da sua popularidade, *A cidade de Deus* projetava uma visão sombria da humanidade. Agostinho o escreveu após o ataque dos visigodos a Roma em 410, e a quantidade de crueldades perpetradas ao longo de três dias de massacre, estupros e saques provavelmente moldou sua visão da humanidade como um "monte de depravação". O caos pode ter também inspirado Agostinho a adotar o realismo filosófico como meio de conciliar a selvageria com sua visão de um Deus cristão benevolente. Ele incorporou o mundo platônico das Formas para alegar que as imperfeições mundanas eram um reflexo pálido e distorcido do Reino do Céu, que era invisível, mas perfeito.

Em suas *Confissões*, Agostinho ponderou sobre questões que hoje rotularíamos de científicas, como a natureza do tempo. No entanto, sempre as enquadrou em um contexto teológico, tal como um Deus imutável que podia fazer qualquer coisa no tempo.[3] Agostinho também suspeitava que o intelecto humano tivesse a tendência de devanear além da teologia, fazendo a seguinte advertência:

> Menciono outra forma de tentação, [...] certos desejo e curiosidade vãos, não de se deleitar no corpo, mas de fazer experimentos com a ajuda do corpo, disfarçados sob o nome de aprendizagem e conhecimento. [...] Certamente os teatros não mais me atraem, e tampouco me preocupo em conhecer o curso das estrelas. [...] O que me importa se o céu é como uma esfera e a Terra está cercada por ela e suspensa no meio do Universo ou se o céu, como um disco acima da Terra, a cobre de um lado?[4]

A consequência do desdém de Agostinho pela "outra forma de tentação" foi que a ciência, como a economia, estagnou na Idade Média Arcaica na Europa.

A Terra é redonda novamente

Felizmente, a influência de Santo Agostinho não se estendeu até o Oriente Médio, e a maioria dos fanáticos cristãos que haviam usurpado a velha religião romana foi expulsa pelas conquistas árabes no século VII. Os governantes islâmicos da região eram bem mais tolerantes que os do Ocidente em relação aos antigos estudos, e centros intelectuais, como a Casa do Saber, em Bagdá, fundada pelo califa Al-Mansur no século VIII, espalharam-se pelo mundo islâmico. Fragmentos de manuscritos gregos resgatados de bibliotecas antigas como a de Alexandria eram altamente valorizados. As obras de Platão, Aristóteles, Pitágoras, Euclides, Galeno e Ptolomeu foram traduzidas para o árabe e comentadas por estudiosos islâmicos conhecedores do grego, tais como Al-Kindi (nascido c.801), em Bagdá, que redigiu influentes comentários sobre lógica aristotélica. Nascida na atual Alepo, no norte da Síria, a astrônoma do século X Mariam al-Asturlabiyy celebrizou-se pela construção de astrolábios. A ciência grega não só foi estudada como expandida por muitos eruditos de língua árabe, como Ibn al-Haytham (965-1040), nascido em Basra, cujo tratado de sete volumes sobre óptica, *Kitah al-Manazir* (Livro da óptica), descrevia seus revolucionários experimentos sobre reflexão, os quais demonstraram, por exemplo, que a luz sempre viaja em linha reta. Ele também foi o primeiro a reconhecer que a visão requer que a luz penetre no olho. O domínio islâmico ao longo da Idade Média Arcaica se manifesta em palavras de raiz árabe na matemática, como "álgebra" e "algoritmos", e na química, como "alquimia", "álcool" e "álcali". As inovações tecnológicas árabes, como os moinhos de vento, a destilação, as canetas e os botões, eram desconhecidas no mundo antigo.[5]

O Ocidente permaneceu em estagnação intelectual até a ascensão ao papado de Gerbert d'Aurillac, um erudito, geômetra, astrônomo e filósofo clássico que veio a se tornar o papa Silvestre II em 999. Gerbert fizera grandes viagens antes de se tornar papa, inclusive para a Espanha, onde encontrou manuscritos árabes e gregos. Encorajou a redescoberta e o respeito pela ciência grega e árabe, bem como a introdução dos numerais indo-arábicos. Chegou até mesmo a ter uma esfera armilar, um modelo dos céus construído com anéis de metal concêntricos em cujo âmago estava uma Terra esférica, não plana. Contrariando o mito, nenhuma pessoa culta na Idade Média acreditava que a Terra fosse plana.

Essa aprendizagem a conta-gotas vinda do mundo antigo transformou-se em dilúvio depois que os reinos mouros da Ibéria e da Sicília caíram sob a Reconquista Cristã, no fim dos séculos XII e XIII. Os cavaleiros cruzados que romperam as portas das grandes bibliotecas islâmicas de Toledo, Córdoba e Palermo descobriram o mais impressionante tesouro de todos: seu passado esquecido. Uma Europa intelectualmente faminta logo percebeu que a filosofia e a ciência de Grécia e Roma, um mundo de ideias que eles julgavam irremediavelmente perdido, haviam sido preservadas e ampliadas nos livros do inimigo. Foi uma das reviravoltas mais irônicas da história. Estudiosos islâmicos, como al-Kindi, o polímata persa Ibn Sina (nascido em 980, em Hamadã, Irã, e conhecido como Avicena no Ocidente) ou Ibn Rushd (nascido em 1126 em Córdoba, Espanha, e conhecido no Ocidente como Averróis), tinham trabalhado durante séculos traduzindo para o árabe obras gregas escritas pelas mentes mais brilhantes da Europa antiga. Estudiosos europeus que liam árabe consumiram esses trabalhos e os traduziram para o latim.

Essas traduções de filosofia e ciência deram início a um período sem precedentes de estudo no Ocidente, às vezes chamado de Renascença do século XII. Escolas clericais estabelecidas na Europa durante o período carolíngio abriram suas aulas para textos gregos e árabes. Quando o rei Luís IX da França ouviu falar da vasta biblioteca de um sultão sarraceno, decidiu criar uma para o colégio parisiense fundado por Robert de Sorbon por volta de 1150. A Sorbonne, como veio a ser conhecida, tornou-se o núcleo da Universidade de Paris, descrita pelo erudito e poeta Jean Gerson como "o Paraíso do mundo, onde está a árvore do conhecimento do bem e do mal".

O filósofo redescoberto que, de longe, teve o maior impacto na Idade Média foi Aristóteles. Quando as traduções latinas das fontes árabes chegaram ao Ocidente, os escolásticos, nome dado aos estudiosos aristotélicos, debruçaram-se sobre as obras de Aristóteles e seus comentários árabes como se tivessem redescoberto um tesouro – o que era verdade. Robert Grosseteste (1175-1253), que se tornou bispo de Lincoln, traduziu muitos dos trabalhos de Aristóteles enquanto estudava na Universidade de Oxford e, entre 1220 e 1235, escreveu uma série de tratados científicos sobre filosofia, astronomia, óptica e raciocínio matemático. Seu colega em Oxford, o franciscano Roger Bacon (1219-1292), outro erudito, traduziu os tratados de Aristóteles "A ciência da perspectiva" e "Do conhecimento experimental", ajudando a reavivar o interesse pela experimentação. Em Paris, outro tradutor, Alberto Magno (1200-1280), escreveu seu *Comentário sobre a Física de Aristóteles*, bem como seu *De mineralibus* (Tratado sobre os minerais), no qual fundia a teoria das causas de Aristóteles com suas observações e até mesmo seus experimentos, essencialmente fundando a ciência moderna da mineralogia. Nesse tratado, ele insistia que "o objetivo da filosofia não é simplesmente aceitar as afirmações de outros, mas investigar as causas que estão em ação na natureza".

Escolásticos europeus não só importaram o conhecimento grego e árabe para o Ocidente como também o aplicaram a novas áreas de estudo. Por exemplo, em *De colore* (Tratado sobre a cor), publicado em torno de 1225, Robert Grosseteste descreve um espaço geométrico colorido tridimensional que não é tão diferente da forma como descrevemos a percepção da cor nos dias de hoje. Ele foi também o primeiro a destacar que o arco-íris é resultado da refração.[6] Em *Opus majus* (Obra maior), escrito por volta de 1266, Roger Bacon importou muito da ciência natural, da gramática, da filosofia, da lógica, da matemática, da física e da óptica de Aristóteles, mas acrescentou um estudo de lentes que pode ter levado ao desenvolvimento dos óculos.

Ao mesmo tempo que a ressurreição da ciência na Europa possibilitou um enorme progresso, inspirando algumas ideias genuinamente novas, muitos de seus avanços apenas puseram os estudiosos europeus a par do mundo antigo e dos avanços orientais. Grande parte do trabalho de Robert Grosseteste sobre óptica foi baseada na *Óptica* de al-Kindi, e o tratado de 840 páginas de Bacon, o *Opus majus*, bebe principalmente do *Livro de óptica* de al-Haytham. Até mesmo alguns termos presentes nos trabalhos de Bacon, como "experimento", soam enganosos aos ouvidos modernos, uma vez que o termo medieval significava meramente observações a partir da experiência, como contemplar as cores de um arco-íris, a fervura da água ou a atração de um ímã. Foi também Bacon quem fez o primeiro relato no Ocidente sobre a pólvora e seu uso em fogos de artifício, mas é provável que isso tenha acontecido no mundo islâmico. No entanto, a distinção mais importante entre a ciência moderna e a *scientia* medieval que Grosseteste e Bacon estudaram é que ambos consideravam estar investigando um ramo da teologia. Por exemplo, Grosseteste acreditava que a luz era uma emanação de Deus[7] e tanto ele quanto Bacon insistiam que a teologia era o fundamento de todas as ciências.[8]

Apesar de sua subordinação à teologia, a importação de ideias "pagãs" para o cristianismo não era unanimemente bem-aceita pelos teólogos. Muitos tradicionalistas receavam que a leitura de Aristóteles estivesse conduzindo os jovens estudiosos para a heresia. A questão chegou ao clímax em 7 de março de 1277, quando Étienne Tempier, bispo de Paris, baniu o ensino de 219 teses filosóficas e teológicas, a maioria de Aristóteles. Muitas proibições eram endereçadas a teólogos que ousaram colocar a lógica aristotélica acima da onipotência de Deus, como o argumento de que Deus poderia criar vácuo, enquanto Aristóteles insistia que o vácuo era logicamente impossível. As proibições de 1277 só foram aplicadas em Paris, mas influenciaram uma atitude mais crítica em relação ao filósofo em boa parte das preeminentes universidades europeias.

Hoje sabemos que esse retrocesso foi apenas temporário. Após um período de contenção, o progresso continuou, as proibições foram esquecidas e Aristóteles mais uma vez dominou o currículo universitário. No entanto, não havia garantias de final feliz. Duzentos anos antes, um revés anti-helenista e antirracionalista similar no mundo islâmico, promovido pela escola teológica Ash'ari do islamismo sunita, havia exterminado a "era de ouro" da ciência islâmica. Depois disso, os eruditos árabes restringiram seus estudos à "verdade literal" do Corão.[9] O fato de a ciência europeia medieval não ter sido igualmente estrangulada no nascimento se deve, em grande parte, à influência do maior teólogo da era medieval, Tomás de Aquino (1225-1274), que chegara a Paris três décadas antes das proibições.

O boi mudo

Nascido em uma rica família de Roccasecca, Itália Central, Aquino era o nono filho de Theodora Carraciola, condessa de Teano. Tomás recebeu sua educação primária em um *studium generale* em Nápoles, onde teve seu primeiro contato com as ideias de Aristóteles, de seus comentaristas árabes, particularmente Ibn Rushd (Averróis), e do filósofo judeu sefardita Moisés ben Maimón (nascido em Córdoba, na Espanha, em 1138), conhecido como Maimônides.

A família de Tomás esperava que ele se tornasse um abade beneditino, posição lucrativa que poderia render novas terras. Mas Tomás tinha outros planos. Queria entrar para os dominicanos, que, como os franciscanos de Ockham, eram uma ordem religiosa mendicante conhecida por seu respeito pelo novo conhecimento. Para seus familiares, isso era o equivalente medieval a entrar para um culto, pois os mendicantes eram apenas um pouco mais respeitáveis que pedintes errantes. Para impedi-lo de assumir essa vocação humilde, ele foi trancado no castelo familiar. Seus irmãos ainda levaram uma prostituta às escondidas para tentá-lo e afastá-lo da vida santificada. Conta-se que Tomás a enxotou com um pedaço de pau em chamas. Sua irmã acabou por ajudá-lo a escapar, baixando-o da torre do castelo em uma cesta até as mãos de conspiradores dominicanos que o esperavam. Aquino fugiu da Itália e viajou para o centro do estudo na Europa medieval, a Universidade de Paris, ali chegando por volta de 1245.

A essa altura, Alberto Magno, o mais prolífico e influente tradutor de Aristóteles no Ocidente, vinha lecionando em Paris havia cinco anos. O noviço chamou a atenção do eminente teólogo por ser tímido e retraído, além de alvo de zombarias por parte dos colegas, que o chamavam de "boi mudo" em referência a sua compleição corpulenta e sua calvície prematura. Alberto reconheceu o brilhantismo do jovem estudioso e predisse que "o mugido desse boi será ouvido pelo mundo todo". Estava certo.

Como Alberto se mudou para Colônia para lecionar no seu *studium generale*, Aquino o seguiu alguns anos depois, e então retornou a Paris para estudar para o mestrado em teologia e redigir um comentário sobre *Os quatro livros de sentenças*.[10] Esse texto fora escrito no século anterior pelo erudito francês Pedro Lombardo como uma coleção de ensaios sobre problemas espinhosos que ainda hoje intrigam os teólogos, como "O que é livre-arbítrio?", além de questões que fundiam teologia e ciência, como "De que maneira as águas podem estar acima do céu e de que tipo são?". Essas questões refletem um aspecto-chave da visão de mundo medieval que também é visível no grande poema de Dante: a crença em um reino único que inclui tanto elementos naturais quanto sobrenaturais. Depois de destacar a questão, cada capítulo incluía uma coleção de respostas redigidas pelos padres da Igreja. Todos os estudantes de teologia na Idade Média eram solicitados a escrever um longo comentário sobre *Os quatro livros de sentenças*, mais ou menos como uma tese de doutorado moderna.

Em 1259 Aquino voltou para a Itália e, em algum momento entre 1265 e 1274 (pouco antes de Paris condenar as ideias de Aristóteles), escreveu sua obra mais importante, a *Suma teológica*, que, de tão influente, quase canonizou Aristóteles no cristianismo ocidental. De fato, em *A divina comédia*, Dante e Beatriz encontram Pedro Lombardo, Alberto Magno e Tomás de Aquino na esfera do Sol, mas somente Aristóteles é conhecido como "o Mestre daqueles que sabem".

O objetivo de Aquino era construir um novo modelo racional do cosmo baseado na ciência de Aristóteles, mas incorporando Deus, anjos, santos e demônios. No entanto, para tornar o Deus cristão consistente com a ciência aristotélica, Aquino precisava provar sua existência. Para realizar esse feito, apropriou-se da análise do filósofo grego sobre mudança e movimento. Aristóteles escrevera: "Tudo que é movido é movido por alguma coisa." No entanto, em contraste com a tendência moderna de procurar causas únicas para eventos, como a faísca que provocou um incêndio, para Aristóteles havia quatro causas diferentes de mudança: material, formal, eficiente e final. Assim, tijolos podem ser a causa material de uma casa, ao passo que seu formato ou plano seria a causa formal, o construtor da casa seria a causa eficiente e a habitação humana seria a causa final ou *télos*.

As três primeiras causas ainda fazem sentido, embora possamos questionar se é mesmo necessário fazer essa distinção. No entanto, a quarta causa, o *télos*, é muito diferente de qualquer coisa na ciência moderna, porque inverte a habitual ordem temporal entre agente e resultado. Enquanto tijolos, plano e construtor precedem a casa, a causa final está no futuro. Ainda assim, para Aristóteles e Aquino, o *télos* continuou sendo uma causa da construção da casa tanto quanto seus tijolos. Isso faz algum sentido para artefatos, mas Aristóteles acreditava que tudo acontece com vistas a um propósito final. Assim, as rochas caem sobre o planeta porque o *télos* de uma rocha é estar o mais perto possível do centro da Terra. O *télos* da Lua é orbitar a Terra em círculos perfeitos. Estendendo esse conceito aos seres vivos, o *télos* dos seres inferiores, como porcos, era servir de alimento aos superiores, os humanos. O filósofo romano Vero chegou ao ponto de insistir que o *télos* da vida para um porco era manter sua carne fresca.

Mas quando parar? Afinal, a hierarquia de *teloi* tem o potencial de levar a uma retrogressão infinita: o *télos* de um nabo é um porco faminto; o *télos* de um porco é um ser humano faminto, e assim por diante. Aristóteles evitou esse problema limitando as cadeias hierárquicas das causas a um agente primordial, ou Deus, que foi a causa primordial e final de tudo. Para Aquino, isso fechava o acordo traçado por ele entre a teologia e a filosofia aristotélica. Embora o agente primordial fosse uma entidade bastante remota e impessoal, que estava mais para uma "coisa" do que para "ele" ou "ela", e diferente do Deus cristão personalizado, Aquino incorporou-o – Deus sempre foi tratado pelo gênero masculino por teólogos medievais – entusiasticamente na teologia, de modo que o Deus da Bíblia se tornou tanto a causa eficiente quanto a final de tudo e todos no mundo medieval.

Aplicar as quatro causas de Aristóteles na filosofia cristã revelou a Aquino quatro de suas cinco "provas" científicas de Deus. Três insistiam que Deus foi a causa primeira material, formal e eficiente de todos os objetos e eventos no mundo. A mesma lógica foi aplicada à quarta prova, sob o argumento de que "existe algum ser inteligente", segundo escreveu, "por meio de quem todas as coisas naturais são direcionadas para sua finalidade; e a este ser chamamos Deus". Assim, Deus era a causa final, o *télos*, de tudo que já aconteceu ou acontecerá algum dia. A quinta prova de Aquino, frequentemente conhecida como o "argumento de grau", era uma variante do famoso argumento ontológico* apresentado um século antes pelo filósofo francês Anselmo de Cantuária (1033-1109). Aquino argumentava que qualquer ordem ascendente de coisas existentes precisa ser coroada pelo ser maior, que só pode ser Deus.

Ao fornecer cinco provas de Deus, Aquino afirmou ter tido sucesso em incorporar o Deus cristão ao seu modelo do cosmo baseado na ciência de Aristóteles. Ele havia, segundo alegava, provado que a teologia era uma ciência – na verdade, a "Rainha das Ciências". E não parou por aí: Aquino tentou mostrar que sua *scientia* teológica podia explicar até mesmo milagres.

---

* Ontologia é o ramo da filosofia que lida com questões sobre o que existe e o que não existe. Contrasta com a epistemologia, que trata do que podemos saber.

O sabor de Deus

O passe de mágica final de Aquino renderia, uma geração depois, a acusação de heresia a Guilherme de Ockham e, cerca de um século mais tarde, deflagraria o grande cisma do cristianismo ocidental. Dizia respeito ao milagre da Eucaristia, ou sacramento da comunhão, que reside no núcleo teológico da missa cristã. Nele, o padre clama a Deus para, literalmente, transformar pão e vinho no corpo e no sangue de Cristo. A maioria dos teólogos teria classificado o milagre da transubstanciação na mesma categoria de eventos a que pertencem Jesus transformando água em vinho e Moisés dividindo as águas do mar Vermelho. Ele envolve a intervenção do divino, portanto não se esperava que estivesse em conformidade com as regras usuais que se aplicam à vida normal. Aquino, porém, estava convencido de que podia incorporar até mesmo milagres em seu modelo científico do mundo. Para fazer isso, recorreu a outro presente do mundo antigo: o realismo filosófico.

Santo Agostinho havia levado as Formas de Platão para a Igreja medieval arcaica, onde se tornaram ideias na mente de Deus. No entanto, já no século XIII, tinham sido suplantadas pelos universais de Aristóteles. Estes eram semelhantes às Formas platônicas, mas existiam lá fora no mundo, preenchendo cada objeto com uma espécie de essência daquilo que ele era. Cada objeto circular compartilhava da essência perfeita da circularidade. Todos os nobres possuíam sua parcela de nobreza. Todos os pais participavam da essência, ou universal, da paternidade.

Da perspectiva científica, os universais de Aristóteles representavam um ligeiro aprimoramento das Formas de Platão, já que eram considerados existentes no mundo em vez de se encontrarem em algum reino invisível. Ainda assim, isso criava um problema: como adquirimos conhecimento deles? Muitas resmas de pergaminhos eruditos foram dedicadas a responder a essa pergunta sem jamais chegar a uma conclusão. Um problema adicional era que havia muitos universais, pelo menos um para cada substantivo ou verbo usado na nossa linguagem. Aristóteles tentou trazer alguma ordem a isso, classificando cada um deles em uma de dez categorias: substância, quantidade, qualidade, lugar, relação, posição, etc.

Ainda hoje se discute exatamente a que Aristóteles se referia com sua categorização dos universais, mas poderíamos igualar a primeira, substância, ao conceito moderno de matéria. Ela representa a *essência* imutável de um objeto, sua composição a partir dos elementos terra, ar, fogo e água. As outras categorias de universais, conhecidas como *acidentes*, eram ligadas à substância do objeto, dando a ele aspecto, sensação, sabor, forma e cheiro característicos. Por exemplo, todos os objetos redondos possuíam o universal da circularidade, e se, como as cerejas, ocorressem naturalmente em pares, também possuíam o universal da dualidade, bem como o universal da doçura, todos ligados à substância da cereja. Era assim que uma cereja se tornava cereja. Enquanto a substância de um objeto era considerada fixa, seus acidentes, como cor ou forma, estavam em constante fluxo, ou seja, uma cereja que vai mudando de vermelho-claro para vermelho-escuro à medida que amadurece.

Os universais foram centrais para a filosofia e a ciência medievais, pois sustentavam a fundação da sua lógica: o silogismo aristotélico. A estrutura básica é frequentemente ilustrada com referência ao famoso mestre de Platão: Sócrates é homem; todos os homens são mortais; logo, Sócrates é mortal. A lógica fundamenta-se no princípio de que todos os objetos podem ser classificados segundo seus universais, tais como o universal de *masculinidade*. Uma vez aceita essa ideia, sempre que soubermos as propriedades acidentais do universal, tais como mortalidade, poderemos fazer afirmações científicas definitivas que tendem a ser verdadeiras.

A lógica silogística funciona bem para o exemplo citado, mas, se fizermos um pequeno ajuste – Sócrates é homem; todos os homens têm barba (como podia ter ocorrido na Grécia antiga); logo, Sócrates tem barba –, fica menos provável que essa seja uma maneira segura de raciocinar sobre o mundo. Como descobriremos mais adiante, o solapamento da lógica silogística por Guilherme de Ockham foi uma das inspirações para sua navalha. No entanto, para Aquino, os universais eram muito mais que uma ferramenta da lógica. Ele acreditava que sua realidade última residia na mente de Deus, de modo que o estudo dos universais fornecia percepções do plano divino. Eles eram nada menos que uma sombra do céu no mundo, preenchendo todos os objetos terrenos com a presença direta da divindade.

Aquino percebeu que o milagre da Eucaristia era um problema espinhoso para os universais porque se acreditava que a substância do pão – sua essência imutável, segundo Aristóteles – poderia se transformar em uma substância muito diferente: a carne. É por isso que o milagre é chamado de transubstanciação. Assim, após o milagre, acreditava-se que o pão, embora ainda com aparência de pão, era (e ainda é para os católicos) composto da substância da carne de Jesus. A questão que incomodava os escolásticos era: o que os acidentes do pão – seu sabor e sua capacidade de esfarelar – estavam fazendo ligados à carne de Jesus?

Na *Suma teológica*, Aquino concebeu uma solução engenhosa. Durante o milagre, alegou ele, os acidentes do pão se ligavam não ao seu substrato, substância habitual, mas à sua quantidade, que permanecia inalterada pelo milagre. Havia um pão antes do milagre e um Jesus depois. Isso permitia que o sabor se mantivesse, mesmo depois de sua substância ter desaparecido. O milagre da transubstanciação era, portanto, segundo Aquino, inteiramente consistente com a ciência de Aristóteles: uma pérola na coroa da "Rainha das Ciências".

Tamanha era a influência de Tomás de Aquino, canonizado apenas 50 anos após sua morte, que essa explicação bizarra tornou-se a doutrina padrão da Igreja Cristã e assim permaneceu na Igreja Católica.* Como a estudiosa medievalista Edith Sylla ironicamente observou, Aquino considerava que "não estava introduzindo um elemento filosófico estranho na doutrina sagrada, mas usando uma razão purificada que se combinava com a revelação para formar uma única ciência sagrada – a água da filosofia, quando misturada ao vinho da revelação, transformava-se em vinho".[11] Para esse *grand finale* da sua *scientia* aristotélica, Aquino transubstanciava teologia em ciência.

Quase dois milênios antes, Sócrates insistira que era mais sábio que outro homem porque "eu não imagino que sei aquilo que não sei".[12] Esse era o problema fundamental da *scientia* escolástica.** Os escolásticos pensavam que sabiam tudo, mas, na realidade, não sabiam nada. Sua *scientia* inflada de entidades podia explicar tudo, mas, sem um princípio de parcimônia, não predizia nada.

---

* Ver, por exemplo, o artigo publicado em www.faith.org.uk/article/a-match-made-in-heaven-the-doctrine-of-the-eucharist-and-aristotelian-metaphysics.
** Talvez a analogia moderna mais próxima seja a "teologia experimental" imaginada por Philip Pullman em sua trilogia *Fronteiras do Universo*.

A *Suma teológica* de Aquino nunca foi concluída. Em dezembro de 1273, enquanto celebrava a missa, o grande teólogo teve uma visão que o impossibilitou de escrever ou até mesmo de ditar, pois "perto do que vi, tudo que escrevi parece palha". Uma geração depois, chegaria a Oxford um estudioso com uma ferramenta capaz de cortar toda aquela palha.

3
A navalha

Guilherme vai para a universidade

O progresso de Guilherme através do *trivium* e do *quadrivium* na Greyfriars em Londres provavelmente levou entre três e seis anos. Ele deve ter impressionado seus professores, porque foi selecionado para cursar o doutorado em teologia. A Greyfriars era vagamente filiada a Oxford, de modo que em algum momento por volta de 1310, quando Guilherme tinha 23 anos, ele se propôs a continuar seus estudos na primeira universidade da Inglaterra para ser treinado como estudioso ou letrado medieval.

Oxford ficava a dois dias de percurso a noroeste de Londres por uma estrada movimentada. A trilha era regularmente atacada por bandos de salteadores, de maneira que os novos estudantes costumavam formar grupos escoltados por um "batedor" profissional armado. Guilherme deve ter integrado um desses grupos. Podemos imaginá-lo como um jovem clérigo de *Os Contos de Cantuária*, de Geoffrey Chaucer, que "começara o estudo da lógica", mas que

> teria preferido ter à cabeceira de sua cama
> Vinte livros encapados em preto ou vermelho
> De Aristóteles e sua filosofia
> Em vez de ricos trajes, um violino ou um elegante saltério*.**

---

* Instrumento semelhante ao alaúde.
** No original, *would rather have at the head of his bed/ Twenty books, bound in black or red/ Of Aristotle and his philosophy/ Than rich robes, or a fiddle, or an elegant psaltery.* (N. do T.)

Depois de chegar a Oxford, Guilherme entrou para um mosteiro franciscano, possivelmente localizado em Greyfriars Hall, na Iffley Road. A universidade fora estabelecida apenas cerca de um século antes e era muito menor que sua correspondente moderna, consistindo de um punhado de colégios superiores, inclusive Balliol e Merton, além de várias escolas estabelecidas pelas ordens franciscana e dominicana. A maioria dos estudantes não era de frades ou monges, mas todos precisavam ser tonsurados e tinham que vestir mantos clericais para desfrutar dos privilégios do clero. Um dos privilégios mais úteis era que, em vez de estarem sujeitos às cortes seculares, estudantes acusados de algum crime eram julgados pelas cortes eclesiásticas. Estas eram presididas pelo reitor da universidade e permitiam, ocasionalmente, que um estudante se safasse de alguma contravenção – incluindo assassinato.

Estudantes de diferentes regiões da Inglaterra, Escócia, País de Gales e Irlanda, muitos com apenas 15 anos, formavam bandos que se envolviam regularmente em brigas. Desavenças entre não religiosos e membros das várias ordens também eram comuns, assim como os conflitos entre acadêmicos e não acadêmicos.* Pouco antes da chegada de Guilherme, uma disputa entre a universidade e alguns frades fez com que estes fossem excluídos de suas funções universitárias, e sua igreja, atacada e profanada por colegas estudantes. Conflitos estudantis muitas vezes evoluíam para ferimentos e até mesmo mortes. Em 1298, um acadêmico chamado Fulk Neyrmit foi morto por uma flecha disparada por um cidadão enquanto comandava um ataque em massa com arcos e flechas, espadas, broquéis, fundas e pedras na High Street.[1] Nesse mesmo ano, o acadêmico irlandês John Burel foi esfaqueado até a morte em uma briga de taverna. Brigas de faca eram comuns, já que, em toda a Inglaterra medieval, praticamente todo mundo, inclusive frades e monges, carregava a própria faca para onde fosse. O historiador Hastings Rashdall disse que havia "campos de batalha históricos onde menos sangue foi derramado". Essa observação foi confirmada por uma estimativa recente da taxa de homicídios em Oxford no século XIV, bem mais alta do que em muitas cidades violentas nos dias de hoje.[2]

---

* O autor emprega a expressão "*town and gown*", literalmente "cidade e beca". "Cidade" era a população comum, não acadêmica, e "beca" eram os universitários. (*N. do T.*)

Distante das confusões, Guilherme frequentava aulas no mosteiro e em conventos vizinhos e colégios universitários. Uma vez graduado, passou a dar aulas, que tanto podiam ser palestras com cerca de uma hora de duração quanto "disputas", nas quais os estudantes escutavam um debate entre mestres sobre questões controversas. As aulas ocorriam em salas parecidas com as que ainda são encontradas nos colégios mais antigos de Oxford ou Cambridge, com bancos de madeira e escrivaninhas para os alunos e um púlpito para o mestre. No entanto, diferentemente dos modernos auditórios de palestras, os assentos não eram separados do púlpito, de modo que alunos e professor ocupavam o mesmo espaço. É provável que essa configuração contribuísse para a atmosfera por vezes turbulenta das aulas, pois muitos estudantes, em particular os não religiosos, que pagavam pelos estudos, costumavam zombar do mestre e insultá-lo quando consideravam que ele não estava fazendo jus ao seu salário.

Como estudante de teologia, a principal leitura de Guilherme provavelmente foi *Os quatro livros de sentenças*, de Lombardo. A pergunta que mais atraía sua atenção era "Teologia é uma ciência?". Tomás de Aquino insistia que a teologia não era apenas uma ciência, mas a "Rainha das Ciências". Guilherme discordava.

Disputas

Infelizmente não temos uma imagem do jovem Guilherme, uma vez que no século XIV só os poderosos eram retratados. No entanto, graças aos rabiscos de um jovem acadêmico nas margens de suas anotações, temos um esboço dele, feito vinte anos depois de seus tempos de graduação. Conrad de Vipeth de Magdeburgo, claramente um fã, desenhou-o em seu exemplar da *Summa logicae* (Suma da lógica) de Ockham durante uma visita a Munique. No esboço de Conrad, o esguio e tonsurado frade parece um tanto melancólico e frágil.[3]

Guilherme completou seu comentário sobre *Os quatro livros de sentenças* em algum momento entre 1317 e 1319, quando tinha cerca de 30 anos. Depois disso, passou a dar aulas em Oxford e possivelmente em Londres. Foi nessa época que seu comentário foi publicado. A prática comum era que um dos alunos participantes da palestra fizesse anotações detalhadas a tinta em um velino, conhecido como *reportatio*, que podia ser copiado por outros alunos tanto dentro quanto fora da universidade. O palestrante podia corrigir e emendar o relato do aluno para liberar uma cópia aprovada, conhecida como *ordinatio*. Sabe-se que Guilherme completou um *ordinatio* de seu comentário sobre o primeiro livro de *Os quatro livros de sentenças* de Lombardo por volta de 1320, mas as únicas cópias sobreviventes de seus comentários sobre os outros três volumes permanecem como *reportati*. As disputas também eram registradas e, quando corrigidas pelo palestrante, passavam a se chamar *quodlibets*. Guilherme completou sete dessas entre 1321 e 1324. Mais ou menos nessa época, escreveu uma longa exposição sobre a *Física* e as *Categorias* de Aristóteles, respondeu a uma série de perguntas sobre a *Física* e desenvolveu vários trabalhos sobre física, teologia e lógica.

FIGURA 6: Guilherme de Ockham conforme desenho de Conrad de Vipeth de Magdeburgo.

Alarmes soaram para além de Oxford tão logo o trabalho de Guilherme ficou disponível. O primeiro indício de problemas foi o fato de ele não ter avançado em sua missão de se tornar mestre em teologia pela universidade. Isso era muito incomum, pois, até onde sabemos, ele atendeu a todas as exigências. Não está claro quem ou o que impediu seu progresso. O principal suspeito é John Lutterell, reitor da Universidade de Oxford entre 1317 e 1322, que compôs um folheto intitulado *Libellus contra Occam* (Petição contra Ockham). No entanto, Guilherme continuou a dar palestras e a responder a seus críticos. Seus *quodlibets* eram centrados em seus seminários por volta de 1321-1324, depois que Lutterell deixou Oxford. Outros eruditos ingleses, inclusive um colega da Merton College chamado Thomas Bradwardine (1290-1349), acusaram Guilherme de ensinar noções heréticas. Os escribas copiadores no continente também se mantiveram bem ocupados. Já em 1319-1320, os comentários de Guilherme chegaram à França, onde receberam a aprovação de um erudito chamado Francisco de Marchia.[4]

Para entender por que as ideias de Guilherme estavam causando tanto rebuliço, temos que mergulhar na fonte delas: o cerne da relação do homem com o mundo e com Deus – caso aceite sua existência.

O Deus incognoscível

O ataque de Guilherme de Ockham à filosofia escolástica e a seus predecessores foi, sob muitos aspectos, um prolongamento da discussão iniciada na geração anterior, em 1277, quando o bispo de Paris baniu o debate de doutrinas que pareciam restringir o poder de Deus aos limites da lógica de Aristóteles. O bispo Tempier insistia que o Deus cristão onipotente era livre para fazer o que bem quisesse, independentemente do que Aristóteles tivesse a dizer sobre o assunto.

A proibição não durou muito, mas estimulou uma avaliação mais crítica da filosofia de Aristóteles pelos escolásticos e, particularmente, das implicações da onipotência divina. Esse era um conceito alheio à filosofia grega clássica, uma vez que os poderes dos gregos sempre haviam sido limitados: Poseidon governava os mares, mas tinha pouco poder em terra. O Deus cristão era muito diferente, já que ele não havia somente criado o Universo, mas também moldado suas regras: ele era onisciente e onipotente.

As implicações da onipotência divina vinham ressoando através dos claustros de Oxford uma geração antes da chegada de Guilherme. Seu antecessor, Duns Scotus (1266-1308), discutira a diferença entre certo e errado, considerando que Deus podia, arbitrariamente, mudar as regras. Guilherme foi muito além. Em uma abordagem que prenunciava o desmantelamento da filosofia ocidental por Descartes, até chegar à famosa citação *Cogito ergo sum* (Penso, logo, existo), Ockham usou sua navalha para despir tudo na filosofia medieval, exceto a onipotência de Deus.

O problema encontrado por Guilherme era que, além de ser todo-poderoso, um Deus onipotente também era incognoscível. Isso fica claro ao considerarmos que, com a exceção da lei da não contradição (ou seja, ele não pode existir e não existir simultaneamente), um Deus todo-poderoso não precisa se adequar à razão humana. Por exemplo, ele pode fazer coisas desarrazoadas, como criar as plantas no terceiro dia (como está no livro do Gênesis), antes de fazer, no quarto dia, a luz que as alimenta. Embora tal ordem de eventos possa ofender a razão de Aristóteles, Deus tinha o poder de sustentar as plantas, no escuro, por todo o tempo que quisesse e sem fornecer à humanidade qualquer razão para ter agido assim.

Guilherme aplicou o mesmo raciocínio para atacar a espinha dorsal da filosofia: o realismo. Lembre-se de que os realistas filosóficos acreditavam que as Formas platônicas, ou os universais aristotélicos, eram o alicerce de todo o mundo. Cerejas eram cerejas porque partilhavam do universal da "cerejidade"; pais eram pais porque eram preenchidos pelo universal da "paternidade".

Guilherme não acreditava em nada disso. Argumentava que um Deus onipotente não tem serventia para os universais. Se ele pode fazer uma cereja com os universais da circularidade, da vermelhidão etc., então também pode fazer uma cereja sem esses universais. Guilherme argumentava que os universais são apenas termos que usamos para nos referir a grupos de objetos – daí o termo *nominalismo* para o sistema filosófico defendido por Guilherme no mundo medieval –, já que "vão fazer com mais o que pode ser feito com menos. […] Portanto nada mais, além do ato de saber, deve ser postulado".[5] E ele foi adiante, insistindo que "tudo que é previsível é, na verdade, da natureza da mente".

O argumento de que "vão fazer com mais o que pode ser feito com menos" é o nosso primeiro encontro com a navalha de Ockham. Em si mesma, essa afirmação não era inteiramente nova. Quase dois milênios antes, em *Sobre o movimento dos animais*, Aristóteles escrevera que "a natureza não faz nada em vão". No entanto, em vez de um argumento para a economia na natureza, Guilherme usa a navalha para atacar a lógica que sustentava os universais. Segundo ele, "o universal não é algo real que tem de ser psicológico (*esse subjectivum*) na alma ou fora dela. Ele tem somente um ser lógico (*esse objectivum*) na alma, e isso é uma espécie de ficção [...]".[6] Ockham insistia que os universais não têm existência extramental, de modo que, para evitar misturar ideias e realidade, aconselhava "não multiplicar universais desnecessariamente".[7]

Essa recusa em "multiplicar universais desnecessariamente" é a ideia essencial por trás da navalha de Ockham. Devemos admitir apenas o número mínimo de entidades em nossas explicações ou modelos da realidade. Em vez de os pais serem preenchidos com a essência da paternidade, Ockham insistia que "devemos dizer que um homem é pai porque tem um filho [ou filha]".[8] Essa afirmação é tão óbvia que pode parecer banal, e é até difícil apreciar seu impacto revolucionário. Todavia, com um golpe da sua navalha, Guilherme se desfez do emaranhado de entidades que atravancavam a filosofia e a ciência do mundo medieval, e o mundo subitamente se tornou muito mais simples e bem mais compreensível. Por outro lado, embora reconhecessem a virtude da simplicidade, Aristóteles, Ptolomeu, Aquino e outros ficavam contentes em adicionar complexidade sempre que lhes fosse conveniente. Guilherme não. É por isso que, cinco séculos mais tarde, o princípio da parcimônia recebeu o nome de navalha de Ockham, e não navalha de Aristóteles nem de Ptolomeu ou de Aquino.

A dispensa dos universais também desarmou a pedra angular da lógica medieval: o silogismo. Lembre-se de que a lógica "Todos os homens são mortais; Sócrates é homem; logo, Sócrates é mortal" depende de todos os homens compartilharem universais como masculinidade ou mortalidade. Contudo, se o único ponto em comum entre Sócrates e, digamos, Platão é uma mera palavra (homem), então o fato de Sócrates ser mortal nada diz sobre se Platão ou qualquer outro homem é mortal. Os escolásticos ficaram horrorizados. Como poderiam adquirir conhecimento do mundo?

Para Ockham, havia uma maneira segura de descobrir se um homem era mortal: disparar uma flecha contra ele e observar se ele sobrevive. Na lógica de Ockham, destituída de universais e preenchida apenas com indivíduos, o único meio de adquirir conhecimento seguro é por meio da experimentação e da observação. Essa é, obviamente, a pedra angular da ciência moderna.

É importante, porém, reconhecer que essa abordagem empírica não oferece garantia de certeza. Uma única flecha pode provar que Sócrates é mortal, mas não pode provar que "todos os homens são mortais". Uma centena de flechas atingindo uma centena de homens permitiria a hipótese de que todos os homens são mortais, mas, para Ockham, todas as hipóteses são provisórias e probabilísticas, vulneráveis a refutação pela 101ª flecha. Para Ockham, essa era outra distinção importante entre ciência e religião. Segundo ele, a existência de Deus era uma certeza, mas a ciência só pode consistir em hipóteses. A ciência, conforme sustentava Guilherme, produz probabilidades, não provas.

Não é difícil entender por que a filosofia de Ockham gerou agitação. Durante séculos, os escolásticos haviam debatido a natureza de universais e categorias. Com alguns poucos golpes de sua navalha, Ockham desconstruiu todo esse empreendimento e o classificou como uma perda de tempo. A palha a que se referira Aquino.

Guilherme destrona a Rainha

Não contente em despedaçar o realismo filosófico, Guilherme foi adiante e atacou as pretensões científicas das provas de Deus apresentadas por Aquino e outros. Em quatro de suas cinco "provas", Tomás de Aquino argumentava que as causas aristotélicas (material, formal, eficiente e final) levavam a cadeias potencialmente infinitas de causa e efeito que precisam ser coroadas com uma causa primordial, Deus. Guilherme destacou que cadeias de causa e efeito não levam necessariamente a uma regressão infinita que precise de coroamento. Seria possível, por exemplo, imaginar um Universo preenchido com apenas três objetos se chocando uns contra os outros por toda a eternidade, gerando causas (choques) e efeitos (mudanças de trajetória), mas permanecendo apenas três objetos. Se houver uma regressão infinita, não haverá necessidade de uma coroa divina. Deus é uma entidade além da necessidade, no sentido da navalha de Ockham, então o esperto argumento de Aquino não pode provar sua existência.

Quanto ao "argumento de grau", Ockham primeiro admite que uma hierarquia de coisas melhores e maiores precisa ser, de fato, coroada pela coisa melhor de todas. No entanto, ressalta ele, existe uma pluralidade de "melhores de todos" e cada um precisa ser coroado com seu melhor de todos. Por exemplo, Ockham e seus contemporâneos poderiam ter discutido qual seria a construção mais bonita – se a Notre-Dame de Paris ou a Catedral de Canterbury – ou poderiam ter discutido qual seria o cântico mais poético em *A divina comédia*. Mas não faria sentido discutir se a Catedral de Canterbury era melhor que *A divina comédia*. Então o argumento proveniente do grau de Aquino podia ter múltiplas coroas, tais como homem, deus ou asno, dependendo da característica a ser ranqueada.

Ockham, no entanto, reservou o golpe de misericórdia de seus argumentos contra as provas da existência de Deus para a principal inimiga da ciência, a *teleologia*. O *télos* é a quarta das causas de Aristóteles, que, em contraste com as outras, reside no futuro, não no passado. O *télos* de porcos era se tornarem refeição para humanos. Isso é um anátema para a ciência moderna, pois mina sua base de causalidade, que age do passado para o presente e caminha para o futuro. Como não temos acesso ao que está por vir, permitir causas que estejam no futuro torna a ciência impossível. Não obstante, Aquino argumentara que Deus teria que ser o *télos*, a causa final, de tudo no mundo. Se estivesse certo, o mundo seria incognoscível, uma vez que os *teloi* de Deus não são acessíveis à humanidade.

Ockham primeiro admitiu que as finalidades teleológicas podem ser apropriadas para ações humanas voluntárias, como a construção de uma casa,[9] mas eventos não causados por agentes inteligentes não têm nenhum tipo de causa final, ou *télos*. Em vez disso, argumentou: "Se eu não aceitasse nenhuma autoridade, alegaria* que isso não pode ser provado nem a partir de afirmações conhecidas em si mesmas nem a partir da experiência de que todo efeito tem uma causa final; [...] a pergunta 'por quê?' é inapropriada

---

* O uso de verbos condicionais ("*I would claim*") era o padrão de Ockham para evitar problemas, pois lhe permitia isolar seus argumentos de outros sobre a autoridade divina.

no caso de ações naturais."¹⁰ Ockham insistia que o passado ou o presente fornecem causa suficiente para qualquer evento. "Seria possível perguntar", argumenta ele, "por que o calor aquece a madeira em vez de esfriá-la. Retruco que tal é a natureza dele." Com essa jogada, Guilherme aboliu a teleologia para estabelecer a direção da causalidade da ciência moderna.* O *télos* se tornou outra entidade além da necessidade.

Trezentos anos depois, e com muito mais pompa, os grandes cientistas e filósofos do Iluminismo, ou Idade da Razão, reivindicaram o crédito por banir a teleologia da ciência. No entanto, Ockham combatera a teleologia de forma mais sucinta e com muito menos pompa, insistindo que "um agente natural é predeterminado pela sua natureza, não por uma finalidade".¹¹ Uma vez eliminada a teleologia, Deus era uma entidade além da necessidade no que diz respeito às causas e a prova final de sua existência apresentada por Aquino foi destruída.

Depois de demolir o realismo filosófico – a noção de espécie e as cinco principais provas sobre a existência de Deus –, a maioria dos eruditos provavelmente teria ficado satisfeita com seu projeto de mestrado. Contudo, Guilherme tinha outro alvo incendiário à vista: o passe de mágica filosófico de Aquino a respeito da Eucaristia, o milagre central do cristianismo.

A Rainha das Ciências é expulsa

Aquino havia manipulado inteligentemente a noção de universais de Aristóteles com o intuito de incorporar o milagre da Eucaristia à ciência cristianizada. A filosofia nominalista de Guilherme de Ockham negava que os universais existissem. Com os universais figurando como meros nomes, Guilherme avançou em sua teoria para desfazer oito das dez categorias de Aristóteles, reduzindo-as a apenas duas: substância e qualidade. Mais uma vez, utilizou sua navalha. Por exemplo, sobre a quantidade, Ockham raciocinou que uma essência de dualidade existindo em objetos aos pares, como duas cadeiras em uma sala, é ilógica. Pode haver mais duas cadeiras em uma sala adjacente, de modo que, caso se derrubasse a parede entre as salas, a

---

* Algumas interpretações da mecânica quântica incluem, sim, retrocausalidade.

dualidade das cadeiras se transformaria em "quatridade". Mas como alguma coisa real em relação a uma cadeira poderia ser afetada pela demolição de uma parede não conectada à cadeira? Guilherme concluiu que "não há quantidade distinta da substância ou da qualidade".[12] Quantidade, no sentido de uma categoria aristotélica, era uma entidade além da necessidade e deveria ser eliminada.[13]

No entanto, a categoria da quantidade foi onde Tomás de Aquino tinha ocultado o sabor, o cheiro e a textura do pão no milagre da Eucaristia. Havia um pão antes do milagre e continuava havendo um Jesus depois do milagre. Eliminando o universal de quantidade, Ockham removeu a base para a incorporação do milagre na ciência feita por Aquino. A Rainha das Ciências foi derrubada do seu trono.

Defendendo a terceira via

"[A teologia] não é a primeira nem a última nem uma do meio porque não é propriamente uma ciência [...]"

GUILHERME DE OCKHAM[14]

Guilherme não parou no destronamento da Rainha das Ciências de Aquino. Em outro passo extraordinário, argumentou que ciência e religião são fundamental e irrevogavelmente incompatíveis. Isso se seguiu à sua insistência de que Deus transcende a razão humana, de modo que a razão é incapaz de adquirir conhecimento do divino. O único caminho para Deus é por meio da fé e das Escrituras. Mais ainda, a barreira levantada pela *scientia* opera em ambas as direções: o conhecimento de Deus adquirido por meio da fé e das Escrituras não pode prover conhecimento do mundo. Ciência e teologia eram, portanto, dois modos de inquirição humana disparatados e incompatíveis. Ockham escreveu que "é impossível para os princípios [da teologia] serem tomados meramente pela fé e as conclusões serem conhecidas cientificamente; [...] é tolice afirmar que tenho conhecimento científico das conclusões da teologia pelo fato de Deus conhecer princípios que eu aceito pela fé".[15]

Guilherme era um frade franciscano. Até onde sabemos, ele nunca duvidou da existência de Deus nem dos dogmas centrais do cristianismo. Ainda assim, insistia que sua religião provinha não da razão, mas da fé e do estudo das Escrituras, e nenhuma delas fornecia a certeza requerida pela *scientia*. Assim, ele abraçou o *fideísmo* para argumentar que "só a fé dá acesso às verdades teológicas. Os caminhos de Deus não estão abertos à razão [...]".[16] A fé era para Deus; a razão era para a ciência. Embora alguns filósofos antigos, como os estoicos, os epicuristas e os islâmicos,* tivessem defendido uma separação limitada entre ciência e religião, até Ockham ninguém havia formulado um argumento tão claro e convincente para a base da ciência moderna. Nosso mundo largamente secular é a conclusão inevitável da implacável lógica do frade.

A navalha de Ockham, acoplada à sua filosofia nominalista e fideísta, abriu uma terceira via entre religião e ateísmo.** Permitia aos cientistas buscar uma ciência secular e, ao mesmo tempo, manter-se devotos. Guilherme insistia que "afirmações, especialmente em física, que não pertençam à teologia não devem ser oficialmente condenadas ou proibidas por ninguém, porque em tais coisas todo mundo deveria ser livre para poder dizer o que lhe convier".[17] Todos os grandes cientistas que viveram do século XIV, pelo menos, até o século XIX eram cristãos devotos que optaram por seguir a terceira via de Ockham.

Não obstante, no século XIV tudo isso era altamente perturbador para os colegas de Guilherme, tanto em Oxford quanto em Londres. Os teólogos que haviam labutado para construir uma ciência com base em sua disciplina ficaram ultrajados. Os mais astutos perceberam que a insistência de Guilherme sobre os universais serem ficções mentais seria o equivalente a dizer a um economista que dinheiro não existe.

---

* Al-Biruni (973-1048) estabelecia o contraste entre os problemas de astrônomos indianos tendo que conciliar sua astronomia com a religião hindu e o Corão, que "não articulava sobre esse assunto [astronomia] ou qualquer outra [área de conhecimento] necessária".
** Embora o ateísmo estivesse longe de ser impensável no mundo medieval – por que alguém haveria de ter a necessidade de provar a existência de Deus se ela nunca foi posta em dúvida? – e fosse uma opinião que muitos provavelmente mantinham em segredo, qualquer proclamação pública de ateísmo teria lhe valido uma estaca na fogueira dos hereges se você não se retratasse.

Guilherme se mete em apuros

Tanto Walter Burley (1275-1344) quanto Walter Chatton (1290-1343), tradicionalistas que haviam sido treinados na Merton College, em Oxford, mais ou menos na mesma época que Guilherme, deram palestras e escreveram tratados se opondo ao nominalismo revolucionário de Ockham. Adam Wodeham recordava-se de estar tomando notas nas aulas de Chatton e correr para mostrá-las ao seu mentor (Ockham), que rabiscou uma rápida resposta se queixando da "calúnia de alguns críticos".[18]

Na primavera de 1323, com cerca de 35 anos, Guilherme foi chamado para defender suas opiniões em um encontro capitular provincial da ordem franciscana realizado em Cambridge. Está claro que ele pouco fez para aplacar seus críticos e os rumores de suas ideias radicais continuaram a se espalhar para além de Oxford e Londres, chamando a atenção do homem mais poderoso da cristandade. A bomba chegou a Oxford no começo de 1324: o papa convocou Guilherme a comparecer a audiências em Avignon, então sede do trono papal, a fim de responder a acusações de ensinar heresia.

Avignon

"[...] Estou bem familiarizado com a maldade dos homens."
GUILHERME DE OCKHAM, 1335[19]

Não está claro quem alertou o papa sobre as ideias potencialmente heréticas de Guilherme, porém, mais uma vez, o nome do ex-reitor da Universidade de Oxford John Lutterell foi cogitado. Em 1323 ele tinha viajado a Avignon, provavelmente buscando uma promoção. O papa João XXII pediu-lhe que examinasse os comentários de Ockham sobre *Os quatro livros de sentenças* de Lombardo à procura de opiniões potencialmente heréticas. No dia seguinte, Lutterell presenteou o pontífice com um catálogo de 53 "erros", muitos referentes ao abandono da categoria da quantidade de Aristóteles, a questão que mais dizia respeito ao milagre da Eucaristia. O papa respondeu com a convocação de Guilherme a Avignon para ser sabatinado por um júri de seis *magistri*, inclusive Lutterell.

A notícia de que um dos seus havia sido acusado pelo papa de heresia seguramente causou comoção nos claustros de Londres e Oxford. Todo mundo sabia como os hereges não arrependidos eram executados. O acusado quase sempre conseguia evitar a fogueira renunciando a suas opiniões heréticas, mas será que Guilherme o faria? Aos 30 e tantos anos e conhecido por sua obstinação, era bem provável que ele continuasse discutindo com seus acusadores mesmo enquanto as chamas começassem a lamber seus pés.

Guilherme partiu para Avignon logo depois da convocação. Sua rota provavelmente o levou para Dover, ao sul, e dali atravessou o canal naquela que certamente foi sua primeira viagem marítima. Uma vez na França, é bem plausível que antes tenha passado por Paris. Teria ele aproveitado a oportunidade para se encontrar com acadêmicos e lecionar ali? Não há evidência disso, mas, se o fez, isso teria ajudado a explicar a entusiástica adoção das noções ockhamistas por eruditos parisienses. Ele talvez tenha percorrido a velha estrada romana na direção sul para chegar a Avignon, no início do verão de 1324.

A cidade se tornara o centro do papado depois que o papa Clemente V fugira de uma Roma desgovernada duas décadas antes.[20] Filipe IV da França oferecera Avignon como capital papal e Clemente, com prazer, aceitou. No entanto, a cidade não podia ser considerada grandiosa: carecia de sistema de esgoto, era abertamente insalubre e com fama de ter sido colonizada por ladrões, mendigos e prostitutas. O poeta e humanista Petrarca, que vivia em Avignon mais ou menos na época da chegada de Guilherme, descreveu assim a cidade: "Ímpia Babilônia, ó Inferno na Terra, ó fedor de iniquidade, ó fossa do mundo. […] De todas as cidades que conheço, o seu fedor é o pior." Clemente foi o primeiro de nove papas a residir na malcheirosa Avignon.

Foi o sucessor de Clemente V, João XXII, que convocou Guilherme. Sua residência era no velho Palácio do Bispo, enquanto o palácio novo, o Palais des Papes, com suas características torres góticas, ainda estava em construção. O velho palácio acabou sendo incorporado a um novo edifício, então é provável que o julgamento de Guilherme tenha sido conduzido dentro dos aposentos do Palais des Papes atual.

O julgamento envolveu uma série de audiências nas quais Ockham defendeu seus pontos de vista diante de um júri de seis *magistri*, talvez com a presença ocasional do papa. Após as audiências, os membros do júri deliberaram em segredo antes de emitir um parecer. Primeiro desconsideraram algumas das acusações de Lutterell, mas aceitaram outras, e acrescentaram algumas da própria autoria. Ockham respondeu defendendo vigorosamente sua perspectiva nominalista e minimalista em um texto denso e bem fundamentado, *De sacramento altaris* (O sacramento do altar). Em seu argumento de abertura, Ockham questionou se "um ponto é algo absoluto realmente distinto da quantidade" e, para concluir, proferiu que "um ponto não é outra coisa senão uma linha, ou qualquer quantidade". Embora a matéria possa parecer esotérica, é extraordinário quão enraizados estão os argumentos de Guilherme na lógica, em verdade, na lógica matemática, tal como a distinção – havendo uma – entre um ponto e uma linha. Ainda não é ciência, mas está próximo disso, e ilustra os esforços de Guilherme em usar lógica para arrancar a teologia do alicerce de empirismo da ciência. Ele prossegue para questionar, talvez de modo precipitado, a competência do júri, declarando que "se algum dos doutores e santos da Igreja tivesse prova de que a quantidade era uma coisa absoluta e distinta de substância e qualidade, bem, então cabia aos *magistri* dar nome às suas fontes".[21]

Durante o processo, Guilherme foi obrigado a permanecer na cidade, hospedado no mosteiro franciscano local. Foi ali que ele deve ter completado sua maior obra filosófica, *Summa logicae*, um texto provocativo, pois implicava que um único volume, com sua forte postura nominalista, continha tudo que fosse digno de se saber no campo da lógica. Nele, Ockham insiste que "a lógica é a ferramenta mais útil de todas as artes. Sem ela, nenhuma ciência pode ser plenamente conhecida".

Em agosto de 1325, cerca de um ano depois da chegada de Guilherme a Avignon, estava claro que o julgamento não ia bem. Em resposta a uma carta do rei Eduardo II requisitando que Lutterell retornasse à Inglaterra, o papa disse que o ex-reitor estava ocupado na tarefa de erradicar uma "doutrina pestilenta". Em 1327, o papa João XXII emitiu uma bula acusando Ockham de ter proferido "muitas opiniões errôneas e heréticas".

No entanto, o julgamento de Guilherme, assim como seus estudos, nunca foi concluído. Ele se envolveu em outro conflito, ainda mais mortal, que ceifou muitas vidas e, segundo diversos historiadores, mudou o curso da história europeia.

4
Quão simples são os direitos?

"Guilherme de Ockham é um gigante na história do pensamento. Ele é também uma das figuras mais proeminentes no desenvolvimento inicial da teoria dos direitos naturais."

SIEGFRIED VAN DUFFEL, 2010[1]

Guilherme não era o único franciscano renegado residindo em Avignon na década de 1320. O procurador e representante da ordem na corte papal, Bonagratia de Bérgamo, estava encarcerado na prisão do papa. Seu ministro-geral, Michele de Cesena, também chegara à cidade havia pouco tempo e, como Guilherme, fora colocado em prisão domiciliar. Poucos meses depois, todos os três foram excomungados e forçados a fugir. O assunto que os envolveu em tantos apuros foi um feroz debate sobre se Jesus possuía ou não uma bolsa.

Como na maioria dos debates medievais aparentemente triviais, a verdadeira questão era muito mais profunda do que qualquer dúvida sobre a posse de uma bolsa. Dizia respeito à relação entre a Igreja, representada por Jesus, e o Estado, representado por sua bolsa. A origem do conflito remonta aos primeiros cristãos. Muitos aceitavam a insistência de Jesus de que "é mais fácil um camelo passar pelo buraco de uma agulha do que um rico entrar no Reino de Deus" e levavam ao pé da letra seu conselho de "vender todas as suas posses e dar o dinheiro aos pobres". Eles faziam o voto de pobreza que imitava o de Jesus e seus apóstolos, abandonando dinheiro e propriedades, para viver como pregadores itinerantes e contando apenas com mendicância ou caridade para abrigo e subsistência.

A Igreja Católica adotou um caminho muito diferente. Depois que o imperador Constantino estabeleceu o cristianismo como religião oficial do

Império Romano, a Igreja Cristã tornou-se irrevogavelmente vinculada ao Estado. Essa relação entre Igreja e Estado foi enfraquecida pela queda de Roma, mas restabelecida em 800, quando Carlos Magno foi coroado sacro imperador romano pelo papa Leão III, no dia de Natal, em Roma. Depois disso, reis e imperadores da Europa Ocidental iam até lá para serem coroados pelo papa, fundindo seus reinos e impérios, junto de seu sistema feudal, à autoridade da Igreja Católica.

Pobres, santos e hereges

No século anterior ao julgamento de Guilherme surgiram vários grupos de cristãos renegados que atacavam a extravagância da Igreja, rejeitando os vínculos com o Estado e abraçando o princípio da pobreza apostólica. Esses grupos incluíam os *humiliati* na Itália, os waldensianos na Alemanha e os cátaros na região do Languedoc, na França.

A maioria foi declarada herética e cruelmente suprimida,[2] mas um dos grupos de pobreza apostólica foi, ainda que com certa relutância, abraçado pela Igreja Católica. Giovanni di Bernardone, conhecido como Francisco, nasceu em Perúgia, sob o teto de uma família rica, por volta de 1181. Depois de desfrutar das habituais diversões dos jovens abastados, Francisco abandonou sua herança e suas posses para viver como pedinte e pregador errante. Ele e seus seguidores adotaram como vestimenta uma rústica túnica de lã cinzenta amarrada com uma corda, o que lhes valeu o nome de "frades cinzentos". Francisco e seus frades cinzentos viajavam pelos campos exortando qualquer pessoa a adotar uma vida de pobreza, penitência e amor fraterno. Francisco logo formou um sólido e leal grupo de seguidores que o instou a apelar ao papa para reconhecê-los como uma nova ordem mendicante itinerante. O papa concordou e os seguidores de Francisco tornaram-se a Ordem dos Frades Menores, mais conhecida como a ordem dos franciscanos. Quando Guilherme de Ockham nasceu, a ordem já havia crescido de um pequeno aglomerado de 11 pessoas para cerca de 20 mil seguidores.

No entanto, para alguns cristãos, os franciscanos não eram suficientemente radicais. O fundador de outro grupo, o místico italiano Gerardo

Segarelli, tivera sua entrada na ordem recusada em 1260 e, como resposta, levou todo seu dinheiro e posses para a praça central em Parma, onde distribuiu cada moeda, chapéu, cadeira e garrafa de vinho entre os pobres. Deixou a barba crescer, vestiu-se com um manto branco e tornou-se o tipo de frade que caminhava descalço de cidade em cidade. Em pouco tempo, liderava um grande séquito de cristãos que penavam de modo semelhante, conhecidos como os apostólicos, e instava todos a *Penitenziagite!*, que, em tradução livre, significa algo como "Arrepende-te agora!".*

O clero costumava tolerar eremitas excêntricos. Apesar disso, além de abrir mão de sua propriedade, Gerardo atacava a riqueza eclesiástica e insistia que a Igreja não tinha acesso privilegiado ao Céu, de modo que as indulgências (essencialmente liberação de tempo no Inferno em troca de doações) e os impostos conhecidos como dízimos representavam extorsão clerical. Não foi surpresa, portanto, que o papa os tenha declarado hereges e, em 1300, ordenado a execução de diversos apostólicos, incluindo Segarelli, na fogueira em Parma. Isso acontecera 24 anos antes da chegada de Guilherme a Avignon.

No entanto, a morte de Segarelli só piorou as coisas, pois um militante ainda mais radical, Fra Dolcino, assumiu a liderança do grupo.[3] Com sua parceira Margherita de Trento, que Dolcino resgatara de um convento, recrutou um grande grupo de seguidores no norte da Itália. Os dolcinianos, como vieram a ser conhecidos, eram ainda mais radicais que os apostólicos. Não somente rejeitavam a autoridade da Igreja como também se recusavam a aceitar a autoridade do Estado e insistiam que instituições, como propriedade, casamento, leis ou servidão, eram invenções para controlar pessoas que deveriam ser livres. Diferentemente dos franciscanos, os dolcinianos aceitavam homens e mulheres em seu grupo e viviam em comunidades cooperativas, mais ou menos como uma versão medieval dos *hippies*.

Tudo isso soa inócuo hoje, mas, recusando-se a aceitar noções estabelecidas como propriedade, domínio feudal e autoridade, os dolcinianos efetivamente se colocaram contra o Estado feudal, bem como contra a Igreja. Em 1305, o papa Clemente V declarou uma cruzada contra o grupo. Prometeu

---

* A frase identificava o corcunda Salvatore em *O nome da rosa*, escrito por Umberto Eco, como ex-membro dos dolcinianos.

indulgências aos soldados locais, incentivando-os a atacar os rebeldes, destruir seus assentamentos e persegui-los por todo o norte da Itália.

Em resposta, os dolcinianos se tornaram mais beligerantes, assaltando povoados e mosteiros para roubar comida, dinheiro e roupas. Em março de 1306, eles montaram um campo fortificado em um pico conhecido como Monte Zebello, ou Monte Calvo, no Piemonte. Como o primeiro ataque por parte dos cruzados foi rechaçado com êxito, o bispo bloqueou o acesso à montanha para impedir que alimentos chegassem ao grupo sitiado e fazer com que este acabasse se rendendo. A estratégia funcionou e os fracos e famintos dolcinianos saíram de sua fortaleza na montanha e tornaram-se alvos fáceis para os cruzados motivados pelas indulgências. No embate, os soldados capturaram Fra Dolcino e Margherita de Trento.

O julgamento em Vercelli, no Piemonte, foi rápido. Diversos nobres e cavaleiros ficaram tão deslumbrados com a beleza de Margherita que se ofereceram para casar-se com ela desde que se retratasse. Ela se recusou e foi condenada à fogueira. Fra Dolcino foi obrigado a assistir à morte dela antes de ser torturado e também ser queimado.

A santa bolsa

Embora os franciscanos tenham se baseado no princípio da pobreza apostólica, na época em que Fra Dolcino e Margherita de Trento foram conduzidos pelas ruas de Vercelli, a maioria já havia abandonado o estilo de vida itinerante para viver em grandes e bem abastecidos mosteiros, com cozinha, biblioteca, dormitórios, cultivos agrícolas e lagoas de peixes. Compreensivelmente, muitos enxergavam isso como um abandono dos princípios de fundação da ordem. Uma solução fora encontrada em 1279 pelo papa Nicolau III, que emitiu uma bula papal conhecida como *Exiit qui seminat*, na qual aceitava a propriedade para os frades franciscanos e tudo que produzissem, em nome do papado.[4]

A maioria dos franciscanos ficou feliz em aceitar a hospitalidade do papa. No entanto, uma facção mais militante conhecida como *fraticelli*, infiltrada por dolcinianos fugitivos, insistia que a bula era uma mentira, e o estilo de vida no convento, uma traição à pobreza apostólica. O grupo é hoje mais conhecido como "os radicais" de *O nome da rosa*, o romance medieval do escritor italiano Umberto Eco. O debate da pobreza apostólica desempenha um papel-chave na trama do livro e seu personagem principal, Guilherme de Baskerville (interpretado no filme por Sean Connery), foi levemente inspirado em Guilherme de Ockham.[5] Como os dolcinianos, os *fraticelli* foram excomungados, o que obrigou muitos deles a fugir para a Sicília, na época governada pelo imperador Frederico III do Sacro Império Romano-Germânico. Tão emaranhada era a rede de lealdades da Europa no fim do período medieval que Frederico mandou os hereges cristãos para Túnis, onde desfrutaram da proteção do governante muçulmano.

Não obstante, os *fraticelli* não haviam sido totalmente eliminados. Em 1321, enquanto Guilherme lecionava em Oxford, um grande grupo de *fraticelli* foi detido em Narbonne e Beziers, no sul da França, por pregar a incompatibilidade entre riqueza e santidade. A essa altura, o sucessor de Clemente, João XXII, era o papa, muito menos simpático aos franciscanos. Ele ordenou que o então recém-eleito ministro-geral da ordem franciscana, Michele de Cesena, interrogasse 62 *fraticelli*, perguntando a cada um se considerava que Jesus havia possuído uma bolsa.

A maioria dos franciscanos rebeldes recuou e concordou. Estes foram enviados de volta a suas cidades para renunciar publicamente a suas opiniões. Mas os 25 que se recusaram foram entregues ao inquisidor, que persuadiu – não se sabe como – outros 21 a se retratarem. Os quatro *fraticelli* restantes foram queimados na fogueira, provavelmente tendo Michele de Cesena como testemunha.

No entanto, esse não foi o fim da questão. Em 12 de novembro de 1323, João XXII encurralou os franciscanos ao emitir a bula *Quum inter nonnullos*, em que declarava que Cristo e seus apóstolos não tinham posses "errôneas ou heréticas". Ele também revogou a bula *Exiit*, de Nicolau III, que havia tomado posse dos mosteiros franciscanos em nome do papa. João insistiu que, dali em diante, os franciscanos deveriam aceitar a propriedade papal de fato ou se considerar ladrões ou invasores.

Fuga de Avignon

> "Pois contra os erros deste pseudopapa coloquei minha face
> como a mais dura rocha [...]"
>
> GUILHERME DE OCKHAM, 1329[6]

No fim de 1324, praticamente na mesma época em que Guilherme chegou a Avignon, sua ordem, em pânico, reuniu-se na cidade de Perúgia, não muito distante da Assis de São Francisco, para um conclave de emergência, a fim de considerar sua resposta à censura do papa. O encontro terminou com a redação de uma carta afirmando o princípio da pobreza apostólica. O jurista da ordem, Bonagratia de Bérgamo, foi encarregado de levar o documento a Avignon. Ao chegar à cidade papal e entregar a carta, ele criticou publicamente o papa João XXII. Guilherme de Ockham presenciou esse acontecimento. O papa mandou o jurista para a prisão do palácio e convocou Michele de Cesena a Avignon.

Os franciscanos apelaram ao sacro imperador romano* Luís** IV, o Bávaro, que já estava em disputa com o papa: corriam boatos de que ele estava a ponto de coroar um papa próprio em Roma, possivelmente Michele de Cesena. Depois de inicialmente alegar doença, Michele chegou a Avignon em dezembro de 1327, onde foi advertido em público por João XXII e colocado sob prisão domiciliar, provavelmente no mesmo mosteiro onde Guilherme fora detido. Essa peculiar combinação de circunstâncias, involuntariamente engendrada por João XXII, aproximou o homem mais inteligente da Cristandade daquele que mais necessitava de seus serviços.

As ponderações de Guilherme o convenceram de que o papa não somente estava errado como era um herege. Com o auxílio de amigos poderosos, os franciscanos arquitetaram o plano que os levou ao porto de Aigues-Mortes, de onde, por fim, escaparam. Ao fugir, sua situação tornou-se muito

---

* Foi esse o título dado ao sucessor de Carlos Magno, coroado imperador em 814 pelo papa. Em tempos medievais já adiantados, o título era detido por um monarca eleito por um comitê de príncipes-eleitores. O Império dominava principalmente a população de fala alemã, mas ao longo dos anos se expandiu e se contraiu, de modo a abranger outras terras, tais como a Itália.

** Também chamado Ludwig.

mais delicada. Seu "extremo temor" no convés da galera de Gentile era seguramente provocado pelas recordações de Michele de Cesena dos gritos de seus colegas franciscanos ardendo nas fogueiras de Narbonne e Beziers.

Pisa, Roma, Munique: a excursão de Ockham

O papa João XXII tinha fama de ser teimoso e não aceitar a derrota facilmente. Ele excomungou todos os fugitivos e enviou cartas ao rei de Aragão, ao arcebispo de Toledo e ao rei de Maiorca requisitando que os franciscanos fossem imediatamente presos se aportassem naqueles territórios.[7] Seu foco em destinos mais a oeste talvez tenha sido inculcado na cabeça do lorde de Arrabley pelo astuto Gentile durante as negociações em Aigues-Mortes. Se foi isso, tratou-se de um ardil inteligente, porque, depois de uma árdua viagem de cerca de 250 milhas náuticas para leste, com duração de mais ou menos cinco dias, os franciscanos desembarcaram no porto de Pisa, na Itália.

Pisa está hoje a cerca de 18 quilômetros para o interior, mas, na época de Ockham, era uma cidade costeira e um porto importante para o comércio marítimo no norte do Mediterrâneo. De lá, o grupo viajou para Roma, onde Luís, o Bávaro, já havia coroado a si próprio sacro imperador romano e entronado um franciscano desconhecido, Pietro Rainallucci, como papa Nicolau V. Seu rival em Avignon, João XXII, anunciou uma cruzada contra Luís, não reconhecendo sua coroação e instando todos os verdadeiros católicos a resistirem a ele.

Em setembro de 1328, os volúveis romanos já estavam fartos dos "teutônicos" e Luís foi vaiado quando sua comitiva partiu de Roma para voltar a Pisa, acompanhada tanto pelos franciscanos rebeldes quanto pelo papa Nicolau. Em abril do ano seguinte, o sacro imperador romano partiu rumo ao seu trono em Munique levando consigo os franciscanos, mas não o papa. Abandonado, Nicolau percorreu a pé todo o caminho até Avignon, com um laço em volta do pescoço, para renunciar ao seu título e implorar perdão.

Guilherme de Ockham e Michele de Cesena passaram o resto de seus dias sob a proteção de Luís, vivendo a maior parte do tempo em um mosteiro franciscano em Munique. Ockham e seus colegas continuaram a escrever artigos denunciando João e os papas que o sucederam. Como fugitivo, excomungado e acusado de heresia, os escritos de Guilherme nesse período mudaram de filosofia e ciência para o conflito que o obrigara a fugir de Avignon e permanecer no exílio pelo resto da vida.

Direitos simples

Embora não sejam um tópico geralmente discutido em livros sobre ciência, os direitos humanos são, creio eu, tão necessários para o progresso científico quanto o método experimental ou a matemática. A ciência viabilizou-se em economias escravocratas ou ditaduras, como na Grécia antiga ou nas sociedades feudais do fim do período medieval na Europa e no Oriente Médio, mas dependia de riqueza e patrocínio para poucos e era sujeita aos caprichos de patronos abastados e às demandas do Estado ou da Igreja. Para ser transformadora, a ciência precisa de uma base mais ampla e de uma espécie de democracia na qual riqueza e poder tenham um papel pequeno ou inexistente na competição entre ideias. E isso só pode acontecer em sociedades que oferecem a cada indivíduo os mesmos direitos fundamentais, inclusive, é claro, o direito de estar errado.

Isso nos leva à natureza dos direitos. Mas o que são eles? O papa João XXII e Guilherme de Ockham estavam de acordo em um ponto: a propriedade funciona porque provê o direito – *ius* ou *jus* em latim (de onde vem a palavra moderna "justiça") – de usar recursos como comida e moradia. Mas onde e como esse direito existe? Mais ou menos uma geração antes, o teólogo e filósofo agostiniano Gilles de Roma (1247-1316) sustentara o argumento clerical sobre o relato, no Gênesis, acerca da expulsão de Adão e Eva do Jardim do Éden por Deus. Depois Deus conferiu a Adão "domínio sobre os peixes do mar e sobre as aves dos céus e sobre os rebanhos e sobre toda terra e sobre toda coisa que rasteje". Adão transmitiu esse domínio a seus descendentes favoritos, que se tornaram reis, imperadores e príncipes que possuíam e governavam o mundo. Esse estado de coisas continuou até o nascimento de Jesus, que, sendo ao mesmo tempo Deus e homem vivo, retomou a posse e o domínio. No entanto, antes de morrer ele legou todos os direitos e propriedades a São Pedro, que os passou aos seus sucessores papais. Os papas subsequentes, por sua vez, dividiram os domínios dados por Deus entre os monarcas cristãos, que os repassaram a seus nobres, que os dividiram com seus súditos, mas não, é claro, com seus servos, que não tinham bens nem direitos. Assim, toda a ordem do mundo medieval foi mantida dentro da hipotética bolsa de Jesus.[8] Em 1493, menos de 200 anos depois do conflito de Guilherme com o papa João XXII, o papa Alexandre VI dividiu a posse do Novo Mundo entre as Coroas espanhola e portuguesa com base na sua noção de domínio por indicação divina.

Os franciscanos tinham uma perspectiva muito diferente. Insistiam que, quando Jesus começou seu ministério, abandonou todas as suas posses para viver uma vida de absoluta pobreza. Assim, se tivesse uma bolsa, ela estaria vazia ao ser entregue a São Pedro. Segundo seu argumento, a Igreja não tinha sequer o direito de reivindicar a propriedade das próprias igrejas ou terras, nem de qualquer riqueza maior no mundo. Mas, se a reivindicação da Igreja por domínio fosse uma fraude, então a mesma coisa acontecia com os imperadores e príncipes coroados pelo pontífice. As apostas desse conflito eram de fato altas.

João XXII começou seu ataque aos franciscanos reiterando Gilles e insistindo que "o domínio sobre coisas temporais não foi estabelecido pela lei natural primeva, entendida como a lei comum aos animais, [...] nem pela lei das nações, nem pela lei dos reis dos imperadores, mas por Deus, que foi e é o Senhor de todas as coisas".[9] Nisso, João XXII estava seguindo a posição da filosofia realista tradicional, em que a lei natural era um aspecto da razão divina que satura o mundo com o plano de Deus como sua causa final. Como o universal da paternidade, um direito era considerado algo que existe independentemente das pessoas que o reivindicam. Nesse sentido, é o que hoje se chama direito objetivo.

Em seu *Trabalho dos noventa dias*, Guilherme de Ockham reiterava a noção franciscana da pobreza absoluta de Cristo. No entanto, se a bolsa de Jesus estivesse realmente vazia, de onde a posse ou o domínio viriam? O argumento de Ockham, como o de João, começa pela teologia. Quando Adão e Eva foram expulsos do Jardim do Éden, Deus conferiu a eles e a seus descendentes um direito natural de colher os recursos disponíveis na Terra, da mesma forma que conferiu às ovelhas o direito de pastar. Ainda assim, mais uma vez, esse direito natural simples não conferia posse. A vida era simples. Ninguém possuía nada; em vez disso, existia um "estado de natureza"[10] com direitos básicos envolvendo a própria vida, sustento e abrigo.

Todavia, depois de desfrutar do "estado de natureza" ideal fora do jardim, os justos entre os descendentes de Adão e Eva se viram obrigados a conviver com indivíduos gananciosos que consumiam mais que sua parcela. Para lidar com isso, foram forçados a concordar com o que seria uma parcela equitativa dos recursos em comum. Foi então que surgiu o conceito de propriedade privada, o que hoje chamamos de posse. E, o mais importante, essa posse ou domínio não vinha de Deus: era um conceito inteiramente humano destinado a evitar conflitos. A posse, segundo Ockham, era um direito subjetivo, um tipo de acordo que existia apenas na mente de pessoas que escolhem aceitá-lo. A posse não tinha mais realidade objetiva que a noção de paternidade. Era simplesmente uma palavra ou ideia.

O estilo de vida comunitário foi minado por indivíduos gananciosos que roubaram de seus vizinhos. Para se proteger contra esse roubo subjetivo (como a posse é subjetiva, o roubo também o é), foi acordado um conjunto de leis que dispunha sobre como a propriedade privada poderia ser salvaguardada, além das punições adequadas àqueles que burlavam as regras. Para que essas leis vigorassem, as comunidades concordavam em eleger um governante apropriado, talvez o mais forte ou o mais sábio entre os habitantes, que protegeria sua propriedade com a força das armas se necessário. Em troca, o encarregado de impor a lei receberia uma parcela maior dos recursos comuns.

Segundo Ockham, essa foi a origem do domínio ou realeza terrena. Essencialmente, as pessoas emprestavam uma parcela extra de seus direitos naturais sobre a terra ou a propriedade aos governantes eleitos. Anos mais tarde, governantes passaram a convencer seus súditos de que esse domínio era um direito objetivo real conferido por Deus, o *ius* que escorava a ordem do mundo medieval. No entanto, Guilherme insistia que os direitos conferidos aos governantes pelos seus súditos eram apenas empréstimos. Noções como realeza ou nobreza eram meras palavras. Se o governante governasse mal, seus súditos podiam reclamar seus direitos e tomar o poder. Invertendo toda a estrutura do sistema feudal, Guilherme argumentava que a autoridade derivava dos governados, e não dos governantes: "De Deus por intermédio do povo." Também afirmava que "o poder não deve ser confiado a ninguém sem o consentimento de todos". Guilherme destacou que pagãos e infiéis eram, como os cristãos, descendentes de Adão e Eva, portanto herdaram os mesmos direitos naturais que os cristãos e, como eles, tinham o direito de criar as próprias leis e eleger os próprios governantes.[11]

Voltando ao dilema franciscano, Guilherme insistia que, mesmo abandonando o conceito de posse criado pelo homem, eles possuíam seu direito natural dado por Deus de usar recursos quando necessário. Ele insistia que esses direitos naturais não podiam ser anulados pelo papa ou por um imperador, pois "ninguém pode remover [...] os direitos e liberdades concedidos aos fiéis por Deus e pela natureza"; e que "ninguém pode renunciar ao direito natural de usar".[12] Embora muitos juristas e filósofos tenham contribuído para a noção de direitos subjetivos, o historiador francês do direito do século XX Michel Villey não tinha dúvida de quem era o responsável. Ele escreveu que o "momento copernicano" na história do direito estava associado com "toda a filosofia professada por Ockham, [...] a qual é a mãe dos direitos subjetivos".[13]

O *Trabalho dos noventa dias* foi extensivamente copiado e, 200 anos mais tarde, influenciou muitas figuras fundamentais da Reforma. O rei Henrique VIII da Inglaterra tinha seu exemplar na biblioteca do Palácio de Westminster e sempre o consultava, chegando até mesmo a fazer anotações em suas páginas para ajudar na construção das alegações que lhe possibilitariam divorciar-se de Catarina de Aragão. Durante a Guerra Civil inglesa, o exemplar foi para Lanhydrock House, na Cornualha, sendo agora propriedade do Fundo Nacional. A noção nominalista de Ockham de direitos subjetivos também influenciou figuras-chave do Iluminismo político, como o humanista, poeta, dramaturgo e jurista holandês Hugo Grotius,[14] e, por meio dele, Thomas Hobbes, George Berkeley e até os materialistas do século XIX, que, como Ockham, insistiam que o direito de propriedade ou de governar é uma invenção humana. Como observou Karl Marx, "o nominalismo foi um dos principais elementos do materialismo inglês e, em geral, é a primeira expressão do materialismo".[15]

5
A centelha

Voltemos a Oxford, onde as ideias de Guilherme estão provendo a centelha para acender uma breve, mas brilhante, chama de ciência nos claustros da universidade. Não se sabe onde ele estudou em Oxford, mas uma de suas faculdades mais antigas, Merton, criada para estudantes de teologia cerca de 50 anos antes, é uma candidata provável. Após a partida apressada de Guilherme, e apesar da sua condição de herege, suas ideias continuaram sendo estudadas em Merton. Em 1347, por exemplo, um colega de faculdade, mestre Simon Lambourne, legou uma coleção de ensaios de Ockham à faculdade, inclusive um de seus comentários sobre *Os quatro livros de sentenças* de Lombardo.[1] Além disso, nas décadas imediatamente posteriores à partida de Guilherme de Oxford, um grupo de acadêmicos conhecido como Calculadores de Merton ganhou fama não pelos estudos em teologia, mas pela inovadora aplicação da matemática nas ciências naturais, um movimento provavelmente inspirado por Guilherme.

Nenhum dos Calculadores se refere diretamente a Guilherme ou a seu trabalho – naquela época, ele já havia sido acusado de heresia e excomungado –, mas não é difícil identificar sua influência, particularmente em razão do entusiasmo por uma heresia matemática específica.

A quadratura do círculo

Aristóteles era louco por categorizar. Dividiu seus universais em dez categorias: substância, quantidade, qualidade, tempo, lugar, paixão, ação, posição, hábito e relação. Mais tarde, complicou ainda mais, proibindo que linhas de raciocínio ou provas de uma categoria fossem aplicadas a outras. Por exemplo, a categoria quantidade incluía números, mas não substâncias, ao passo que a categoria qualidade era usada para caracterizar objetos de substância, inclusive seus hábitos, tais como sua tendência a cair (pedra), a subir (fumaça) ou a derreter (gelo). Aristóteles argumentava que regras diferentes operavam em categorias diferentes e que a matemática, em particular, só podia ser aplicada a objetos sem substância, como círculos, triângulos ou corpos celestes. Ele escreveu que "aritmética e geometria não se preocupam com quaisquer substâncias".[2] Números ou geometria eram, portanto, ferramentas inadequadas para descrever, por exemplo, o calor de um objeto ou a trajetória de uma flecha. Em vez disso, apenas termos qualitativos, como quente, frio, curvo ou reto, podiam ser aplicados.

A matemática é, obviamente, fundamental para a ciência moderna. A física seria impensável sem ela, mas é também uma ferramenta vital para química, biologia, geologia e meteorologia. No mundo medieval, todas essas ciências estavam agrupadas sob o termo "ciência natural" e encontravam-se fora dos limites da matemática, pois todas se relacionavam a "substâncias". Esse foi um sério empecilho ao progresso científico, particularmente na medida em que a matemática é a porta para a simplicidade. Como se mede o terceiro lado de um triângulo retângulo? Não é preciso medir quando se conhecem o comprimento dos outros dois lados e o teorema de Pitágoras. É isto que a matemática oferece à ciência: um mundo mais simples, portanto mais compreensível e previsível. Para Aristóteles, essa ferramenta só estava disponível para objetos sem substância, como a luz, os universais de triângulos ou os corpos celestes.

O filósofo grego, porém, permitiu uma quantidade limitada daquilo que denominava *metabase*, em que provas de uma ciência podiam ser cooptadas para uma ciência *subalterna* que era considerada subordinada a uma ciência superior. Por exemplo, a música tocada em instrumentos de corda era considerada subalterna à matemática, uma vez que as harmonias podem ser previstas por meio das razões entre os comprimentos das cordas e as notas que elas emitem quando friccionadas. Se uma corda é pinçada de modo a produzir uma nota em particular, uma corda com metade do comprimento produzirá uma nota que soa uma oitava acima. Então o intervalo musical de uma oitava tem uma proporção matemática de 2 para 1, e os comprimentos de cordas em uma razão de 2 para 3 estão separados por uma quinta perfeita. No entanto, além dessas poucas exceções, Aristóteles impôs uma proibição geral à metabase nas ciências.

Uma restrição aristotélica correlacionada era sua insistência no fato de que diferentes objetos matemáticos eram incomensuráveis. Por exemplo, um círculo não pode ser comparado com um quadrado, já que, alegava ele, é impossível usar métodos numéricos ou geométricos para determinar a área do quadrado que equivale à área do círculo. Segundo Aristóteles, tal tentativa de *quadrar o círculo* seria uma ofensa pela regra da proibição de metabase. Assim, todos os objetos geométricos seriam sustentados por seus universais e, consequentemente, tão incomparáveis quanto o sabor do queijo e o som do alaúde.

Categorias, metabase e incomensurabilidade sobreviveram à queda do mundo antigo para serem transmitidas, muitas vezes por meio de estudiosos árabes, aos escolásticos ocidentais. Assim, quando filósofos islâmicos ou europeus medievais consideravam o movimento, por exemplo, a primeira pergunta a ser feita era: "A que categoria de ser este movimento pertence?" Era vital que a pergunta fosse respondida, pois a resposta determinaria a natureza da ciência que podia ser aplicada. Infelizmente, as categorias de Aristóteles eram tão numerosas e confusas que os escolásticos raramente iam além dessa pergunta. O mentor de Aquino, Alberto Magno, escreveu uma longa discussão sobre a questão da categoria do movimento em seu comentário sobre o Livro 3 da *Física* de Aristóteles, citando tanto o filósofo quanto as opiniões dos comentaristas árabes.[3] Ele avaliou se o movimento caía na categoria de ação, paixão, quantidade, qualidade, lugar ou se representava toda uma nova categoria por si só. Não é de surpreender que nem ele nem quaisquer escolásticos jamais tenham conseguido chegar a uma conclusão.

A rejeição de Ockham a oito das dez categorias de Aristóteles como entidades além da necessidade trouxe o benefício imediato de banir a maioria das proibições de metabase. Quanto à matemática, Guilherme usou sua navalha nominalista para atacar a noção de que essa ciência se baseia em Formas platônicas ou universais de triângulos, círculos e números existentes em algum reino perfeito. Ele escreveu que "se relações [matemáticas] fossem reais, então, quando eu movesse meu dedo e a posição dele mudasse em relação a todas as outras partes do universo, céu e terra seriam de imediato preenchidos com acidentes".[4]

Uma vez que números, formas ou objetos geométricos eram meras ferramentas mentais, argumentou Ockham, não deveria haver restrições à sua aplicação. No prólogo de seu *Ordinatio*, concluído pouco antes de sua partida para Avignon em 1324, ele discute a relação entre as ciências e a matemática, justificando que muitas das ciências consideradas fora dos limites da matemática para Aristóteles, como a medicina, encontram bom uso para os seus conceitos. Um médico, por exemplo, poderia dar um prognóstico bom para um ferimento em linha reta, como um corte de espada, ou um prognóstico ruim para uma ferida circular, como uma perfuração de lança.

Da mesma maneira, Ockham acabou com a proibição de comparar grandezas supostamente incomensuráveis, tais como linhas retas e circulares. Para ele, uma corda enrolada em círculo podia ser desenrolada para determinar se seu comprimento é maior, menor ou igual a uma corda esticada.[5] Ignorando séculos de deliberações filosóficas, Guilherme vislumbrou a perspectiva moderna de uma ciência nominalista baseada na experiência.

Os Calculadores

Thomas Bradwardine, contemporâneo de Guilherme, foi o primeiro a tirar proveito do relaxamento das proibições de Aristóteles feito por Ockham para o estudo do movimento. Para Aristóteles, o movimento era apenas uma forma de mudança ao longo de crescimento ou decadência. Ele ressaltava que o movimento só era possível quando a força atuante sobre um corpo excedia a resistência ao movimento, mas nunca tentou codificar seu princípio em uma formulação matemática. Ignorando a proibição de metabase em seu *Tractatus de proportionibus* (Tratado sobre proporções), escrito por volta de 1328, Bradwardine importou o conceito de proporções matemáticas em intervalos musicais para argumentar, corretamente, que é a razão matemática entre força e resistência – um número – que determina a grandeza do movimento.[6] Foi um passo revolucionário, pois, pela primeira vez, era aplicado o raciocínio matemático a objetos conhecidos como sendo feitos de matéria.

Bradwardine tornou-se um influente diplomata e arcebispo de Canterbury. Em Oxford, os passos da sua criação matemática foram seguidos por outra geração de acadêmicos de Merton, incluindo John Dumbleton (c.1310-c.1349), William Heytesbury (c.1313-c.1372) e Richard Swineshead (que morreu por volta de 1364). Todos se encontravam em Merton no período entre 1330 e 1350, então é fácil imaginar o grupo se debruçando sobre manuscritos, à luz de velas, na gelada biblioteca da faculdade.* Heytesbury e Dumbleton foram intensamente influenciados pela lógica nominalista de Guilherme de Ockham.[7] Contudo, o maior impacto de Ockham sobre a ciência dessa vez foi libertar a matemática de suas amarras filosóficas.

Heytesbury, que mais tarde seria conhecido simplesmente como O Calculador, escreveu *Regulae solvendi sophismata* (Regras para resolver quebra-cabeças lógicos) em 1335. Na obra, inventou um tipo de metalinguagem semimatemática que aplicou a uma porção de problemas proibidos pelas restrições de metabase, tais como a relação entre peso e resistência ao movimento.[8] Em típico estilo escolástico, ele fez algumas perguntas, como: existe um peso máximo que Sócrates não consegue erguer em velocidade A no meio B ou um peso mínimo que ele não consiga erguer?[9] O avanço mais importante que ele e seus colegas Calculadores de Merton fizeram foi definir velocidade como uma relação entre distância e tempo. Aristóteles nunca tentara qualquer definição matemática, já que considerava o movimento uma noção complexa envolvendo mudança de lugar, tempo, localização e posição, todas categorias separadas do ser e, portanto, incomensuráveis. Os Calculadores de Merton desenrolaram metaforicamente a corda de Ockham para definir velocidade como a divisão da distância percorrida por um objeto pelo tempo que ele leva para percorrê-la. Essa definição é frequentemente creditada a Galileu,[10] mas os Calculadores de Merton chegaram a ela três séculos antes.

---

* Geralmente não eram permitidas lareiras nas bibliotecas por causa da natureza combustível dos livros.

Criando leis com a navalha de Ockham

De posse de uma descrição matemática da velocidade, Heytesbury e seus colegas descobriram a primeira lei da ciência moderna: o teorema da velocidade média. Esse teorema afirma que a distância percorrida por um objeto, acelerando uniformemente a partir de seu ponto de repouso, é igual à distância que o objeto teria percorrido se estivesse se movendo com sua velocidade média (o ponto médio ou metade da velocidade máxima) durante o mesmo tempo. Logo, se um burro acelerasse suavemente a partir de seu ponto de repouso até alcançar uma velocidade de 10km/h, em uma hora a distância percorrida por ele seria a mesma que se tivesse marchado continuamente a 5km/h por uma hora, ou seja, 5 quilômetros.

Leis científicas e matemáticas são cruciais para nossa história, pois, sob sua carapaça de aço, são as expressões mais puras da navalha de Ockham. Lembremos a insistência de Einstein, mencionada na Introdução, de que "o grande objetivo de toda a ciência [é] cobrir o maior número de fatos empíricos por dedução lógica a partir do menor número possível de hipóteses ou axiomas".[11] Leis científicas, por exemplo, sobre luz, movimento ou calor são todas maneiras de cobrir "o maior número de fatos empíricos" a partir de hipóteses e axiomas simples. Seu valor pode ser percebido se imaginarmos como Aristóteles teria respondido se lhe perguntassem quanto um burro teria percorrido caso acelerasse suavemente do repouso para 10 km/h em uma hora. Ele provavelmente teria dito que tudo depende do material de que é feito o burro, das causas formal, eficiente e final do movimento e das categorias particulares nas quais essas causas foram inseridas. O burro provavelmente teria finalizado seu percurso antes de Aristóteles terminar sua resposta.

Ainda assim, se perguntados, Heytesbury e seus colegas teriam retrucado que era simplesmente a metade da velocidade final do burro multiplicada pelo tempo que havia levado para atingir essa velocidade. Mais ainda, se a pergunta fosse sobre a aceleração de uma cabra, vaca, cometa, estudioso ou flecha, elementos constituídos de diferentes substâncias e pertencentes a diferentes categorias de ser, eles teriam dito que não faria a menor diferença. Ao calcular a resposta, detalhes como o material estavam além da necessidade.

O teorema da velocidade média é extraordinariamente útil. No entanto, tem uma limitação importante. Os Calculadores de Merton só descreviam o movimento; não procuravam explicar o movimento fornecendo uma causa. Na terminologia de hoje, chamaríamos o teorema da velocidade média de teoria cinemática. Não há nada de intrinsecamente errado com uma teoria cinemática; ela permanece útil. Mas não diz nada sobre o futuro ou o passado, a menos que sejam exatamente iguais ao presente. Para a ciência ser capaz de predizer um futuro incerto, ela também precisa ser capaz de lidar com mudança, o que implica desenvolver modelos que incorporem causas. O passo seguinte no avanço do estudo do movimento foi feito por estudiosos ockhamistas na cidade onde Guilherme provavelmente fez uma parada a caminho de Avignon.

O que causa uma causa?

Jean Buridan nasceu em uma família humilde na diocese de Arras, na Picardia, França, em algum momento por volta de 1300. A criança esperta chamou a atenção de um benfeitor abastado que pagou por seus estudos no Collège Lemoine, em Paris, e mais tarde na Universidade de Paris. Mais ou menos em 1320, ele obteve sua licenciatura para lecionar e rapidamente avançou pelo sistema acadêmico. Buridan teve tanto êxito que logo passou a ser descrito pelos colegas como um "celebrado filósofo" e por duas vezes foi indicado reitor da Universidade de Paris. Com toda a certeza, ele lá estava quando Guilherme de Ockham passou por seus claustros.

Infelizmente, conhecemos poucos fatos acerca da vida de Buridan, à exceção de rumores escandalosos. A maioria diz respeito à sua reputação como mulherengo. Conta-se que ele bateu com um sapato na cabeça do que seria então o futuro papa Clemente VI enquanto ambos competiam pelo afeto da esposa de um sapateiro alemão. Relata-se ainda que o rei Filipe V da França ordenou que o colocassem dentro de um saco e o jogassem no rio Sena depois de descobrir que o filósofo vinha tendo um caso com sua esposa. Aparentemente, um de seus alunos o salvou.

A maior parte dessas histórias não deve passar de boatos, mas sabemos, com segurança, que Buridan foi um dos maiores eruditos de sua época. Escreveu comentários sobre os trabalhos de Aristóteles, incluindo *Órganon*, *Do céu*, *Da geração e corrupção*, *Da alma* e *Metafísica*. O trabalho mais importante de Buridan foi *Summulae de dialectica*, o livro-texto padrão que propagou a lógica nominalista de Guilherme de Ockham pela Europa, onde se tornou a *via moderna* (nova maneira). Nas palavras do historiador T. K. Scott: "O que Ockham havia começado, Buridan continuou. [...] Se Ockham deu início a uma nova maneira de fazer filosofia, Buridan já é um homem da nova maneira. Se Ockham foi o evangelho de um novo credo, Buridan é inevitavelmente seu praticante convicto [...]."[12] A *via moderna* se opunha à tradição escolástica, conservadora e inflada por entidades da *via antiqua* (velha maneira) de filósofos como Aquino ou João Escoto. Buscava uma filosofia mais simples, menos atulhada, baseada em grande parte no nominalismo de Ockham, na sua distinção entre ciência e teologia e na implacável aplicação de sua navalha.

O avanço científico mais influente de Buridan foi a descoberta de um modo revolucionário de descrever as causas dos movimentos terrestres, como o voo de uma flecha. Aristóteles descreveu esses movimentos como violentos e requeria que tivessem uma precedente causa material, formal e eficiente. Contudo, mesmo com tantas causas, o sistema de Aristóteles falhava em explicar por que uma seta continua a voar muito depois de deixar o arco. Perplexo, Aristóteles respondeu de sua maneira usual, inserindo mais complexidade. Ele propôs que, após receber seu impulso inicial da corda do arco, a flecha em movimento gerava uma espécie de redemoinho no ar em torno de si, que continuava a propulsioná-la ao longo de sua trajetória.

Guilherme de Ockham já havia identificado a falha cerca de uma década antes das considerações de Buridan.[13] Ele mostrou que duas setas viajando em sentidos opostos podiam passar uma pela outra em pleno ar. No ponto de quase encontro, o redemoinho precisaria estar soprando em dois sentidos contrários, o que não está correto. Em vez disso, Buridan propôs que a corda do arco, ao se mover, imprime uma quantidade de *impetus* à seta. Esse ímpeto permanece atrelado a ela, como uma espécie de combustível que a empurra contra a resistência do ar, até se exaurir e a seta reverter ao seu movimento natural, que é cair ao solo.

O conceito de ímpeto não era totalmente novo. Foi introduzido no século VI pelo filósofo bizantino João Filopono (*c.*490-*c.*570) e elaborado pelo erudito persa Ibn Sina (Avicena), nascido em 980. No entanto, o que tornou o conceito de Buridan verdadeiramente revolucionário foi sua definição matemática. Ele propôs que o ímpeto de um objeto poderia ser calculado multiplicando seu peso por sua velocidade. Isso é semelhante, mas não idêntico, ao conceito moderno de quantidade de movimento*.**

Esse conceito de Buridan foi a primeira lei causal do movimento a ser descrita matematicamente, fazendo dele o pai, direto ou não, da maioria das leis científicas que moldam o mundo moderno. Como os Calculadores de Merton, Buridan estava tentando "cobrir o maior número de fatos empíricos por dedução lógica a partir do menor número de hipóteses ou axiomas".

Antes de avançar, quero explorar uma última questão referente à natureza do ímpeto. Será que Buridan teria entendido menos o movimento da seta se propusesse que, em vez de ímpeto, o arqueiro tivesse designado um anjo para conduzir a seta movimentando-a pelo bater das asas até ficar exausto? A pergunta pode parecer ridícula, mas, com toda a certeza, não era para os homens medievais. Para a maioria, um anjo era muito mais real e presente no mundo do que o ímpeto.

Por enquanto vamos deixar essa questão pendente. Todavia, é uma pergunta à qual retornaremos, pois, quando generalizada, é central para o papel da navalha de Ockham na ciência.

A Terra se move... talvez

No seu *Ordinatio* que chegou até nós, Guilherme de Ockham comentou que, para um observador parado no convés de um navio que viaja ao longo de uma margem com árvores enfileiradas, "as árvores [...] parecem se mover". Mais: argumentou que essas proposições são equivalentes: "as árvores [...] são vistas sucessivamente em diferentes distâncias e aspectos por um olho se movendo junto com o navio" e "as árvores parecem ao olho que se

---

* A quantidade de movimento é igual ao produto entre a velocidade (um vetor que inclui o sentido) e a massa.
** O termo usado em inglês é *momentum*. Embora também se utilize esse termo em português, especialmente em física avançada, o leitor provavelmente conhece mais como *quantidade de movimento*, que é o conceito habitualmente ensinado no ensino médio. *Momentum* pode ser traduzido também como "impulso", que, além do seu sentido usual, é uma grandeza física que mede justamente a variação da quantidade de movimento. (*N. do T.*)

movem".[14] Ockham estava mostrando a equivalência relativa de movimento e repouso: eles dependem da perspectiva. Ele usou essa observação para afirmar que o movimento, como um universal, não é uma coisa existente, e sim uma relação entre objetos. Buridan percebeu que essa relatividade da percepção também podia ter implicações celestes.

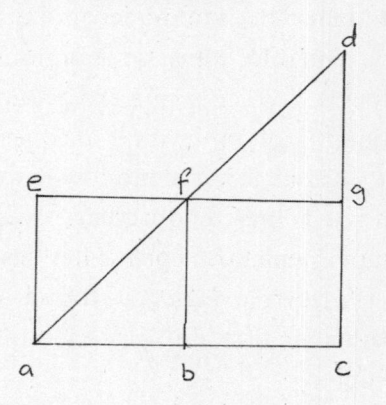

FIGURA 7: Prova gráfica do teorema de velocidade média feita por Buridan. O eixo horizontal *ac* é "tempo" e o eixo vertical *cd* é "velocidade acelerada" uniformemente, de modo que a distância total percorrida é dada pela área do triângulo *adc*. Buridan mostrou que, se o ponto *f* for equidistante de *a* e *d*, o triângulo *fdg* tem o mesmo tamanho do triângulo *aef*, uma vez que o retângulo *aegc* tem a mesma área do triângulo *adc*. Mas essa área é igual à distância percorrida viajando a uma velocidade média.

Na teoria do movimento de Buridan, o arco transmite uma quantidade de ímpeto que faz a seta atravessar o ar. Só que as setas acabam caindo. Buridan concluiu que isso ocorria porque o arco transmite apenas uma quantidade limitada de ímpeto que atua contra a resistência do ar até se esgotar. No entanto, ele especulou que "o ímpeto duraria para sempre se não fosse diminuído ou corrompido por uma resistência ou uma tendência de movimento contrário".[15] Isso, na realidade, está muito perto do conceito moderno de inércia, geralmente creditado a Galileu. Além disso, Buridan propôs que "nos movimentos celestes não existe resistência",[16] de modo que, depois que Deus lhes deu a primeira injeção de ímpeto, os corpos celestes podiam continuar se movendo para sempre. Esse já era um grande passo na direção de uma mecânica celeste operando segundo leis terrestres (como

Ockham propusera). Entretanto, Buridan ponderou uma ideia ainda mais revolucionária e potencialmente herética, importando a equivalência observacional de movimento e repouso proposta por Ockham para argumentar que a Terra, e não as estrelas, poderia estar se movendo.

Como todo mundo, Buridan notara que as estrelas pareciam girar todo dia em torno da Terra, mas também percebeu que isso poderia ser uma questão de perspectiva. Se a Terra estivesse girando, então suas órbitas diárias sumiriam.

> Assim como é melhor salvar a aparência por meio de menos causas do que por meio de mais [...]. Agora é mais fácil mover uma coisa pequena do que uma coisa grande. Portanto, é melhor dizer que a Terra (que é muito pequena) é movida muito rapidamente e que a esfera superior está em repouso do que dizer o contrário.[17]

Buridan parou o movimento de milhares de estrelas ao permitir que um único elemento, a Terra, girasse: a navalha de Ockham. No entanto, o erudito francês também foi suficientemente esperto para perceber um problema. Se a Terra realmente estivesse girando de oeste para leste em alta velocidade, uma seta atirada verticalmente para cima deveria cair a leste de sua posição inicial. Como isso não acontecia, Buridan concluiu que a Terra devia estar parada e o céu, de fato, em movimento.

Era um raciocínio sólido, mas obviamente incorreto. A solução foi dada por um dos alunos de Buridan, o colega ockhamista e seguidor da *via moderna* Nicole de Oresme (*c.*1323-1382). Oresme desfrutou de uma carreira ainda mais ilustre que seu mestre, tornando-se tutor do futuro Carlos V da França (1338-1380) e, mais tarde, bispo de Lisieux. Enquanto estudava com Buridan em Paris, Oresme se aprofundou na obra dos Calculadores de Merton e, mais uma vez ignorando a proibição da metabase de Aristóteles, usou a geometria para fornecer uma prova gráfica do seu teorema da velocidade média (Figura 7). Ele seguiu seu mestre usando a navalha de Ockham para eliminar a rotação diária das estrelas, afirmando que "algo feito por várias operações, ou operações de larga escala, que pode ser feito por menos operações, ou operações menores, é feito para nada". No entanto, diferentemente de seu professor, Oresme solucionou o enigma da flecha mostrando que uma flecha lançada verticalmente do convés de um navio em movimento, apesar de tudo, cai no convés. Isso ocorre porque, raciocinou ele, a flecha disparada compartilha do ímpeto horizontal do navio e, assim, continuará junto do navio, mesmo depois de deixar o arco. Oresme argumentou que um arqueiro sobre a superfície da Terra está na mesma situação que um marinheiro a bordo de um navio e "por isso a flecha retorna ao lugar da Terra de onde partiu".

Porém, como seu mestre, Oresme continuou relutante em dar o grande salto para um cosmo mais simples. Ele argumentou que, como a razão sozinha não poderia distinguir entre as perspectivas de uma Terra girando ou de uma esfera celeste em rotação, trocou a navalha pelas Escrituras. No livro de Josué na Bíblia, Oresme encontrou uma passagem na qual Deus ordena ao Sol que ficasse parado no céu para fornecer a Josué mais horas de luz a fim de poder eliminar seus inimigos.

Apesar da relutância teológica de Oresme, a *via moderna* de Guilherme de Ockham já tinha avançado, na década de 1340, enormes passos para se livrar do emaranhado da teologia científica de Aquino. Se o progresso tivesse continuado, então a Revolução Industrial poderia ter ocorrido no século XVI em vez de no século XVIII. Infelizmente, um micróbio trouxe um choque de realidade aos últimos escolásticos.

Os anos de peste

Em 1347, a horda mongol estava sitiando o porto de Kaffa, na península da Crimeia, exigindo a rendição de mercadores genoveses acusados de assassinar o soberano da cidade. Quando o exército sitiante caiu vítima de uma doença misteriosa, porém mortal, os genoveses agradeceram a Deus. Mas sua gratidão teve vida curta. Os mongóis catapultaram cadáveres para dentro da cidade e os genoveses adoeceram também, o que os obrigou a apressar sua volta para a Itália. No caminho, o navio parou naquela que era provavelmente a mais populosa cidade do mundo na época, Constantinopla. Em poucas semanas, milhares de habitantes estavam mortos. A parada seguinte foi em Messina, na Sicília, em outubro de 1347; àquela altura, a maior parte da tripulação estava morta. Doze genoveses sobreviventes, porém enfermos, foram impedidos de desembarcar, mas, levada pelos ratos do navio, a doença desembarcou de qualquer maneira. Foi questão de meses até os principais portos da Europa estarem contaminados. Poucos anos depois, mais da metade da população europeia tinha morrido, inclusive Thomas Bradwardine, Jean Buridan e Guilherme de Ockham. Embora a maioria das universidades tenha sobrevivido, a escassez de professores causou um colapso na educação básica e os níveis de alfabetização afundaram.

A primeira epidemia se exauriu sozinha em quatro ou cinco anos, mas, nas décadas seguintes, surtos da peste continuaram a devastar a Europa com regularidade sinistra. Procurando alguém a quem culpar, governantes e cidadãos apavorados escolheram como alvo os judeus e milhares foram assassinados. Houve quem acreditasse que a maldade do homem era a causa do sofrimento infligido pelo Senhor. Em uma tentativa de apaziguar um Deus irado, vestiam sacos de estopa cinza e vagavam de cidade em cidade se reunindo e se castigando mutuamente com açoites com pontas de ferro. Contudo, flagelo, penitência, prece e purgação nada fizeram para aplacar a ira de Deus. Ninguém foi poupado. A Europa medieval saiu dos idílios rurais retratados em *Les Très Riches Heures du Duc de Berry* (As riquíssimas horas do duque de Berry) e mergulhou nas visões infernais de Hieronymus Bosch. Com a morte à espreita, os escolásticos abandonaram a especulação científica e retomaram suas preces. Levaria mais de 150 anos até que outra pessoa na Europa medieval se interessasse seriamente pela ciência.

6
O interregno

O ano é 1504. Na cidade de Florença, o artista toscano Leonardo di Ser Piero da Vinci, hoje conhecido como Leonardo da Vinci (1452-1519), está empacotando seus livros. Já haviam se passado 157 anos desde a grande peste que varrera a Europa matando tantos de seus habitantes. A peste negra fora particularmente severa em Florença, eliminando três quartos de sua população entre 1347 e 1348. Todavia, no século XVI os surtos foram mais raros e menos graves.[1] A cidade está se recuperando e prosperando rapidamente, como poucas no Velho Continente.

Leonardo era filho bastardo do tabelião Piero da Vinci com sua criada Catarina. Eles viviam no sopé do Montalbano, nos arredores da pequena cidade de Vinci. Em meados da década de 1460, a família se mudou para Florença, onde o jovem Leonardo se tornou aprendiz no ateliê do escultor, ourives e pintor Andrea del Verrocchio. Não demorou muito para que o notável talento de Leonardo chamasse a atenção de ricos e influentes patronos, que passaram a lhe encomendar projetos. Em 1481, pintou o inconcluso *A adoração dos magos*, a pedido dos monges do mosteiro de São Donato de Scopeto, em Florença, hoje exposto na Galeria Uffizi. No ano seguinte, mudou-se para Milão, onde pintou *A virgem das rochas*, para a Confraria da Imaculada Conceição, e seu extraordinário *A última ceia*, para o convento de Santa Maria das Graças, em Milão.

Nas décadas seguintes, Leonardo continuou recebendo encomendas não só de obras de arte, mas também de projetos arquitetônicos e de engenharia. Em 1499, ele concebeu a estrutura de barricadas móveis para proteger a cidade de Veneza de inundações e, três anos depois, trabalhou com Nicolau Maquiavel no projeto de um sistema para desviar o curso do rio Arno. Esse projeto foi um dispendioso desastre que resultou em oitenta mortes. Sem se deixar abalar, a Signoria (governo local) florentina encarregou Leonardo de trabalhar, com Michelangelo, na pintura de seu Palazzo Vecchio. Mais tarde nesse mesmo ano, porém, o pai de Leonardo morreu e ele fez planos de viajar para Vinci. Antes da partida, empacotou todos os seus livros e manuscritos e preparou dois catálogos. O primeiro intitulava-se "Um registro dos livros que estou deixando na arca trancada"; o segundo listava os livros mantidos "na arca do mosteiro", presumidamente referindo-se a Santa Maria Novella.[2] Esses catálogos foram guardados junto dos livros descritos.

Leonardo é muito mais famoso por suas pinturas, consideradas entre as maiores obras-primas da arte ocidental, mas era também um verdadeiro homem da Renascença. Cobriu milhares de páginas com desenhos maravilhosamente naturalistas de formações rochosas, cristais, pássaros, fósseis, animais, plantas, anatomia humana e máquinas, tanto reais quanto imaginárias. Ele guardou cuidadosamente essas anotações e, após sua morte, em 1519, tudo foi reunido em diversos cadernos, hoje conhecidos como os *Códices de Leonardo*. Muitos desses cadernos se perderam, mas outros sobreviveram e integram coleções privadas ou de museus.

Ao longo dos anos, os *Códices de Leonardo* têm sido admirados principalmente por seu caráter artístico, mas, no século XIX, historiadores da ciência começaram a se interessar por eles. As notas eram duplamente difíceis de serem decodificadas, pois ele escrevia em latim em uma tipografia cursiva espelhada quase indecifrável. Um dos documentos, o "Códice A", foi guardado na Biblioteca Ambrosiana, em Milão, até 1796, quando foi furtado por Napoleão durante sua invasão da Itália e levado para a Bibliothèque de l'Institut de France, em Paris, onde permaneceu. Ali, no começo do século XX, o físico e historiador francês Pierre Duhem (1861-1916) examinava meticulosamente o difícil texto de Leonardo quando, perplexo, reconheceu leis matemáticas familiares referentes a pesos em movimento e em queda, bem como ideias relacionadas à conservação de energia.[3] Outro documento incluía o desenho da asa de um pássaro com anotações onde se lia: "A mão da asa é que causa o ímpeto e então seu cotovelo se coloca com a borda para a frente para não atrapalhar o movimento causado pelo ímpeto."[4] E ficou ainda mais surpreso porque o dogma predominante no começo do século XX era que a ciência virtualmente desaparecera durante a Idade das Trevas, após a queda do Império Romano, e não ressurgira até o Iluminismo, no século XVII. Se as notas de Leonardo haviam sido escritas no século XV, de onde vinha sua compreensão desses sofisticados princípios científicos?

O palpite de Duhem era que a resposta poderia estar na arca da biblioteca, mas, infelizmente, a arca e os livros nela contidos tinham desaparecido havia muito. Os catálogos da biblioteca, porém, sobreviveram. Um deles é mantido em Madri.[5] Duhem teve acesso a uma cópia em que encontrou uma lista bastante variada de títulos de livros sobre temas científicos, de medicina a história natural, matemática, geometria, geografia, astronomia e filosofia. Muitos eram obras familiares de filósofos gregos antigos, incluindo Aristóteles, Ptolomeu e Euclides, mas a lista também compreendia trabalhos menos conhecidos de eruditos medievais, como *De caelo et mundo* (Do céu e do mundo), de Alberto Magno. Duhem localizou alguns dos exemplares sobreviventes e identificou neles mais referências às noções científicas nas notas de Leonardo, tais como *impetus*. Muitos dos textos originais eram comentários sobre trabalhos anteriores dos eruditos ockhamistas parisienses Jean Buridan e Nicole de Oresme. Outra investigação feita por Duhem e, posteriormente, por Ernest Moody (1903-1975) seguiu a trilha de estudos de Leonardo, chegando até o grupo de eruditos ingleses medievais conhecido como Os Calculadores, bem como a um movimento conhecido como *via moderna*, que havia se inspirado em Guilherme de Ockham.[6] De forma bastante semelhante à redescoberta de

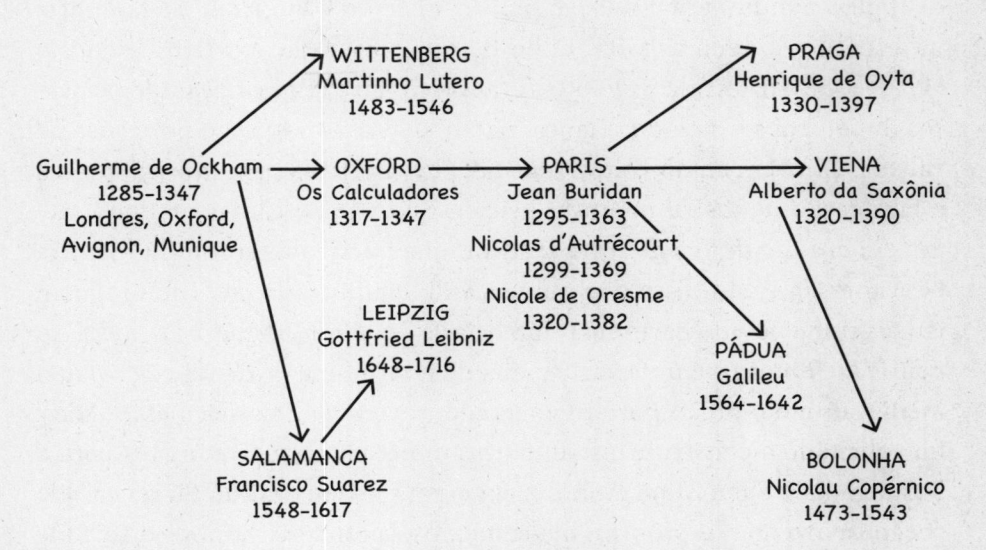

FIGURA 8: Disseminação das ideias de Guilherme de Ockham através da Europa.

textos gregos nos séculos XII e XIII, Duhem e seus colegas desvelaram um período da ciência inteiramente esquecido e concluíram o seguinte: "No trabalho sobre mecânica de Leonardo não há ideia essencial que não provenha dos geômetras da Idade Média."[7] A peste que eliminou os praticantes da *via moderna* claramente não destruiu suas ideias.

Não há motivo para acreditar que Leonardo tivesse algum acesso especial às ideias e à filosofia da *via moderna* no século XV. Assim, é provável que milhares de outros estudiosos estivessem familiarizados com a navalha de Ockham e a ciência que a inspirou. No entanto, continua sendo um enigma como os avanços da *via moderna* foram transmitidos através dos séculos, antes da invenção da prensa de tipos móveis. Pesquisas subsequentes revelaram duas rotas principais, acompanhando as grandes revoluções culturais do fim da Idade Média.

A rota do sul para a Renascença

Setenta e dois anos antes do nascimento de Leonardo, em uma noite por volta de 1380, um dos maiores músicos e compositores de Florença, Francesco Landini (*c.*1325-1397), sonhou que era visitado por um famoso frade inglês. Landini era o músico mais conhecido e inovador de Florença, na verdade de toda a Itália. Filho de um pintor, Jacopo del Casentino (1297-1358), da escola de Giotto, Francesco talvez tivesse seguido os passos de seu pai se, quando criança, não houvesse ficado cego por causa da varíola. O jovem então voltou seus talentos criativos para música, poesia e fabricação de instrumentos musicais. Sua voz ao cantar era lendária. Em *Il paradiso degli Alberti*, o escritor, matemático e filósofo humanista Giovanni da Prato disse que a música de Landini era tal "que ninguém jamais tinha ouvido harmonias tão belas e seu coração quase explodia no peito". Ele dominava uma vasta gama de instrumentos, de rabeca e flauta medievais até o órgão portátil chamado *organetto*. Por suas habilidades, foi solicitado a construir instrumentos musicais, inclusive órgãos para a Basilica della Santissima Annunziata e para a Catedral de Florença. Ele chegou a inventar os próprios instrumentos, como uma variante do alaúde chamada *syrena syrenarum*.

Landini era mais famoso por compor madrigais. A maioria era para duas vozes e misturava influências francesas e italianas, criando um estilo bastante valorizado nos saraus da elite cultural florentina. Ali, os ricos, talentosos, belos, poderosos e inteligentes se reuniam para recitar poesia, discutir as últimas obras de arte ou escutar música frequentemente composta, e às vezes tocada e cantada, por Landini. Sempre que os cidadãos de Florença convidavam o grande músico e compositor, também podiam esperar alguns interlúdios filosóficos entre os versos. A filosofia era o outro grande amor de Landini, em particular o revolucionário nominalismo de Guilherme de Ockham, cujas ideias haviam respingado na Itália por meio das rotas comerciais, peregrinas e diplomáticas. Landini chegou a incorporar a filosofia de Ockham em suas letras. Na canção "Contemplar le gran" (Contemplar grandes coisas), escreveu que "os artigos da fé cristã [...] deviam ser aceitos como tais. Eles não podem ser provados pela razão nem podem ser base para o conhecimento. Ciência e teologia são essencialmente diferentes e não devem ser confundidas". Em outro verso, cantava: "É bom meditar sobre as grandes obras de Deus, mas é desnecessário explicá-las."*

O *trecento*, século que precedeu o pináculo do *quattrocento* da Renascença, foi uma época de agitação intelectual na Itália à medida que sua cultura se afastava do velho mundo medieval rumo a um futuro incerto. Em uma carta que Landini escreveu em verso, em latim, para um amigo em Avignon por volta de 1380, o compositor descreve como o fantasma de Guilherme de Ockham veio visitá-lo em sonho para se queixar dos "cães selvagens" que atacavam a filosofia racional dos chamados "bárbaros do norte" e como essas pessoas "odeiam lógicos da mesma forma que odeiam a morte".[8] Os "cães selvagens" eram alguns pensadores da moda da Renascença italiana que já estavam dando as costas para os filósofos escolásticos. Apesar de ser membro desse movimento, Landini acorreu em defesa de Guilherme de Ockham. Ao fim de uma longa reprimenda a "um homem ignorante" que vinha levantando as "massas ignorantes" contra os grandes filósofos do passado, o fantasma de Ockham é alertado da aproximação do dia pelos sons dos vendedores de rua e a "venerável sombra desapareceu no ar".

---

* Gravações das músicas de Landini continuam disponíveis.

Essa história maravilhosa, descoberta apenas em 1983, demonstra como, em 1380, a filosofia de Guilherme de Ockham extravasara as fronteiras de Oxford, Avignon, Paris e Munique para infiltrar-se no acelerado coração do *trecento*. Não está claro como e por que Landini se familiarizou com Guilherme de Ockham, mas há várias possibilidades. O poeta toscano Petrarca vivia em Avignon quando Guilherme de Ockham desafiou o papa. Mais tarde, viajou para Florença e provavelmente conheceu Landini. Apesar de sua cegueira, Landini também viajou bastante e pode ter se deparado com os ensinamentos de Ockham por meio de um influente livro-texto sobre lógica nominalista intitulado *Perutilis logica* (Lógica muito útil), escrito por um dos estudantes ockhamistas de Buridan, Alberto da Saxônia. Essa obra fora bastante reproduzida e circulava entre os principais centros de estudo na Europa, inclusive Praga, Paris, Oxford, Viena, Bolonha, Pádua e Veneza.

Como já sabemos, os copistas escolásticos foram responsáveis pela circulação surpreendentemente rápida de manuscritos através da Europa. No entanto, manuscritos eram extremamente caros, o que fazia deles um luxo cujo acesso se restringia ao clero ou à elite rica letrada. Isso tudo mudou em 1445, cerca de um século após a morte de Ockham e 60 anos após o sonho de Landini, quando Johannes Gutenberg inventou a prensa moderna. O primeiro volume a ser impresso foi a famosa Bíblia de Gutenberg, em 1455, em Mainz. Nas décadas seguintes, oficinas de impressão surgiram por toda a Europa. Antes da prensa, existiam apenas cerca de 30 mil livros na Europa inteira; por volta de 1500, eram mais de 9 milhões em circulação. À medida que se popularizavam, os livros foram ficando mais baratos e acessíveis a mercadores ricos, estudiosos e artesãos. Os índices de alfabetização dispararam, aumentando a demanda por novos livros, e, quando o mercado de impressão de Bíblias ficou saturado, as gráficas passaram a buscar pergaminhos cujo texto pudesse ser impresso.

A seguir saíram das gráficas cópias impressas de obras teológicas de Agostinho, Aquino e outros, além de trabalhos de filósofos antigos, incluindo Aristóteles, Galeno, Ptolomeu e Euclides. Uma das arcas de Leonardo continha um exemplar dos *Elementos*, de Euclides, impresso em Veneza por Erhardus Ratdolt em 1482. Em 1471, a primeira gráfica especializada em textos científicos foi criada em Nuremberg por Regiomontanus (1436-1476), uma figura-chave da Renascença alemã. Ele imprimiu o livro-texto sobre astronomia *Theoricae novae planetarum* (Teoria dos novos planetas), de Ptolomeu, baseado em palestras de seu professor, Georg von Peuerbach. Veneza também foi um importante centro editorial e a biblioteca de Leonardo incluía um exemplar do *Tractatus de sphaera*, de Sacrobosco, publicado na cidade em 1499.

Com os textos de teologia e filosofia antiga logo esgotados, as gráficas voltaram sua atenção para obras sobre ciência e filosofia da *via moderna*. A maioria dos principais trabalhos filosóficos e teológicos de Ockham foi impressa por volta dessa época. Seu *Ordinatio*, sobre o primeiro de *Os quatro livros de sentenças*, de Pedro Lombardo, foi editado pela primeira vez em Estrasburgo em 1483 e então reeditado e impresso em Lyon em 1495, assim como seu *Reportatio* sobre as *Sentenças* II-IV de Lombardo. O registro de suas disputas, intitulado *Quodlibeta septem* (Cada um dos sete), foi impresso em Estrasburgo em 1491, bem como *De sacramento altaris*; já seu *Summa logicae* foi impresso em Paris em 1488.[9] Muitos de seus trabalhos mais influentes, inclusive *Summa logicae*, foram também impressos em Bolonha entre 1496 e 1523 por Benedetto Faelli.[10] Vários tiveram cinco ou seis reimpressões nos séculos seguintes, pois havia clara demanda, e cópias se espalharam por toda a Europa. As obras de Buridan, Oresme, Swineshead e Heytesbury também foram disponibilizadas nas principais cidades do continente.[11] Um exemplar de *De caelo et mundo* (Do céu e do mundo), de Alberto da Saxônia, estudante ockhamista de Buridan, provavelmente impresso em Pavia em 1482, era um dos volumes guardados na arca de Leonardo. O texto de Alberto foi a provável fonte do conhecimento de Leonardo sobre as leis matemáticas de movimento e ímpeto.[12] Longe de ser esquecida, a filosofia de Guilherme de Ockham e seus seguidores estava viva nos séculos que se seguiram à peste, e não só provocou vívidas discussões em salas de música florentinas como teve profunda influência sobre as revoluções culturais que puseram fim à Idade Média e inauguraram a Idade Moderna.

O obscuro Deus do nominalismo

Assim como Deus dá vida a cada criatura meramente por Sua vontade, Ele também pode fazer com as criaturas o que bem Lhe agrade meramente por Sua vontade. Portanto, se alguém deve amar a Deus e realizar todas as obras aprovadas por Ele, ainda assim Deus poderia aniquilá-lo sem qualquer ofensa. Da mesma forma, após tais obras, Deus poderia dar à criatura não vida eterna, mas castigo eterno sem ofensa. Pois Deus não está em dívida com ninguém.

Guilherme de Ockham,
comentário sobre as *Sentenças*, 1324[13]

Apesar de ter lido várias vezes essa passagem escrita por Guilherme de Ockham sete séculos atrás, ainda fico chocado. Pode ser que Deus ainda não esteja morto,[14] mas sua essência nominalista, incognoscível e onipotente deixa pouco espaço para negociação aos meros mortais. Até hoje essas palavras são inquietantes, mas devem ter reverberado em uma Europa na qual as pessoas ainda temiam o encontro com um inimigo implacável que, acreditavam, tinha sido enviado por Deus: o bacilo da peste. Em seu livro *The Theological Origins of Modernity* (As origens teológicas da modernidade), lançado em 2008, o filósofo e historiador americano Michael Allen Gillespie argumenta que a filosofia de Ockham forneceu a faísca que acendeu tanto a Renascença quanto a Reforma. Segundo Gillespie, foi o encontro da Europa com a filosofia de Ockham que "virou o mundo de cabeça para baixo".

Homem da Renascença

Ah, gente nova, arrogante além de qualquer medida, irreverente para uma mãe tão grande!

Petrarca, "Canzone 53"

A Renascença, marcada por inúmeros acontecimentos políticos, culturais, sociais e artísticos ao longo de vários séculos, teve causas e manifestações. As causas incluíam a eliminação de metade da força de trabalho em razão da peste, o que, por sua vez, estimulou servos a fugirem de seus senhores para buscar funções remuneradas. Sem uma fonte abundante e cordata de trabalho camponês, o feudalismo entrou em colapso. A peste também solapou a confiança na Igreja Católica, uma vez que os sobreviventes sabiam que milhões de preces, incontáveis confissões e um sem-fim de missas foram impotentes para impedir a catástrofe. Um novo espírito de ceticismo espalhou-se pelo continente. Um dos mais influentes céticos foi o erudito e poeta Francesco Petrarca (1304-1374), frequentemente mencionado como o pai da filosofia da Renascença italiana, o humanismo.

Petrarca nasceu na Toscana, mas passou a maior parte de sua infância em Avignon, coincidindo com a estadia forçada de Guilherme de Ockham na cidade. Como Ockham, ele atacou o papado como corrupto e hipócrita. Embora educado na tradição escolástica, Petrarca cresceu e veio a detestar a desajeitada lógica de Aristóteles, preferindo a prosa elegante da Roma antiga, particularmente o jurista, orador, escritor e diplomata Cícero (106-43 a.C.), que primeiro usou o termo latino *humanitas* para referir-se ao aprendizado e à razão com foco na humanidade, e não nos deuses. Petrarca viajou muito pela Europa e passou vários anos em Florença, onde pode ter sido um dos "cães selvagens" no sonho de Landini. Embora nunca tenha mencionado Ockham em seus escritos, Petrarca seguramente conheceu o estudioso inglês que causara tanta agitação em Avignon.

As raízes do humanismo de Petrarca ainda são bastante debatidas, mas diversos estudiosos argumentaram que residem no seu encontro com o que Gillespie chama de "o obscuro Deus do nominalismo".[15] Como os nominalistas, Petrarca rejeitava o realismo filosófico e a existência dos universais. Também insistia na primazia da onipotência de Deus e no caráter incognoscível da vontade divina. Em seu ensaio *Da própria ignorância e da de muitos outros*, ele sustentava que "nesta vida é impossível conhecer Deus em sua plenitude" e que "a natureza não criou nada sem conflito e ódio".[16] Se o plano de Deus para a humanidade não pode ser conhecido, então, conclui Petrarca, o homem deve confiar na própria criatividade. Ele insistia que "nada é admirável exceto a alma; comparado com sua grandeza, nada é grande".[17] Sem um universal realista de *humanidade* a que recorrer, a humanidade, insistia ele, deve moldar sua natureza. Sua resposta ao Deus nominalista foi inventar uma humanidade radicalmente individualizada. Ele conclamou seus semelhantes a abandonar a desesperada busca por validação externa e a resgatar ou buscar sua humanidade por meio da introspecção. Para Petrarca, autoexame e imaginação criativa poderiam até mesmo alcançar uma espécie de status divino: "O que mais, peço que digais, pode o homem, não digo esperar, mas almejar e pensar, do que ser Deus?"[18]

Charles Trinkaus (1911-1999), historiador da arte e estudioso americano da Renascença, vê a influência de Ockham também na poesia de Petrarca.[19] Trinkaus argumenta que Petrarca se apossou da libertação nominalista das palavras, até então amarradas ao realismo platônico, para descortinar um mundo inteiramente novo de metáfora poética flexível. A crítica literária americana Holly Wallace Boucher[20] retoma esse tema para argumentar que, enquanto escritores medievais mais antigos, como Dante, entendiam que as palavras têm "uma relação simples e inteligível com a verdade e [são] uma imagem da ordem divina", o nominalismo de Ockham abalou essa relação rígida. Depois disso, as palavras podiam significar o que quer que o poeta quisesse ou mesmo, de uma perspectiva pós-modernista, o que cada leitor escolhesse que elas significassem.[21] Assim, no *Decamerão*, escrito por Giovanni Boccaccio apenas 30 anos após a morte de Dante, as palavras já tinham escapado de seu significado simbólico ou divino e adquirido uma poesia mais naturalista, apropriada para descrições de pessoas comuns envolvidas em atividades humanas corriqueiras, como cozinhar, comer, conversar, beber, desejar, fornicar e enganar-se mutuamente. Com as palavras libertas de suas âncoras realistas, elas estavam finalmente livres para prover as metáforas que permitem nossa compreensão comum da poesia:

[...] Veja, querida, os fios de luz invejosos
Que as nuvens do nascente entrelaçaram:
As candeias da noite se apagaram; sobre a ponta dos pés
O alegre dia se põe, no pico das montanhas úmidas.
SHAKESPEARE, *Romeu e Julieta*, Ato III, Cena 5

Francesco Landini não foi o único artista influenciado pelo nominalismo de Guilherme de Ockham. Em *The History of Art as the History of Ideas* (A história da arte como história das ideias),[22] o historiador da arte vienense Max Dvořák (1874-1921) argumenta que o nominalismo de Ockham ajudou a provocar a mudança de foco da perspectiva filosófica realista dos "olhos de Deus", típica dos estilos da pintura europeia medieval bizantina, bem como da islâmica,* para o naturalismo característico da modernidade. Arquétipos deram lugar a indivíduos e um coelho numa pintura podia finalmente representar apenas um coelho.

É claro que a arte, como todas as outras coisas, não mudou da noite para o dia. Simbolismo, alegoria e arquétipos persistiram por vários séculos, muitas vezes ao lado de representações naturalistas. Contudo, essa fase posterior do simbolismo tendia a ser mais da natureza de um código secreto entre o artista e o espectador bem informado do que uma tentativa de representar uma mensagem de Deus. Em *The Social History of Art* (A história social da arte),** Arnold Hauser (1892-1978)[23] afirma que "o realismo é a expressão de uma dinâmica conservadora e estática [...] [enquanto] o nominalismo, segundo o qual cada coisa em particular é uma parcela do ser, corresponde a uma ordem de vida na qual até mesmo aqueles que estão no degrau mais baixo da escada têm uma chance de ascender". O nominalismo, para Hauser, induz a um estilo artístico mais democrático e naturalista, no qual os simples mortais recebiam a mesma atenção que reis ou santos. A mudança pode ser vista em *A última ceia*, a famosa pintura de Leonardo da Vinci produzida por volta de 1495, em que cada um dos apóstolos já ocupa na tela o mesmo espaço que Cristo, algo raro em obras anteriores. A mudança é ainda mais visível um século depois, em *A ceia em Emaús*, de Caravaggio (pintado por volta de 1600), em que o estalajadeiro anônimo é provavelmente a figura mais assertiva em cena.

Humanismo e Hermes

Enquanto o nominalismo de Guilherme de Ockham foi uma inspiração para os pioneiros do humanismo, à medida que a Renascença se desen-

---

* Esse choque entre a visão dos "olhos de Deus" da arte em miniatura persa e a perspectiva individualista da arte ocidental renascentista é notavelmente retratado no maravilhoso romance de Orhan Pamuk *Meu nome é vermelho*.
** Em português existe o título *História social da arte e da literatura*, de Hauser, publicado em 1951. (*N. do T.*)

volvia, ele começou a dar as costas para os filósofos escolásticos e Aristóteles. O catalisador foi o erudito, padre e conselheiro de Cosimo de Médici, o grão-duque da Toscana, Marsílio Ficino (1433-1499). Naquela época, o contato com os bizantinos levou o conhecimento dos gregos de volta para a Europa Ocidental e Ficino traduziu diversas obras de Platão do grego para o latim. Ele se encantou pela filosofia de Platão, sobretudo por seus extensos escritos sobre a natureza da alma, que via como meio de combater o que, para ele, era a perigosa tendência, entre os nominalistas, de separar filosofia de religião. Em algum momento entre 1469 e 1474, ele reuniu um comentário e um resumo das ideias de Platão sob o título *Theologia platonica*, com o provocativo subtítulo "Sobre a imortalidade das almas". Ficino insistia que Platão, e não Aristóteles, era o filósofo patrono do cristianismo.

As traduções e os comentários de Ficino eram muito populares, uma vez que o estilo de escrita poético e lúcido de Platão, repleto de alegorias, narrativas e diálogos, era uma bem-vinda libertação da lógica rebuscada de Aristóteles. O que mais atraiu os humanistas foi o foco de Platão na autodescoberta. A mudança do empirismo de Aristóteles para a introspecção platônica harmonizava-se com o humanismo prevalente e acabou por deflagrar um renascimento da filosofia mística e mágica conhecida como neoplatonismo, que havia florescido nos derradeiros anos do Império Romano. Quando Cosimo de Médici ouviu que alguns textos gregos neoplatonistas redescobertos haviam chegado a Florença, ordenou a Ficino que abandonasse outras traduções de Platão e se concentrasse em traduzir escritos antigos de um personagem lendário conhecido como Hermes Trismegisto, um "triplo grande sacerdote, profeta e legislador" do Egito antigo.

Na sua introdução para aquilo que ficou conhecido como *Hermeticus corpus* (Corpo hermético), ou *Hermetica*, publicado em 1471, Ficino relata como, "na época em que Moisés nasceu, floresceu o astrólogo Atlas, irmão do filósofo natural Prometeu e avô do grande Mercúrio, cujo neto foi Hermes Trismegisto. [...] Dizem que ele matou Argos, governou os egípcios e lhes deu leis e letras". Ficino alegava que os textos então recém-traduzidos, misturando filosofia, misticismo pitagórico, alquimia, magia, mitologia e astrologia, eram uma janela para uma tradição mística ainda mais antiga, que havia inspirado Pitágoras, Platão e a Bíblia hebraica.

Apesar de suas alegações esquisitas, que teriam sido consideradas absurdas um século antes, o hermetismo se tornou imensamente popular entre os humanistas interessados nos poderes irrestritos da imaginação humana. Essa doutrina parecia prover a peça que faltava para o quebra-cabeça humanista de como transformar o homem em uma espécie de deus criativo, e a resposta era a magia. Giovanni Pico della Mirandola (1463-1494), o nobre italiano e amigo íntimo de Lourenço de Médici, autor do *Discurso sobre a dignidade do homem*, obra considerada o manifesto da Renascença, argumentava que os anjos ajudavam as pessoas a voar e que seu domínio sobre a Cabala hebraica* lhe conferia a capacidade de dizer palavras de poder mágico.[24] Na verdade, os filósofos herméticos alegavam que todo o cosmo era uma rede de forças mágicas, de modo que respostas a qualquer pergunta podiam ser lidas nas estrelas. A astrologia, desencorajada durante o período escolástico, estava de novo na moda, com os governantes empregando seus astrólogos, tais como John Dee (1527-1608), filósofo ocultista, reputado mago e conselheiro de Elizabeth I da Inglaterra.

A alquimia também renasceu, particularmente como um livro de receitas para poções mágicas que podiam curar todos os males. O suíço-alemão Philippus Aureolus Theophrastus Bombastus von Hohenheim (1493-1541), mais conhecido como Paracelso, alegava que a doença era uma consequência da desarmonia com o cosmo e que podia ser equilibrada por poções cuja receita estava escrita nas estrelas. Ficino insistia que "as virtudes ocultas das coisas [...] não vêm de uma natureza elementar, mas de uma natureza celeste". Assim, em agudo contraste com a busca nominalista por simplicidade, os humanistas da Renascença inventaram uma infinidade de entidades mágicas, místicas e ocultas que iam muito além da necessidade.

No entanto, apesar de suas inclinações místicas, o humanismo ao menos manteve um interesse pelo mundo e em como ele podia ser manipulado. Na Europa Setentrional, o nominalismo de Ockham vinha preparando uma poção intelectual muito diferente.

---

* Antiga interpretação mística judaica da Bíblia, com o objetivo de atingir uma espécie de união com Deus.

A rota do norte para a Reforma

O erudito ockhamista holandês Marsílio de Inghen (1340-1396) foi uma figura-chave na disseminação da *via moderna* entre as universidades da Europa Setentrional. Ele estudou com Jean Buridan e Nicole de Oresme em Paris, onde lecionou entre 1362 e 1378. Da capital francesa, viajou para Heidelberg, ajudando a fundar em 1386 a universidade local, com um currículo fortemente nominalista. Escreveu prolificamente, produzindo comentários sobre *Física*, *Metafísica*, *Da alma* e *Da geração e corrupção*, de Aristóteles, bem como diversos textos sobre lógica, incluindo *Várias questões sobre a velha e a nova lógica* (nominalismo). Esses textos foram amplamente copiados e disseminados por universidades e bibliotecas em Praga, Cracóvia, Heidelberg, Erfurt, Basileia e Freiburg, ajudando a espalhar a *via moderna* pela Europa Setentrional. Gabriel Biel (1420-1496), um dos alunos mais influentes de Marsílio, introduziu a própria marca na filosofia ockhamista em uma das mais antigas e influentes instituições acadêmicas da Alemanha, a Universidade de Erfurt, de modo que, no fim do século XV, os nominalistas dominavam todas as instituições acadêmicas da Alemanha, exceto uma.[25]

Trinta anos depois de Ficino publicar *Hermetica* em Florença, a Universidade de Erfurt aceitou, em 1501, um jovem estudante de filosofia e direito chamado Martinho Lutero. Lutero nascera em 1483, em Eisleben, Saxônia, que, à época, pertencia ao Sacro Império Romano. Seu pai tinha sido camponês, mas, depois de se dedicar à mineração, prosperara o suficiente para mandar seu filho para a escola e depois para a Universidade de Erfurt. Biel morrera cinco anos antes de Lutero chegar a Erfurt, de modo que foram seus discípulos Johannes Nathan e Bartolomeu Arnoldi von Usingen que apresentaram a Lutero os escritos de Guilherme de Ockham.

Os anos de formação universitária de Lutero foram imensamente influenciados por Ockham, a quem ele mais tarde se referiu como seu "querido mestre", insistindo que "só Ockham entendia a lógica".[26] Quando jovem, Lutero aceitou a rejeição nominalista aos universais e abraçou seu Deus assustadoramente onipotente e incognoscível. Mais tarde escreveu que vivia aterrorizado por um Deus raivoso, a ponto de relutar em segurar a hóstia da comunhão na missa.

Em julho de 1505 Lutero deixou a Universidade de Erfurt para se juntar ao mosteiro de Santo Agostinho, onde permaneceu por vários anos antes de aceitar uma proposta para lecionar teologia na Universidade de Wittenberg. Naquela época, o humanismo havia se expandido para o norte da Itália, bem como para a França, a Alemanha, a Inglaterra e os Países Baixos, onde seu convertido mais influente foi outro pilar intelectual da Reforma, Erasmo (1466-1536). Filho ilegítimo de um padre com a filha de um médico, Erasmo era órfão e fora criado por guardiões que o enviaram a uma escola dirigida pelos Irmãos da Vida Comum, uma comunidade religiosa estabelecida no século XIV sob os princípios da pobreza apostólica. Aos 25 anos, entrou para o mosteiro de Santo Agostinho e foi ordenado padre, mas detestava a vida monástica, por isso viajou a Paris para estudar teologia. Ali desenvolveu sua marca de humanismo, menos egocêntrica e elitista e mais espiritual que sua contraparte italiana. Erasmo também depositava mais confiança nas Escrituras que os nominalistas italianos, enfatizando a humanidade de Jesus como contrapeso ao Deus nominalista incognoscível. Mesmo assim, como os humanistas do sul, Erasmo acreditava que o homem só poderia chegar a Deus por meio do autoconhecimento. Essa ideia era um anátema para Lutero.

Como Santo Agostinho, Lutero considerava o homem indigno de saber por que a humanidade era, em sua maior parte, depravada. Ecoando em parte o nominalismo de Guilherme de Ockham, ele alegava que "a condição natural do mundo é caos e agitação" porque "na Sua própria natureza, Deus é imenso e incompreensível e infinito. […] Ele é intolerável, um Deus oculto, como é dito nas escrituras: 'Nenhum homem me verá e viverá'".[27] Lutero rejeitava o voo dos humanistas do sul para a criatividade como forma de escapar ao assustador Deus nominalista. Também rejeitava o humanismo mais gentil de Erasmo e particularmente sua alegação de que Deus podia ser alcançado por meio do autoconhecimento e da razão. Ele insistia que a onipotência divina era incompatível com o livre-arbítrio humano. Para Lutero, a sina de todos os seres humanos, estivessem eles destinados ao céu ou ao inferno, era decidida por Deus antes mesmo de nascerem. O devoto não era devoto porque optou por seguir Deus; seguia Deus porque Deus, na sua incompreensível sabedoria, assim decidira. A fé, para Lutero, não era uma escolha, mas uma marca do favor de Deus.

Ciência e revolução cultural

Sob muitos aspectos, havia opções ruins disponíveis para qualquer religioso confrontado pelo incognoscível e onipotente Deus de Guilherme de Ockham e seus seguidores nominalistas. A primeira era adotar a abordagem de "enfiar a cabeça na areia" e continuar da mesma maneira, independentemente da razão e confiando na autoridade da Igreja. Essa, talvez sem muita surpresa, foi a abordagem adotada pela Igreja Católica, que rejeitou o flerte com o nominalismo para retornar ao realismo filosófico e ao Deus benevolente de Tomás de Aquino. Essa posição se mantém até os dias de hoje.

A segunda e a terceira opções aceitavam a onipotência divina, mas empurravam o Deus obscuro dos nominalistas para a periferia. A desvantagem dessa abordagem era deixar a humanidade em um universo potencialmente desprovido de significado. A resposta humanista – a segunda opção disponível, adotada por Petrarca, pelos humanistas italianos e, em menor medida, por Erasmo – era preencher o vazio de significado com o homem, elevando-o ao status de semideus. Já a terceira opção, adotada por Lutero, era recorrer às Escrituras como o juiz da verdade e a fonte de significado no mundo.

Todas essas opções eram ruins. Cada uma delas era uma espécie de engodo que trazia a bordo o Deus nominalista, mas, de uma forma ou de outra, o rejeitava. Depois disso, nem os seguidores da Renascença nem os da Reforma estavam propensos a seguir apreciando Guilherme de Ockham. Do ponto de vista deles, Ockham era como o amigo de infância que revela a você que o Papai Noel não existe. Não é possível ignorar essa nova informação, mas, bem lá no fundo, você sabe que o mundo perdeu parte do seu encanto e não quer mais andar com o amigo cruel que expôs a verdade.

No entanto, acredito que o maior impacto das ideias de Ockham não foi sobre a filosofia ou a teologia, e sim sobre a ciência que emergiu desse turbilhão intelectual. Sob muitos aspectos, a base filosófica mais difusa dos luteranos estava bem próxima do empirismo da ciência moderna, mesmo com sua mais entusiástica adoção dos princípios da *via moderna*, incluindo a separação entre ciência e teologia. Por exemplo, o professor de Lutero em Erfurt, Bartolomeu Arnoldi,[28] ensinara que a ciência deve ser testada mediante experimento e razão, ao passo que a teologia só pode ser revelada por meio das Escrituras. Os luteranos também adotaram um saudável ceticismo em relação aos produtos da imaginação humana, inclusive as ruminações místicas e ocultas dos humanistas do sul. Mas, enquanto os humanistas do norte estavam, em grande parte, desinteressados da ciência, preferindo buscar a verdade nas Escrituras em vez de no mundo, sua indiferença propiciou um terreno cultural em que as sementes da ciência puderam germinar.

Talvez seja irônico, portanto, que tenha sido o humanismo renascentista, por meio do polímata italiano Leonardo da Vinci, que produziu o maior cientista da época, conforme revelado em seus extraordinários *Códices*. Sua síntese única de arte, tecnologia e ciência poderia ter sido o trampolim para uma revolução científica no século XVI, particularmente na medida em que ele também mantinha um ceticismo saudável em relação às pseudociências de sua época, como a astrologia e a alquimia. No entanto, Leonardo jamais publicou suas ideias e, até onde sabemos, ninguém, exceto ele, leu seus *Códices* durante sua vida. Depois de sua morte, os guardiões dos *Códices* admiraram Leonardo por sua arte, não por sua ciência. Sem o rigor intelectual e o fascínio pelo mundo natural, e sem o respeito pela navalha de Ockham, os humanistas do sul, em sua maioria, abraçaram o ocultismo.

Com os luteranos, em sua maioria, alheios à ciência e os humanistas praticando seus feitiços, a ciência poderia mais uma vez ter estagnado. No entanto, uma improvável colaboração entre o cânone humanista da catedral da católica Cracóvia e um estudioso educado na luterana Wittenberg descobriu um caminho simples para pacificar esse dilema.

PARTE II

O destravamento

7
O cosmo heliocêntrico, mas hermético

Cinco anos antes da morte de Leonardo, em 1519, nasceu Georg Joachim Iserin, na cidade de Feldkirch, região que hoje pertence à Áustria. Seu pai, um médico próspero que possuía uma bela biblioteca, o mandou para a escola secundária local, onde Georg aprendeu latim e as artes liberais da gramática, da retórica e da lógica. Quando o jovem tinha 14 anos, seu pai foi julgado por roubo, furto e feitiçaria, sendo condenado à morte. O nome da família foi execrado, de maneira que a mãe de Georg retomou seu nome de solteira, Thomasina de Porris (alho-poró, em italiano). Georg se tornou Georg Joachim de Porris, mas, como não se considerava italiano, traduziu seu nome para o alemão como Georg Joachim von Lauchen. Mais tarde, adicionou Rheticus, remetendo à província da Rétia, onde nascera. É por esse nome que ele é conhecido até hoje.

A mãe de Rheticus era rica e bem relacionada, de modo que o rapaz continuou sua educação sob a tutela de um amigo de Erasmo, Oswald Myconius. No outono de 1531, Rheticus retornou a Feldkirch, onde estabeleceu uma amizade para toda a vida com o médico que assumira a clínica de seu pai, Achilles Gasser. Além de ser o médico da cidade, Gasser era um conhecido estudioso humanista com interesse em história, matemática, astronomia, astrologia e filosofia.

Em 1533, aos 19 anos e munido de cartas de apresentação de Gasser, Rheticus viajou 600 quilômetros para nordeste, até a cidade universitária de Wittenberg, onde Martinho Lutero ocupava a cátedra de teologia. Uma década antes, o jovem monge tornara-se o membro mais influente do *establishment* protestante alemão, usando seu púlpito para condenar a Revolta dos Camponeses alemães de 1524 com base nas Escrituras, citando o conselho de Jesus de "dar a César o que é de César, e a Deus o que é de Deus".* A revolta foi brutalmente esmagada com o massacre de cerca de 100 mil camponeses mal armados, o que transformou a reputação de Lutero de rebelde irritante em pilar do *establishment* alemão.

Vários matizes do protestantismo luterano rapidamente se espalharam pela Alemanha, a Suíça, a França e por países nórdicos antes de cruzar o canal da Mancha rumo à Inglaterra. O continente europeu se dividiu ao longo de um eixo norte-sul, com os Estados alemães predominantemente luteranos no norte e os países católicos de influência humanista, como Espanha, França e Itália, no sul. Essa divisão refletiu-se em uma disputa filosófica sobre a natureza da vontade humana. Os humanistas tinham a vontade humana, inspirada pela criatividade do homem, como elemento central da natureza humana. Em *De libero arbitrio* (Do livre-arbítrio), publicado em 1524, Erasmo argumentava que, apesar da onipotência de Deus, a humanidade tinha o livre-arbítrio como uma dádiva divina. Lutero não estava convencido e em 1525 – oito anos antes de Rheticus chegar a Wittenberg –, respondeu com um dos textos mais influentes da Reforma. Em *De servo arbitrio* (Do arbítrio servil), Lutero reitera que a humanidade é escrava da vontade de Deus, defendendo que "Deus [...] não conhece limite, mas onipotência", e que qualquer um que pense de outro modo não é cristão.

Por acreditarem cegamente que a Bíblia oferecia o único caminho para fugir do fogo do inferno, muitos seguidores de Lutero atacaram a noção de que a educação pudesse ser algo diferente do estudo das Escrituras. Lutero não era tão fundamentalista. Em 1518 nomeou um brilhante erudito humanista alemão, Philip Melanchthon, para a cátedra de grego em Wittenberg. Melanchthon tornou-se o discípulo e conselheiro mais confiável de Lutero, e, com calma e disposição para persuadir em vez de intimidar, equilibrou o temperamento forte e a linguagem terrena de seu mentor. Sua influência ajudou a aparar as arestas do protestantismo alemão, de modo que, embora mantivesse a visão sombria da predestinação humana e a importância central das Escrituras pregada por Lutero, desenvolveu

---

* Mateus 22:21.

uma tolerância humanista para estudos fora da teologia e um interesse pelo mundo além da Bíblia.

Melanchthon acolheu o jovem Rheticus no círculo intelectual de inclinação humanista que havia estabelecido em Wittenberg e, em 1536, indicou-o para lecionar matemática e astronomia. Naquela época, as universidades da Europa estavam sendo varridas por rumores de um novo modelo radical do cosmo, segundo o qual a Terra se movia em volta do Sol. A maioria dos seus colegas de Wittenberg tratava os relatos com uma mistura de descrença, escárnio e humor, mas Rheticus ficou intrigado.

Para o astrônomo místico, a Terra se move

Nascido em 1473, 41 anos antes de Rheticus, na cidade de Toruń, região da Vármia, hoje localizada no norte da Polônia, Copérnico frequentou a Universidade de Cracóvia, onde recebeu a típica educação escolástica nas sete artes liberais, com ênfase em Aristóteles e seus comentaristas árabes e cristãos. Ali aprendeu sobre o modelo físico do cosmo de Aristóteles, assim como sobre o modelo geocêntrico de Ptolomeu e os sistemas matemáticos usados para calcular os movimentos celestes. Vivia-se o auge da *via moderna* nas universidades europeias, incluindo a de Cracóvia.[1] De acordo com a historiadora polonesa Władysława Tatarkiewicza, "a *via moderna* tinha adeptos desde seus primeiros momentos em Cracóvia. Mais especificamente em física, lógica e ética, o terminismo [nominalismo] aqui prevaleceu sob a influência dominante de Jean Buridan". Então não há dúvida de que Copérnico foi exposto às ideias de Guilherme de Ockham, sua navalha e seus seguidores enquanto esteve em Cracóvia.

Em 1496, aos 23 anos, Copérnico deixou Cracóvia sem se graduar e foi para a Itália estudar direito canônico na universidade mais antiga do país, em Bolonha, onde o erudito ockhamista Alessandro Achillini (1463-1512) lecionava filosofia e medicina. Dois anos antes, outro ockhamista, Marcus de Benevento, publicara na mesma cidade o comentário de Ockham sobre a *Física* de Aristóteles, dedicando a edição a Achillini. Benevento publicou mais três trabalhos de Ockham em Bolonha, culminando com *Summa logicae* em 1498,[2] mesmo ano em que Copérnico chegou à cidade. Também nesse ano Benevento publicou uma coletânea de trabalhos do nominalista Alberto da Saxônia "em homenagem ao irmão Guilherme de Ockham". Durante o período em que Copérnico educou-se na cidade, Bolonha estava claramente inundada pelas obras de Guilherme e de estudiosos da *via moderna*.

Embora Copérnico tenha ido a Bolonha para estudar direito canônico, parece que seus interesses mudaram decisivamente na direção da astronomia, levando-o até a conduzir algumas de suas primeiras observações astronômicas na cidade. Após uma breve viagem à Vármia, voltou à Itália em 1501, dessa vez para a Universidade de Pádua, a fim de estudar medicina. Àquela altura, o centro da vida intelectual europeia mudara de Oxford e Paris para a Itália renascentista, particularmente Pádua, onde Copérnico se apaixonou pela filosofia neoplatonista, pelo misticismo e pelo enfoque helenista, que eram predominantes na cidade e, mais tarde, dominariam sua vida intelectual.

Copérnico finalmente retornou à Vármia para assumir seu canonicato em Frauenburg (hoje Frombork, na Polônia) em algum momento de 1503, quando tinha 30 anos. Seus deveres não pareciam ocupar muito tempo, pois Copérnico manteve seus interesses helenistas, traduzindo poesia grega para o latim. Também tentou aplicar princípios humanistas à astronomia, seu outro grande interesse, particularmente ao sistema ptolomaico, mas esbarrou em um problema. Em vez da perfeição neoplatônica que esperava encontrar nos céus, deparou-se com uma confusão de epiciclos, equantes e deferentes. Mais tarde escreveu:

> Fui impelido a considerar um sistema diferente para calcular os movimentos das esferas do Universo, pela única razão de perceber que [...] a experiência do astrônomo era exatamente igual a alguém pegando de vários lugares mãos, pés, cabeça e outros pedaços [para fazer] um monstro em vez de um homem [...] a partir deles.

Essa referência a partes do corpo humano é interessante. Isso aconteceu cerca de quinze anos depois de Leonardo da Vinci desenhar seu famoso *Homem vitruviano*. O trabalho provavelmente foi inspirado pela proclamação do humanista Marsílio Ficino de que "o homem é o animal mais perfeito, [...] ele está conectado com as coisas mais perfeitas, isto é, com as coisas divinas".³ Copérnico parece contrastar o monstruoso sistema astronômico de Ptolomeu com o sonho humanista expresso na pintura de Leonardo, que retrata um Universo matematicamente ordenado com o homem de proporções divinas no centro. Copérnico ficou convencido de que, com a ajuda da matemática, poderia reagrupar as partes do cadáver para revelar um céu mais harmonioso. Ele escreveu: "Tendo tomado consciência desses defeitos, muitas vezes considerei se [...] isso poderia ser solucionado com construções menos numerosas e muito mais simples do que as que eram anteriormente usadas."

Como seus predecessores na *via moderna*, Copérnico se permitiu ser guiado pela navalha de Ockham. Sob o princípio relativista do observador, destacado por Ockham, ele argumentou que aceitar que é a Terra que gira diariamente – em vez do Sol, da Lua, dos planetas e das estrelas – oferece um cosmo muito mais simples.

Tornando o mundo menos arbitrário

Simplificações muitas vezes trazem bônus inesperados. Permitir que a Terra girasse e as estrelas permanecessem estáticas forneceu a Copérnico o bônus de eliminar cinco dos epiciclos planetários de Ptolomeu. Essencialmente, esse modelo havia feito (claro, sem saber) correções para uma Terra estacionária, transferindo de maneira relativística a rotação terrestre para os epiciclos planetários de Ptolomeu. Outro bônus foi a clareza. Com um modelo menos complexo, Copérnico foi capaz de encontrar um meio de remover mais epiciclos em razão de sua segunda e ainda mais revolucionária jogada de mudar o centro do sistema da Terra para o Sol.

Copérnico não foi o primeiro estudioso a colocar o Sol no centro do Universo. Aristarco de Samos, por volta de 250 a.C., propôs um sistema heliocêntrico, mas a ideia foi abandonada ainda na Antiguidade por se chocar com a insistência de Aristóteles de que todos os objetos pesados, inclusive planetas, caem sobre a Terra ou giram em torno do centro dela. No entanto, com a autoridade de pelo menos um dos antigos a respaldá-lo, Copérnico ousou recolocar o Sol no centro de todas as rotações celestes. Ele ficou estarrecido ao descobrir que essa teoria oferecia "uma maravilhosa simetria do Universo e uma ligação harmoniosa entre os movimentos das esferas e seu tamanho que não podem ser encontradas de nenhuma outra maneira".[4]

Aqui, Copérnico tropeçou na marca fenomenalmente importante de uma simplificação bem-sucedida de um sistema: a eliminação de características arbitrárias. O sistema geocêntrico de Ptolomeu não podia explicar por que Mercúrio e Vênus sempre são vistos mais próximos do Sol na alvorada e no crepúsculo. Ele explicou essa observação adicionando uma regra arbitrária ao seu modelo: Vênus e Mercúrio simplesmente orbitam a Terra (nos próprios epiciclos) ao mesmo tempo que se mantêm próximos da rotação do orbitante Sol (Figura 9a).

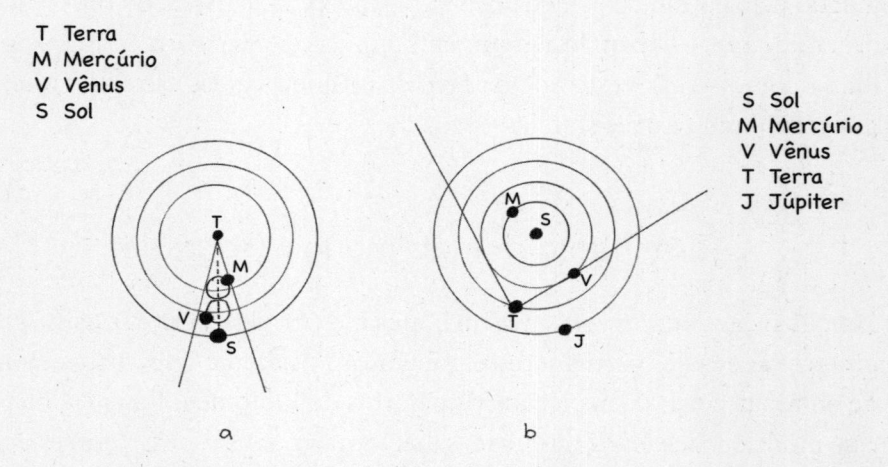

FIGURA 9: Perspectiva dos planetas a partir da Terra em um sistema (a) geocêntrico ou (b) heliocêntrico.

No entanto, quando Copérnico deslocou o Sol para o centro das rotações planetárias, ele pôde mover Vênus e Mercúrio para uma posição entre a Terra e o Sol, tornando-os planetas internos. Nessa posição, a proximidade que se observava no céu entre esses planetas e o Sol se dava simplesmente por causa de sua proximidade real (Figura 9b). Dessa maneira, uma característica arbitrária do modelo complexo se torna uma consequência inevitável na alternativa mais simples.

Outro bônus imprevisto do sistema heliocêntrico de Copérnico foi que, finalmente, fazia sentido o movimento retrógrado dos planetas Marte, Júpiter e Saturno.

Estes normalmente percorrem o céu de leste a oeste, junto do Sol e das estrelas, mas às vezes revertem seu movimento percorrendo o céu de oeste para leste durante várias semanas, antes de dar a volta e viajar novamente para oeste (Figura 4, p. 32). Copérnico notou que as estrelas errantes que executavam tais piruetas eram todas, em seu sistema heliocêntrico, planetas externos mais distantes do Sol do que da Terra. Ptolomeu havia incorporado as reviravoltas retrógradas introduzindo mais epiciclos cuja única justificativa era fazer seu modelo se encaixar nos dados. Com o Sol no centro, esses epiciclos desaparecem, uma vez que se tornam consequência inevitável de a Terra alcançar algum planeta externo na sua órbita e ultrapassá-lo. Vivenciamos algo similar ao ultrapassarmos um veículo mais lento na estrada. Quando está à nossa frente, ele parece se mover em relação à paisagem, assim como nós, e no mesmo sentido. No entanto, quando o ultrapassamos, a princípio ele parece mudar de sentido e estar andando para trás em relação à paisagem de fundo, até o momento em que, concluída a ultrapassagem, olhamos pelo retrovisor e ele parece de novo se mover para a frente. O movimento retrógrado no céu causa o mesmo tipo de ilusão de óptica, porém visto da Terra quando ela ultrapassa um planeta externo de movimento circular mais lento, como Marte. Outra característica arbitrária do modelo complexo que se torna consequência necessária de sua alternativa mais simples.

Com esses sucessos, Copérnico podia ter oferecido um modelo mais simples do cosmo... se tivesse parado aí. Infelizmente, o sistema heliocêntrico não eliminara o vexatório equante que o levou a buscar um novo modelo cósmico. Para eliminá-lo mantendo as órbitas circulares, Copérnico teve que recorrer ao artifício ptolomaico de introduzir diversos novos epiciclos, resgatando, na prática, muito da complexidade que a heliocentricidade havia eliminado.

Apesar desse contratempo, em 1514, ano em que Rheticus nasceu, Copérnico publicou um breve tratado astronômico intitulado *Commentariolus* (Pequeno comentário) para um seleto grupo de estudiosos europeus. Seu artigo gerou uma onda de curiosidade que chegou a Roma, onde teve uma recepção positiva. Em 1517 ele recebeu uma carta do secretário do papa, o cardeal Nicholas Schoenburg, instando-o "a comunicar sua descoberta ao mundo culto". Copérnico pareceu levar a sério o conselho do cardeal, pois começou a trabalhar em uma extensa explicação do sistema heliocêntrico em *De revolutionibus orbium coelestium* (As revoluções dos orbes celestes). Contudo, nunca publicou seu manuscrito, tampouco, até onde sabemos, permitiu que alguém o lesse.

A Terra não move Lutero

Nas décadas seguintes, o tratado de Copérnico descrevendo seu sistema heliocêntrico foi ignorado ou ridicularizado. No entanto, circulou amplamente, alcançando até mesmo o centro do mundo luterano em Wittenberg. Um infame comentário de Martinho Lutero, feito após um jantar, descreve "aquele tolo que deseja virar toda a astronomia de cabeça para baixo. Mesmo nas coisas lançadas em desordem, creia nas Sagradas Escrituras, pois Josué ordenou que o Sol ficasse parado, e não a Terra".[5]

Apesar do desprezo de Lutero, Rheticus ficou intrigado e solicitou permissão para visitar o idoso cônego na Polônia católica. Parece improvável que Melanchthon tenha concedido ao jovem estudioso autorização para visitar Copérnico, mas, por volta de 1538, uma brincadeira acadêmica colocou Rheticus em uma posição potencialmente perigosa. Simon Lemnius, um membro do círculo humanista de Wittenberg, que agora incluía Rheticus, escreveu uma série de versos satíricos e eróticos no estilo do poeta romano Ovídio, mas falando de Lutero. Ele chegou a vender suas antologias na porta da igreja de Wittenberg, onde, segundo a lenda, Lutero havia pregado suas *95 teses* contra a Igreja Católica vinte anos antes.

Como não era conhecido por seu senso de humor, Lutero reagiu acusando o poeta de calúnia, obrigando Lemnius a fugir da cidade. No domingo seguinte, Lutero pregou que o autor provavelmente perderia a cabeça. Em setembro daquele ano, compôs o próprio poema, intitulado "Uma disenteria sobre Lemnius, o poeta de merda".[6] Do exílio, Lemnius replicou com outro, incluindo os seguintes versos:

Onde anteriormente a sua boca torta cuspia loucura
Agora é pela sua bunda que você expele sua rabugice.

Lemnius também publicou uma *Apologia* mais contida, na qual alegava representar os elementos mais moderados do protestantismo alemão, citando tanto Melanchthon quanto Rheticus como seus apoiadores e aliados. Melanchthon era poderoso o suficiente para se esquivar de qualquer associação, mas Rheticus estava passível de se tornar um bode expiatório para a ira de Lutero. Talvez com esse perigo em mente, em outubro de 1538 Melanchthon permitiu que Rheticus deixasse Wittenberg e fosse visitar "aquele tolo que deseja virar toda a astronomia de cabeça para baixo".

Rheticus não teve pressa. Primeiro visitou muitos dos mais eminentes astrônomos da Europa. Então esteve em sua cidade natal, Feldkirch, para presentear seu mentor, Achilles Gasser, com um exemplar impresso do livro-texto de astronomia de Sacrobosco, *Tractatus de sphaera*. Assim, só chegou a Frauenburg em maio de 1539. Não teve boa impressão. Cidade em ruínas na margem sul da laguna onde o rio Vístula deságua no Báltico, Frauenburg ostentava um pequeno cais em que pescadores atracavam botes de fundo chato usados para pescar enguias na laguna. Na parte alta da cidade ficava uma grande e feia catedral de tijolos vermelhos. Copérnico a chamava de "o mais remoto canto da Terra". Naquela época, já fazia mais de trinta anos que o cônego estabelecera sua revolucionária hipótese heliocêntrica.

Como estar certo quando se está errado

Além do seu entusiasmo pela heliocentricidade, Rheticus levou de presente livros de matemática e astronomia, inclusive uma edição recém-impressa dos *Elementos*, de Euclides. Copérnico ficou encantado. Depois de anos de obscuridade acadêmica, finalmente tinha um aluno. O jovem estudioso planejava ficar apenas algumas poucas semanas, mas logo se tornou tão dedicado ao idoso Copérnico, a quem constantemente se referia como "meu professor", que passou dois anos com ele, ajudando-o a revisar e editar sua grande obra sobre o sistema heliocêntrico.

No entanto, Copérnico só concordaria que Rheticus escrevesse o próprio relato do não publicado *Revoluções*. Esse texto veio a ser *Narratio prima* (O primeiro relato), que descreve o autor como "um jovem extremamente zeloso em relação à matemática" e se refere a Copérnico apenas como "Professor" ou "o culto Dr. Nicolau de Toruń". Determinado, Rheticus dirigiu-se a Danzig (atual Gdansk) em busca de um editor.

Narratio prima foi publicado em 1540. Rheticus enviou cópias para as pessoas mais influentes que conhecia, inclusive o astrônomo Johannes Schöner e seu mentor em Feldkirch, Achilles Gasser. Schöner enviou um exemplar para o impressor Johannes Petreius, estabelecido em Nuremberg, que considerou a obra "um glorioso tesouro" e sugeriu que Copérnico escrevesse o relato completo. A recepção positiva finalmente persuadiu o reticente cônego a publicar *As revoluções dos orbes celestes*.

Rheticus voltou a Wittenberg para reassumir suas aulas, mas, antes disso, pressionou editores e forças políticas em apoio à sua ambição de ver *Revoluções* publicado. Em 1541 estava de volta a Frauenburg, onde copiou e editou o livro de Copérnico. Na primavera de 1542, Rheticus partiu para a gráfica de Petreius em Nuremberg com o precioso texto em sua bolsa. Porém a essa altura ele havia sido recrutado para um novo posto na Universidade Leibniz, em Hanôver, e mudou-se para lá, confiando a supervisão do processo de impressão ao teólogo luterano e matemático Andreas Osiander.

O infame prefácio

As revoluções dos orbes celestes foi finalmente publicado em 1543. O livro descrevia o cosmo heliocêntrico de Copérnico com sua inovação-chave de que a Terra se movia, girando em torno do próprio eixo diariamente e orbitando o Sol durante o ano. A Terra fora rebaixada de sua posição principal como centro do cosmo para se tornar apenas o terceiro de seis planetas que orbitavam o Sol. O mundo terrestre já não era mais tão especial.

Todavia, naquele que é considerado um dos maiores escândalos da história da ciência, foi acrescentado um prefácio anônimo ao livro de Copérnico, endereçado "Ao leitor, sobre as hipóteses desta obra". Começa avisando que as ideias ali apresentadas não deveriam ser levadas a sério, "pois estas hipóteses não precisam ser verdadeiras e nem mesmo prováveis. Ao contrário, se fornecerem um cálculo consistente com as observações, só isso já deve bastar". Em outras palavras, a tese de Copérnico era apenas mais um exemplo de "geometria do céu", no mesmo patamar que os epiciclos de Ptolomeu. O prefácio concluía com a afirmação: "Até aqui, no que concerne a hipóteses, que ninguém espere certeza da astronomia, que não pode fornecê-la, a menos que se aceitem como verdade ideias concebidas para outro propósito, e saia deste estudo mais tolo do que quando entrou. Até a próxima."

Um exemplar da primeira tiragem foi entregue às pressas para Copérnico, em seu leito de morte. Ele faleceu no mesmo dia, 24 de maio de 1543, e sua morte, conforme se conta, foi precipitada pela leitura do infame prefácio. Foi Johannes Kepler quem mais tarde descobriu que o prefácio havia sido escrito por Andreas Osiander.

A publicação de *As revoluções dos orbes celestes* costuma ser considerada um marco na história da ciência. Há quem diga que assinala o nascimento da ciência moderna. Se é verdade, poucos notaram. A primeira edição não se esgotou e a reimpressão demorou mais de vinte anos para sair. Pelo que sabemos, nenhum astrônomo eminente adotou o sistema de Copérnico, preferindo os testados e experimentados métodos ptolomaicos. O tratado de Copérnico não expunha nenhuma prova do modelo heliocêntrico e suas previsões astronômicas não eram mais precisas que o sistema geocêntrico de Ptolomeu. Cada um fornecia uma acurácia de predição de cerca de um grau de arco.*

Mas Copérnico não colocou o Sol no centro do sistema para fazer predições mais certeiras. Foi seu horror à complexidade bizantina do modelo ptolomaico que motivou a busca por um sistema "com construções menos numerosas e muito mais simples do que as anteriores". Será que ele conseguiu seu objetivo de construir um modelo mais simples? Na contagem de círculos, não; calcular o número final de círculos não é algo simples, seja no sistema ptolomaico, seja no copernicano, pois nenhum dos dois produziu um modelo total de sistema, apenas diagramas de partes e orientações para calcular posições planetárias. O consenso é que ambos os sistemas têm entre 20 e 80 círculos, dependendo do que é contado como círculo.[7]

Apesar das contagens similares, Copérnico estava convencido de que seu sistema fazia mais sentido do que o de Ptolomeu porque era mais simples.

---

* Distância angular de separação no céu que corresponde, aproximadamente, à grossura do seu dedo mínimo se você o estiver observando com o braço totalmente esticado.

Em *Revoluções*, ele escreve que seu sistema "deve ser admitido, acredito eu, preferencialmente por não confundir a mente com uma infinidade de esferas, como acontece quando se mantém a Terra no centro do Universo". E prossegue argumentando que, "ao contrário, devemos, sim, atentar para a sabedoria da natureza. Assim como ela evita produzir qualquer coisa supérflua ou inútil, frequentemente prefere dotar uma coisa só de muitos efeitos".[8] O ponto crucial, porém, é que em *Revoluções* a alegação de simplicidade de Copérnico não se baseia na contagem de círculos: ele cita características de seu modelo que dizimaram as complicações arbitrárias de Ptolomeu. Essas características incluíam a eliminação de ciclos diários terrestres nas órbitas dos corpos celestes, a remoção dos ciclos necessários para explicar o movimento retrógrado e um ordenamento não ambíguo dos planetas. Foram essas características, e nenhuma contagem de círculos, que, segundo Owen Gingerich, professor de astronomia e de história da ciência na Universidade Harvard, convenceram Copérnico de que a heliocentricidade trazia uma "nova visão cosmológica, uma grandiosa visão estética da estrutura do Universo".[9] A confiança de Copérnico na simplicidade foi bem recompensada. Com a navalha de Ockham na mão, até mesmo místicos como ele puderam encontrar o caminho para a ciência moderna.

8
Quebrando as esferas

O sistema de Copérnico tinha acertado quanto ao centro, mas ainda era confuso. Além disso, aquelas esferas de cristal ainda pendiam no céu, presas à esfera celeste mais externa, tornando o cosmo finito.

A contagem celeste

Tycho Brahe (1546-1601) nasceu três anos depois da morte de Copérnico, em Knutstorp, Dinamarca, filho de nobres ligados à elite Rigsraad, ou Conselho do Reino. O menino foi raptado por seu tio Jørgen, ainda mais rico e poderoso, sob o pretexto de que ele e a esposa não podiam ter filhos. Assim, Brahe passou a infância com o tio no castelo da família em Tosterup, no norte da Dinamarca. Já mais velho, estudou na Universidade de Copenhague, que era, na época, dominada pelo humanismo de Melanchthon e, em particular, por sua ênfase no ensino de ciência mesclada à teologia e às Escrituras. Em Copenhague, Brahe interessou-se por matemática, astronomia e astrologia. Ele ficou muito impressionado pela habilidade de a geometria do céu de Ptolomeu predizer um eclipse solar que ele próprio havia observado em 1560, mas irritou-se com o fato de a previsão ter errado por um dia.[1] Brahe percebeu que essa discrepância devia ser consequência de um erro no modelo ptolomaico ou nas observações astronômicas. Sem qualificação matemática para refutar a geometria de Ptolomeu, decidiu que dedicaria sua vida a construir instrumentos astronômicos melhores e capazes de fornecer previsões mais precisas.

Em 1566 Brahe mudou-se para a Alemanha para estudar medicina na Universidade de Rostock. Logo perdeu a vaga e parte do nariz devido a um

FIGURA 10: Retrato de Tycho Brahe.

duelo com um colega. Um nariz protético de prata foi a solução para seu rosto desfigurado. Porém o duelo convencera Brahe de que seu futuro não residia na academia, por isso ele passou os anos seguintes viajando com seus instrumentos astronômicos pelas cortes da Europa. Além de prover entretenimento intelectual para aristocratas europeus, ele buscava encontrar um benfeitor para sua ambição de construir um observatório de última geração.

Em 1570 Brahe chegou a Augsburgo, na Baviera, onde persuadiu o conselheiro municipal, Paul Hainzel, a patrocinar a construção de um enorme quadrante astronômico. Essencialmente, trata-se de um quarto de círculo graduado para medir a altitude de objetos celestes acima do horizonte. A parte principal do novo instrumento consistia em um arco de carvalho com 5,5 metros de diâmetro tão pesado que foram necessários 40 homens para colocá-lo no lugar. O instrumento fornecia uma acurácia sem comparação, "dificilmente já obtida por nossos predecessores",[2] segundo Brahe.

Brahe deixou Augsburgo no fim daquele ano para retornar a Knutstorp, onde seu pai, Otte, encontrava-se doente. O pai morreu em maio do ano seguinte, deixando a Brahe, então com 24 anos, um patrimônio considerável, com rendas anuais provenientes de 20 fazendas, 25 chalés e cinco moinhos, bem como produção e direitos de senhorio (essencialmente impostos feudais) de Knutstorp. Brahe construiu um novo observatório, incluindo um sextante aperfeiçoado – instrumento similar ao quadrante, mas composto de um sexto em vez de um quarto de círculo, portanto menor e mais fácil de ser transportado. Não contente com a astronomia, construiu seu laboratório, utilizando os serviços de vidreiros locais para confeccionar uma variedade de recipientes com os quais podia se dedicar à arte secreta da alquimia.

A mística celeste

O ano de 1571 foi auspicioso na astronomia, já que marcou não só a construção do observatório de Brahe como também o nascimento do astrônomo que finalmente daria sentido à confusão celeste. Johannes Kepler nasceu quando Brahe tinha 25 anos, na pequena cidade de Weil der Stadt, na Suábia, sudoeste da Alemanha. Seu pai era um soldado mercenário, e sua mãe, filha de um estalajadeiro. Em seu relato autobiográfico, brutalmente honesto, seu pai aparece como "um homem inflexível, briguento e condenado a ter um final ruim". O pai deixou a família quando Johannes tinha 5 anos. Acredita-se que tenha morrido na Guerra da Independência holandesa. Johannes não foi mais gentil com sua mãe, a quem descreveu como "pequena, magra, morena, fofoqueira e briguenta, de mau gênio".

A autobiografia de Kepler prossegue com sua educação na escola local e depois em um seminário luterano próximo, onde, "durante dois anos [dos 14 aos 15], sofri continuamente de doenças de pele, muitas vezes com chagas severas, quase sempre com crostas nos pés por causa de feridas pútridas crônicas que não cicatrizavam direito e sempre voltavam a se abrir". Seus dias na escola parecem ter sido, em grande parte, sem amigos. Ele registra:

Fevereiro, 1586. [...] Muitas vezes, todos ficavam furiosos comigo por minha culpa: em Adelberg foi minha perfídia. [...] Meu amigo Jaeger traiu minha confiança: mentiu para mim e gastou a maior parte do meu dinheiro. Fiquei com ódio e demonstrei isso em cartas iradas no decorrer de dois anos.

Apesar de tudo isso, Kepler recebeu uma bolsa de estudos da Universidade de Tübingen, onde estudou para se ordenar padre. De lá, ele continuou escrevendo sua autobiografia nada lisonjeira: "Este homem [Kepler] [...]. Sua aparência é de um cachorrinho de colo. [...] Ele sempre busca a boa vontade dos outros [...] e é maldoso e morde as pessoas com seus sarcasmos."

Kepler chegou à cidade em 1589. A universidade tinha sido fundada em 1477, pouco mais de um século depois da morte de Guilherme de Ockham, por Gabriel Biel, o filósofo ockhamista descrito como um "articulado porta-voz da *via moderna* e [...] adepto perspicaz do nominalismo".[3] A Universidade de Tübingen tornou-se um centro da *via moderna* na Alemanha, de modo que não há dúvida de que foi ali que Kepler conheceu as ideias de Ockham e sua navalha. Ademais, no século XVI Tübingen também se tornou um viveiro para o luteranismo de inspiração nominalista, com pitadas da marca humanista norte-europeia de Melanchthon. Segundo a teóloga e historiadora Charlotte Methuen, foi a combinação peculiar de Tübingen – empirismo de inspiração nominalista mais misticismo e criatividade do humanismo – que inspirou a abordagem revolucionária de Kepler para desvendar os movimentos no céu.[4] Como o próprio Kepler escreveu em 1598: "Sou um astrólogo luterano, jogando fora o absurdo e conservando o âmago."[5] O professor de Kepler em Tübingen, Michael Mästlin, também foi uma influência crucial, pois possuía uma das poucas cópias em circulação de *As revoluções dos orbes celestes*, de Copérnico.

A nova estrela

Em 1572, um ano depois do nascimento de Kepler, Tycho Brahe retornava do seu laboratório em Knutstorp quando, por acaso, olhou para o céu e ficou atônito ao perceber uma nova estrela. De tão incrédulo, pediu a um grupo de camponeses que passava para corroborar sua visão. A nova estrela estava fora da faixa do zodíaco ao longo da qual se localiza a trajetória dos planetas, então não parecia um novo planeta. Poderia ser um cometa, um tipo de estrela errante conhecido desde os tempos antigos. Todavia, várias noites de observação convenceram Brahe de que a nova estrela não vagava, mas girava todo dia em volta da Terra ao longo de uma trajetória ordenadamente circular, como qualquer estrela fixa.

Hoje sabemos que Brahe teve a sorte de testemunhar uma rara supernova, ou explosão de uma estrela, agora conhecida como SN1572. Contudo, o surgimento dessa estrela em 1572, tão brilhante que por algumas semanas pôde ser vista em plena luz do dia, provocou alvoroço na Europa. Segundo os teólogos, no quarto dia da Criação Deus havia fixado cada estrela à esfera celeste, onde permaneceriam imutáveis até o fim dos tempos. Houve algumas exceções famosas, como a estrela que guiou os três Reis Magos a Belém quando do nascimento de Jesus. No entanto, essa ocasião fora um momento extraordinário para o mundo cristão. O que o surgimento de uma nova estrela poderia predizer? Em pouco tempo, montes de panfletos apocalípticos advertiam que a estrela anunciava o Segundo Advento e o fim do mundo. Para evitar essa desagradável conclusão, a maioria dos astrônomos concluiu que talvez não fosse realmente uma estrela, mas outro objeto brilhante, um cometa, que havia se intrometido no espaço entre o inconstante reino terrestre e o céu imutável.

Brahe tinha acabado de construir seu novo sextante capaz de resolver a questão. Um sextante funciona por meio da medição da paralaxe, pela qual objetos (como seu dedo mantido na frente do seu nariz) parecem estar em posições diferentes em relação a um fundo quando avistados de dois pontos diferentes. A paralaxe diminui à medida que os objetos se afastam do nosso olho; assim, medir o grau de paralaxe oferece um meio, conhecido desde a Antiguidade, de estimar a distância de qualquer objeto. Astrônomos mais antigos conseguiram detectar um pequeno grau de paralaxe para a Lua, mas nenhuma paralaxe jamais foi detectada para qualquer estrela. Os instrumentos do astrônomo dinamarquês eram os mais sensíveis do mundo e podiam calcular facilmente a paralaxe da Lua. Contudo, Brahe não encontrou paralaxe alguma para a nova estrela. Ela não só se movia junto da esfera celeste como parecia estar igualmente distante. Era uma mancha brilhante nas paredes supostamente incorruptíveis do céu divino.

Em 1573 Brahe deixou de lado o estudo da nova estrela e começou a trabalhar em um almanaque astronômico e astrológico. Viajou com o manuscrito para Copenhague com a intenção de encontrar um editor, mas, durante um jantar com velhos colegas de faculdade, inclusive o estudioso humanista Johannes Pratensis, ficou estarrecido ao descobrir que ninguém sequer notara a nova estrela. Eles só se convenceram de sua existência depois que Brahe os arrastou para fora do salão na noite fria de inverno. Pratensis sugeriu que o colega esquecesse a ideia de publicar o almanaque e se concentrasse em registrar suas observações.

Brahe relutou. Talvez, como aristocrata, considerasse o trabalho erudito indigno de seu nível. Como Copérnico, provavelmente receava ofender a Igreja. Mas Pratensis não desistiu, chegando a enviar a Brahe cópias de diversos relatos da nova estrela, na esperança de que sua dedução incorreta de que era um cometa o instigasse a agir. A tática funcionou e Brahe acabou por divulgar suas observações em um livreto chamado *De stella nova* (Da nova estrela), publicado em maio de 1573.

Em *De stella nova* ele argumentou que a ausência completa de paralaxe descartava a possibilidade de a nova estrela ser algum tipo de cometa ou meteoro e que seu movimento e a distância da Terra, "além da oitava esfera", só podiam ser explicados se ela estivesse fixada à mais distante esfera celeste. A nova estrela, insistia Brahe, deveria ser um sinal de Deus, provavelmente pressagiando guerra, peste, rebelião, detenção de príncipes ou outras catástrofes.

De stella nova foi um tremendo sucesso e transformou Tycho no astrônomo mais famoso da Europa. Ofereceram-lhe até mesmo um cargo na Universidade de Copenhague, que ele, claro, aceitou. No entanto, logo se cansou de lecionar e fez planos para deixar seu país, talvez para se estabelecer na Alemanha ou na Suíça. Quando o rei Frederico II da Dinamarca soube desses preparativos, enviou um emissário para instruir Brahe a comparecer perante ele em seu pavilhão de caça, que ficava nas proximidades. Frederico ofereceu-lhe de presente a ilha de Hven, onde havia um castelo, e forneceu verbas para construir o maior observatório do mundo (embora ainda a olho nu). Brahe aceitou, batizando seu observatório de Uraniborg, e se mudou para a ilha em 1576.

Na ilha, o astrônomo se propôs a construir uma mansão, em um projeto que refletisse as proporções da harmonia celeste. É claro que o custo foi alto, mas, como senhor da ilha, pôde exigir de seus camponeses feudais dois dias de trabalho não remunerado por semana. Brahe começou a construir seu observatório, encomendando os instrumentos mais sofisticados que o mundo já tinha visto. Estes incluíam um relógio capaz de exibir não só horas e minutos, mas também segundos, o que se tornou, em 1577, uma invenção inovadora e essencial para uma astronomia precisa. Também construiu diversos quadrantes e uma esfera armilar, que consistia em anéis metálicos concêntricos representando um modelo das esferas celestiais e suas rotações (Figura 11). O mais impressionante de tudo era um globo celeste de bronze com 1,5 metro de diâmetro, sobre o qual, nas duas décadas seguintes, Brahe gravou as posições das estrelas fixas.

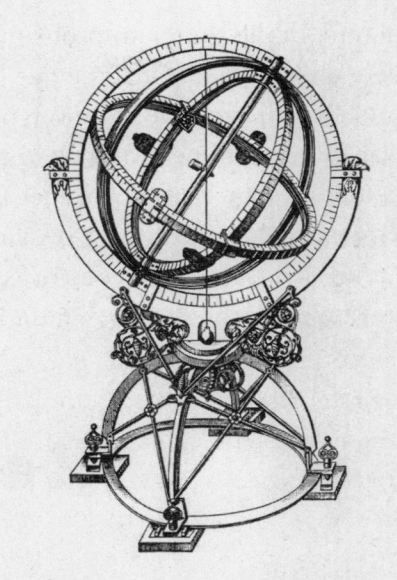

FIGURA 11: Esfera armilar.

Em novembro de 1577 Brahe desfrutou de outra experiência astronômica quando um cometa cruzou o céu da Europa. Embora os cometas fossem conhecidos desde a Antiguidade, Aristóteles achava que eles viajavam mais baixo que a Lua, de modo que não perturbavam a esperada atemporalidade do céu. Brahe mais uma vez usou o princípio da paralaxe para medir a distância do cometa e concluiu que ele estava mais distante que a Lua e dentro do supostamente inviolável Universo. De modo ainda mais notável, as medições astronômicas de Brahe demonstraram que, durante sua travessia, o cometa passou incólume através da esfera que, acreditava-se, transportava Vênus em sua órbita. Assim, depois de macular a incorruptibilidade do céu com sua nova estrela, as observações de Tycho Brahe sobre o cometa inadvertidamente despedaçaram seu cristal celestial.

Durante a década de 1570, Brahe concebeu seu sistema cosmológico, que, em essência, era um meio-termo entre o ptolomaico e o copernicano. Primeiro ele admitiu que o sistema heliocêntrico "contorna hábil e completamente tudo que é supérfluo ou discordante no sistema de Ptolomeu". No entanto, Brahe tinha um problema com a noção de que a Terra se movia. Além da objeção habitual de que "a Terra, esse corpo desajeitado e preguiçoso", fosse incapaz de se mover, também citou a falta de qualquer paralaxe solar detectável que indicasse um movimento em volta do Sol. A solução encontrada por ele foi conceber um sistema geo-heliocêntrico, no qual a Terra permaneceria imóvel, orbitada pelo Sol, pela Lua e pela esfera celeste (a mais alta, carregando as estrelas fixas), enquanto os outros cinco planetas giravam em torno do Sol (Figura 12).

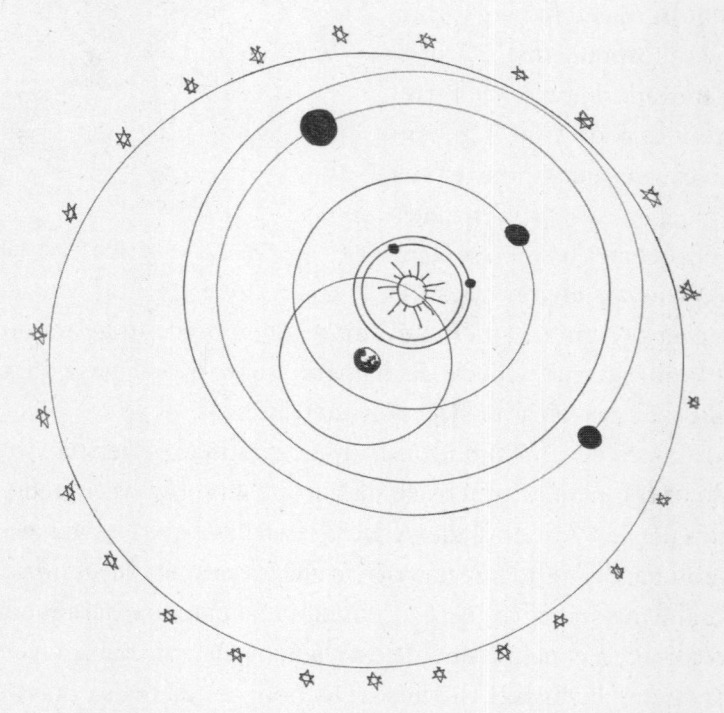

FIGURA 12: Sistema geo-heliocêntrico de Brahe.

Brahe descreveu seu sistema em *De mundi aetherei recentioribus phaenomenis* (Dos mais recentes fenômenos do mundo etéreo), publicado em Uraniborg em 1588. Depois disso, tornou-se um concorrente dos sistemas copernicano e ptolomaico.

O cosmo místico

Quando Johannes Kepler chegou a Tübingen, em 1589, os astrônomos vinham debatendo havia duas décadas para incorporar a nova estrela e o cometa supralunar aos sistemas ptolomaico e copernicano que predominavam na época. A publicação do sistema cosmológico de Brahe agravou o dilema. Qual modelo deveriam usar para seus cálculos? Não se tratava apenas de um debate teórico. Os deveres de um astrônomo incluíam estabelecer datas importantes, tais como a Páscoa, no calendário cristão. Ainda mais vexatória era a questão sobre qual dos sistemas forneceria um modelo físico correto do céu (se é que algum deles seria capaz disso). O professor de Kepler em Tübingen, Michael Mästlin, ensinara a ele que cada um desses sistemas era uma mera ferramenta matemática sem pretensão de determinar a incognoscível realidade. Kepler discordava.

Como Copérnico, Kepler acreditava que a heliocentricidade era mais que um modelo matemático: a Terra era de fato móvel. Já em 1593, ele apoiou uma interpretação física do modelo copernicano em uma disputa estudantil em Tübingen, chegando a propor que o Sol seria a causa dos movimentos planetários, inclusive da Terra. Talvez por suas opiniões potencialmente heréticas, Kepler foi aconselhado a não seguir carreira clerical. Em vez disso, assumiu um cargo para lecionar matemática em uma escola de ensino médio em Graz, uma cidade distante, hoje parte da Áustria.

Enquanto estava lá, Kepler teve uma ideia que o assombraria pelo resto da vida. Ele estava desenhando um diagrama no quadro, durante uma aula, quando lhe ocorreu que todo o cosmo poderia ser construído a partir de um conjunto concêntrico de sólidos platônicos tendo o Sol ao centro em vez da Terra.

Isso provinha, é claro, do misticismo neoplatônico e de seu sonho de encontrar mensagens ocultas no céu. Os sólidos platônicos, assim chamados porque se acreditava que tivessem sido descobertos pelos pitagóricos, são os cinco poliedros regulares construídos com faces idênticas que podem ser encaixados dentro de uma esfera. Os mais simples são o cubo e o tetraedro, seguidos pelo octaedro, o dodecaedro e o icosaedro. Cada um deles pode ser ligado por uma esfera interna ou externa. Kepler percebeu que um conjunto de esferas aninhadas poderia ser arranjado de modo que a esfera externa de cada sólido platônico formasse a esfera interna do sólido seguinte (Figura 13). Assim, seis esferas concêntricas poderiam envolver todos os cinco sólidos platônicos. O número 6 intrigava Kepler, pois na época também havia apenas seis planetas conhecidos (incluindo a Terra). A ideia extraordinária que lhe ocorreu foi que, talvez, as seis esferas planetárias estivessem dispostas em torno dos cinco sólidos platônicos.

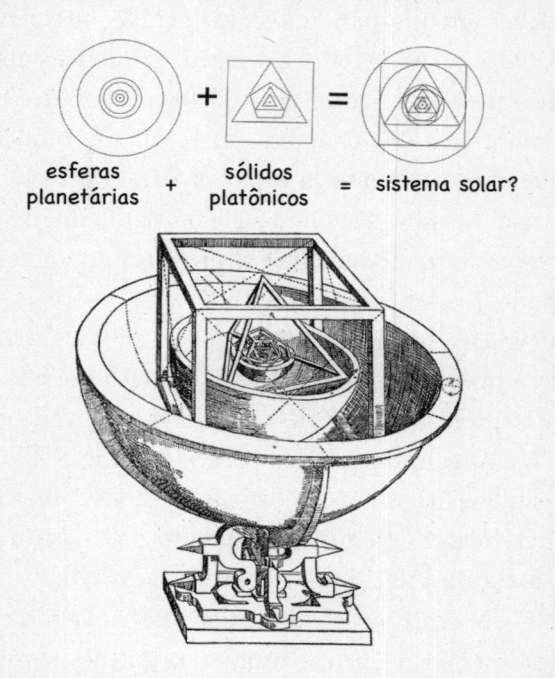

FIGURA 13: Modelo dos sólidos platônicos de Kepler para o sistema solar. O diagrama mostra um esquema do modelo do sistema solar ilustrando o aninhamento dos sólidos platônicos dentro das órbitas planetárias. Embaixo, há a ilustração de um modelo extraído do livro publicado por Kepler em 1596, *Mysterium cosmographicum*, que ele havia planejado construir com a forma de uma tigela de prata.

Kepler fez experimentos com modelos de papel e descobriu que havia um número muito limitado de maneiras de ordenar os sólidos de modo que pudessem estar aninhados um dentro do outro. Ainda mais notável era que, se dispusesse as esferas planetárias em ordem, Mercúrio (octaedro), Vênus (icosaedro), Terra (dodecaedro), Marte (tetraedro), Júpiter (hexaedro) e Saturno, então a razão entre os tamanhos das esferas estaria dentro de uma faixa de 10% da razão entre os tamanhos estimados das órbitas planetárias no sistema copernicano.

Essa era uma coincidência extraordinária e o jovem astrônomo de mentalidade mística deve ter ficado de queixo caído. Kepler estava convencido de que havia descoberto um segredo até então conhecido apenas por Deus e pelos cautelosos pitagóricos. Ele divulgou suas descobertas em um livreto, *Mysterium cosmographicum* (Mistério cosmográfico), publicado em 1596, que começa com uma entusiástica declaração de fé na sabedoria dos antigos conforme revelada no sistema de Copérnico. E prossegue afirmando seu argumento central de que Deus, como divino geômetra, tinha disposto as esferas planetárias em torno desse arranjo extremamente harmonioso de modo que os planetas pudessem tocar a música pitagórica das esferas celestes.

Kepler enviou orgulhosamente algumas cópias desse livreto para os principais estudiosos da época, inclusive Tycho Brahe e "um matemático chamado Galileu Galilei, pois ele se apresenta como [alguém que] há muitos anos [tem vínculos com] a heresia de Copérnico".[6] Note sua referência quase jocosa à palavra "heresia", indicando quantos cientistas já haviam absorvido a insistência de Ockham acerca da separação entre ciência e teologia, independentemente do que os teólogos ensinavam.

A publicação de seu *Mysterium* não só chamou a atenção da comunidade astronômica europeia para o nome de Johannes Kepler, mas também abriu caminho para seu casamento, em 1597, aos 26 anos, com Barbara Müller, uma viúva de 23 anos filha de um moleiro bem-sucedido. Por outro lado, o livreto não foi muito bem recebido. Os críticos apontaram que Kepler só podia se gabar de uma acurácia de cerca de 90% para a correspondência entre as previsões de seu modelo e as observações astronômicas. Ele rebateu, com sensatez, que a discordância provavelmente se devia a erros de observação. No entanto, Kepler sabia que para convencer os céticos precisava obter medições mais precisas. Então pediu ajuda ao único homem capaz de provê-la. Kepler despachou um exemplar de *Mysterium* para o astrônomo mais famoso da Europa. Mais tarde, em uma carta endereçada a seu amigo e colega Michael Mästlin, escreveu: "Vamos todos manter silêncio e ficar atentos a Brahe, que dedicou 35 anos a suas observações. [...] Pois só por Brahe eu espero; ele há de me explicar a ordem e os arranjos das órbitas."[7]

O astrônomo com nariz de prata encontra o sonhador místico

Àquela altura, o observatório Uraniborg, de Brahe, tinha adquirido fama internacional. Em 30 de março de 1590, uma nota no jornal anunciava que "o rei da Escócia [Jaime VI da Escócia e futuro Jaime I da Inglaterra] chegou esta manhã às oito horas e saiu às três". No entanto, a administração do observatório se mostrou dispendiosa e dependia de patrocínio. O rei Frederico morrera em 1588 e seu sucessor, o jovem Cristiano, não apreciava tanto a astronomia. Em janeiro de 1597, Brahe recebeu uma carta informando que a Coroa não só deixaria de financiar a manutenção do observatório como também não pagaria mais seu salário anual. Brahe empacotou seus instrumentos e partiu para Copenhague. O observatório Uraniborg caiu em desuso e acabou em ruínas.

Após anos perambulando pelas cortes da Europa, Brahe aceitou uma indicação como matemático imperial do sacro imperador romano Rodolfo II. Em 1598, aos 52 anos, fixou residência no Castelo Benátky, na Boêmia, a cerca de 50 quilômetros de Praga, onde montou seu observatório. Mais tarde naquele ano, recebeu uma carta de Johannes Kepler com a cópia de *Mysterium cosmographicum*.

Embora o dinamarquês continuasse a fazer observações astronômicas, estava empenhado em provar seu modelo geo-heliocêntrico, tarefa que estava além de suas habilidades matemáticas. Quando o *Mysterium* chegou, repleto de matemática misteriosa mas brilhante, Brahe ficou tão impressionado que, em resposta, ofereceu um emprego a Kepler.

Kepler ficou extremamente feliz com a carta de Brahe. Ela chegou no exato momento em que uma reforma religiosa estava varrendo a católica Graz. Por ser um rigoroso luterano, o cisma colocou em risco seu emprego e até mesmo a segurança de sua família. Ele imediatamente fez as malas e partiu com a família para Benátky. Os dois astrônomos se encontraram em fevereiro de 1600, quando Kepler tinha 29 anos, e Brahe, 54.

Brahe imediatamente delegou ao seu novo assistente a desafiadora tarefa de dar sentido à complexa órbita de Marte com suas torções, curvas e movimento retrógrado. Confiante, convencido de que já havia descoberto o segredo do Universo, Kepler vangloriou-se de que resolveria o problema em oito dias. Na verdade, precisou de oito anos, mas, em termos de realização científica, foram os mais produtivos e significativos desde o mundo antigo.

Porém os dois tiveram problemas pessoais e conflitos de personalidade. O dinamarquês não convidou o rapaz ao seu castelo para cravar o sonho pitagórico de Kepler, e sim para provar seu modelo geo-heliocêntrico concorrente. Os primeiros meses de Kepler em Benátky foram frustrantes, pois Brahe era "muito mesquinho" com seus dados observacionais e liberava apenas o que acreditava ser o mínimo necessário para que Kepler seguisse estudando o sistema que havia desenhado. A dupla muitas vezes brigava e Brahe atacou o jovem em diversas ocasiões.

O destino encerrou a colaboração em 13 de outubro de 1601. Menos de dois anos após Kepler chegar a Benátky, Tycho Brahe participou de um banquete em Praga oferecido por um tal barão de Rosenberg. Apesar de ter bebido muito, o dinamarquês achou indelicado deixar a mesa e começou a ter dores intensas na bexiga. Quando retornou a casa, estava febril. A febre se transformou em delírio, até que, depois de alguma resistência, o maior astrônomo a olho nu que o mundo conheceu sucumbiu e morreu em 24 de outubro. Dois dias depois, seu assistente foi nomeado matemático imperial e todos os dados que Brahe diligentemente obteve enfim ficaram ao alcance de Kepler.

Construindo modelos no céu

Em seus escritos, Kepler expressa tristeza pela morte de seu patrono. Apesar de suas diferenças sociais, culturais e de temperamento, os dois tinham bastante respeito um pelo outro. Também não é difícil discernir, nos escritos de Kepler, sua alegria por ter recebido as chaves da arca do tesouro astronômico do Castelo Benátky. Mais tarde ele confessou que, "quando Tycho morreu, rapidamente aproveitei a ausência [...] de herdeiros, tomando as observações sob meus cuidados".[8]

Ao aceitar o posto, Kepler sabia que estava dando um passo maior que as pernas. Brahe fora aclamado universalmente como o maior astrônomo observacional desde a Antiguidade. Se Kepler quisesse justificar o título de matemático imperial, teria que igualar ou mesmo sobrepujar as descobertas de seu predecessor. O projeto que, segundo Kepler, garantiria suas credenciais científicas consistia em provar que os antigos pitagóricos tinham guardado nos cinco sólidos perfeitos a chave para decifrar o Universo.

Desde o início, Kepler encontrou problemas. A dificuldade em seu caminho é fundamental para toda a ciência e central para o papel da navalha de Ockham no raciocínio científico: é o problema da escolha do modelo. Considere o dilema enfrentado por Kepler. Havia pelo menos quatro modelos (de Ptolomeu, de Copérnico, de Brahe e o dele próprio), cada um com boas justificativas, mas não perfeitas. A margem de erro de cada um era de aproximadamente 5% a 10%. No entanto, Kepler poderia ter usado um número potencialmente infinito de variantes, uma vez que cada um dos modelos poderia ser manipulado de forma a melhorar seu encaixe, ajustando, por exemplo, qualquer um dos 80 e tantos círculos do modelo de Ptolomeu ou acrescentando mais entidades ao modelo de Copérnico na forma de epiciclos adicionais. Com tantos modelos possíveis, por onde começar?

Essa é uma situação universal na ciência. Os escolásticos passaram séculos infrutíferos discutindo em qual das categorias de Aristóteles se enquadrava o movimento. Em pleno século XXI, os teóricos das cordas andam igualmente atolados em mais modelos matemáticos do que partículas existentes no Universo inteiro. Para ter progresso, a ciência necessita atravessar os oceanos de modelos complexos que se encaixam suficientemente bem nos dados e encontrar aqueles com probabilidade de produzir modelos superiores.

Muitos critérios podem ser aplicados à escolha de um modelo. O mais frequentemente adotado é o dogma, seja religioso, histórico ou cultural. Cientistas tendem a optar por soluções que sirvam às suas crenças, assim como acontece com todo mundo. Esse foi o critério de seleção adotado por Jean Buridan, de modo relutante, e por Martinho Lutero, de modo mais entusiasmado, para argumentar contra a rotação da Terra. Da mesma forma, Copérnico permitiu que um dogma antigo influenciasse sua escolha de modelo quando insistiu que apenas órbitas circulares eram permitidas em seu desenho heliocêntrico. Kepler também se deixou guiar pela própria convicção de que os antigos pitagóricos tinham razão. Contudo, no caso dele, sua escolha do modelo se mostrou fortuita, pois, além de simples, era fácil provar que estava errada.

Simplicidade talvez não fosse o aspecto mais importante na mente de Kepler, mas estava implícita. Ele chegou ao cosmo pitagórico em um momento de revelação enquanto estava dando aula em Graz. Sua euforia brotou da convicção neoplatônica de que "os céus, a primeira das obras de Deus, foram criados com muito mais beleza do que as outras coisas pequenas e comuns".[9] Por "beleza" ou "harmonia", Kepler se referia a um conceito familiar aos matemáticos: a beleza matemática. O termo descreve o prazer estético de que os matemáticos desfrutam ao perceber estruturas matemáticas, sejam geométricas, algébricas ou numéricas, que possuem qualidades de harmonia, ordem e simetria, mas, acima de tudo, de simplicidade. Por exemplo, os matemáticos admiraram a beleza do teorema simples de Pitágoras e suas elegantes provas geométricas desde os tempos antigos. Quatro séculos depois de Kepler, o matemático francês Henri Poincaré afirmou: "O cientista não estuda a natureza porque é útil fazê-lo. Estuda porque tem prazer nisso, e ele tem prazer nisso porque há beleza. [...] É porque a simplicidade e a vastidão são belas que buscamos, de preferência, fatos simples e fatos vastos."[10] De maneira semelhante, o físico Paul Dirac, ganhador do Prêmio Nobel, aconselhou: "Aquele que trabalha em pesquisa, em seus esforços para expressar as leis da natureza de forma matemática, deve se empenhar principalmente na busca da beleza matemática."[11] Simplicidade e matemática caminham de mãos dadas. Ao longo dos séculos, os matemáticos sempre se empenharam em simplificar "equações feias" para deduzir soluções bonitas. É o que os matemáticos fazem.

Kepler mais tarde deixou isso bem claro em *Mysterium cosmographicum* e em *Harmonices mundi* (Harmonia do mundo), publicado em 1619, em que insiste que o mundo (cosmo) é a manifestação de uma harmonia divina, revelada em sua construção a partir de princípios fundamentais, ou "arquétipos", como ele os chama, "que são indivisíveis na sua simplicidade".[12] E segue declarando que "a natureza é simples" e que Deus ou o Universo "usa uma causa para muitos efeitos".[13] Essa é, obviamente, uma das muitas variantes da navalha de Ockham que vinha ressoando na *via moderna* e que Kepler deve ter conhecido durante seus estudos em Tübingen. Como Copérnico e seus predecessores da *via moderna*, Kepler adotou a simplicidade como critério básico para a escolha de um modelo, manuseando explicitamente a navalha ou, de modo implícito, por meio da beleza ou harmonia matemática.

O norte de Guilherme de Ockham era sua determinação em reduzir a lista de partes do mundo ao seu mínimo. Nem Copérnico nem Kepler estavam particularmente preocupados com simplicidade numérica, mas com simplicidade estética. Essa navalha estética é igual à navalha de Ockham? Será que todos os caminhos para a simplicidade conduzem ao mesmo destino? Até hoje essas perguntas estão sem resposta, pois a simplicidade não é tão simples quanto pode parecer.[14] Não significa que seja um conceito nebuloso ou efêmero. Muitos conceitos em ciência, tais como energia em física ou vida em biologia, são também escorregadios e difíceis de definir; no entanto, isso não mina sua utilidade. Na verdade, a indefinibilidade dos termos insinua, creio eu, que sua realidade definitiva ocupa um nível mais profundo do que os nossos atuais fundamentos conceituais.

Kepler descobriu uma vantagem dos modelos simples que é bastante paradoxal – eles geralmente estão errados! Imagine que uma amiga lhe diga que viu um animal no seu jardim e pede que você adivinhe que bicho era. Você poderia chutar "cachorro", mas também poderia chutar "mamífero". Ambos são modelos plausíveis para o tipo de animal que poderia estar no jardim, mas um é mais simples que o outro. Se considerarmos o "tipo de animal", o parâmetro do modelo "cachorro" só tem uma estrutura possível ("cachorro"), ao passo que o modelo "mamífero" tem muitas estruturas possíveis, como gato, vaca, cabra, cachorro, cavalo ou qualquer outro mamífero plausível de se encontrar em um jardim. O modelo simples se provará correto se o animal misterioso latir, mas errado se miar, mugir, balir ou relinchar, por exemplo. O modelo mais complexo estará certo para todos esses casos, mas errado se o animal gorjear.

Modelos simples são frágeis porque podem ser facilmente derrubados por dados contrários. Por outro lado, como seus parâmetros podem assumir uma vasta gama de valores, os modelos complexos geralmente se encaixam na maioria dos agrupamentos de dados, sendo muito mais difíceis de refutar. Esse é um dos motivos pelos quais o sistema ptolomaico sobreviveu por tanto tempo: tinha tantos parâmetros que podia se encaixar em quase qualquer conjunto de dados.

Kepler experimentou a fragilidade dos modelos simples quando tentou ajustar seu modelo pitagórico aos dados astronômicos do material de Brahe. Por mais que tenha se empenhado, suas tentativas só resultavam em frustração. Se estivesse usando um modelo complexo, tal como o de Ptolomeu ou o de Copérnico, então a resposta teria sido óbvia: acrescente mais círculos. Com um pouco mais de paciência e 80 e tantos parâmetros para brincar, um matemático brilhante como Kepler com certeza teria descoberto algum jeito de modificar o modelo de modo a ajustá-lo aos dados. Como não havia mais sólidos platônicos, tudo que Kepler podia fazer era rearranjar sua ordem. Contudo, como já descobrimos, há pouquíssimas maneiras de ordenar os sólidos platônicos de modo a formar conjuntos entrelaçados. Apesar de esgotar todas elas, Kepler não conseguiu ter acurácia superior a 90% dos dados de Brahe.

O passo seguinte de Kepler, embora com relutância, foi adicionar mais complexidade. Isso é perfeitamente compatível com a navalha de Ockham, que, ao contrário do que dizem muitos de seus detratores, não insiste que o mundo é simples; apenas afirma que, ao raciocinar sobre ele, não devemos multiplicar entidades além da necessidade. Se as entidades existentes não conseguem dar conta da tarefa, então a navalha dá liberdade para adicionar outras mais, contanto que não sejam "além da necessidade". A complexidade que Kepler adicionou ao seu modelo foi abandonar o dogma de Platão de que os planetas sempre se movem em velocidade uniforme. Em vez disso, ele permitiu a Marte variar sua velocidade ao girar em torno do Sol. Essa complexidade adicional forneceu uma imediata recompensa: cinco epiciclos do sistema copernicano desapareceram. Como se tornaram entidades além da necessidade, ele os removeu.

Kepler procurou, então, determinar o raio do círculo perfeito que, acreditava ele, descreveria a órbita de Marte. Mais uma vez fracassou. Ele escreve que:

> Se tu [caro leitor] estiveres entediado com este cansativo método de cálculo, tem pena de mim, que tive de passar por pelo menos setenta repetições dele, com grande perda de tempo; tampouco te surpreenderás com o fato de, a esta altura, o quinto ano já se ter passado desde que me dediquei a Marte [...].

Depois de cinco anos entorpecendo seu cérebro com milhares de cálculos enfadonhos (isso foi antes da invenção da régua de cálculo), Kepler finalmente obteve um bom ajuste entre suas predições e quatro agrupamentos de dados críticos obtidos das observações de Brahe. A "hipótese baseada nesse método não só satisfaz as quatro posições nas quais ele se baseou, mas também prediz corretamente, com uma margem de dois minutos, todas as outras observações [...]". Mas então ele lamenta: "Quem julgaria isso possível? Esta hipótese, que concorda tão de perto com as posições observadas, é, no entanto, falsa [...]."

Para testar seu novo modelo, Kepler retirou dois pontos do vasto estoque de dados de Brahe e a catástrofe se abateu sobre ele: sua querida hipótese da esfera platônica se despedaçou contra os dados recalcitrantes. Agora eles se desviavam das medições de Brahe por oito minutos de arco (o diâmetro da Lua tem cerca de 30 minutos de arco). Kepler lamentou: "Pois, se eu acreditasse que posso ignorar esses oito minutos, teria remendado minha hipótese de acordo com isso." Por "remendar", Kepler quis dizer ajustar os parâmetros de seu modelo de modo que houvesse um encaixe razoável. No entanto, ele sabia que seu modelo simples e frágil lhe dava pouco espaço para manobras e seria insuficiente para explicar os oito minutos de arco. Kepler insistiu que, "já que não era possível ignorá-los, esses oito minutos mostram o caminho para uma reforma completa da astronomia [...]". O único caminho que ele tinha para avançar era quebrar seus sólidos platônicos e começar tudo de novo.

Apesar desses oito minutos de arco, Kepler suspeitava que estava se aproximando da solução. Depois do sucesso de relaxar o movimento uniforme, ele ousou sacrificar outro dogma antigo: os círculos perfeitos. Quase todo astrônomo desde Platão acreditou que os corpos celestes, sendo habitantes do céu, transitam apenas em círculos perfeitos. É claro que todos os círculos são perfeitos apenas por serem círculos, mas o "perfeito" que Platão e outros enfatizavam se referia à beleza matemática: um objeto bidimensional elegante, harmonioso e de máxima simplicidade que, mesmo assim, pode ser descrito por um único número, ou seja, seu raio. Ainda muito relutante, Kepler tentou deformar o círculo. Após diversas tentativas à procura de curvas diferentes, ele tropeçou na elipse, que é uma das seções cônicas (Figura 14). Na verdade, o círculo é a seção cônica mais simples, pois pode ser descrito por um único número que indica onde no cone a seção (horizontal) é cortada. A segunda mais simples é uma

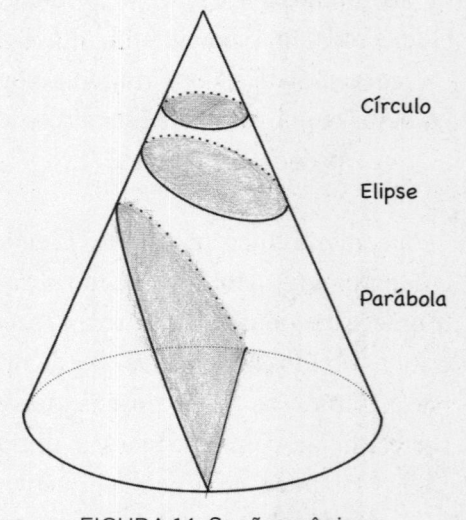

FIGURA 14: Seções cônicas.

elipse gerada por um corte angulado. Ela requer apenas dois números, que identificam os dois pontos do cone onde a elipse começa e termina. Tirada do cone, uma elipse geralmente é descrita como uma curva desenhada em torno de dois pontos focais em vez de um centro único, como ocorre no círculo. Kepler descobriu que, ao deformar a órbita circular de Marte transformando-a em uma elipse, as predições de seu modelo finalmente se encaixavam nas meticulosas observações de Brahe.

Essa foi uma descoberta extraordinária, mas valeria apenas para Marte? Para descobrir, Kepler tentou adicionar movimento não uniforme e deformar os círculos em elipses para as órbitas dos outros planetas, inclusive a Terra. Para seu espanto, as predições de seu novo modelo se encaixaram perfeitamente nos dados de Brahe. Kepler havia descoberto o segredo do Universo.

No entanto, as implicações do seu novo modelo eram chocantes. Durante quase dois milênios acreditou-se que o céu havia sido preenchido com esferas de cristal que faziam os planetas girar em órbitas perfeitamente circulares. O sonho pitagórico de Kepler adicionara os sólidos de Platão. Porém apenas círculos perfeitos podem se encaixar na superfície de um sólido platônico: a esfera. A deformação dos círculos celestes feita por Kepler inadvertidamente despedaçara tanto os cristais quanto os sólidos de Platão. Nenhum deles se encaixava em órbitas elípticas.

Todavia, entre os destroços astronômicos estava um modelo do cosmo livre de todos aqueles ciclos, epiciclos e equantes. Era simples. Adicionando apenas três novos passos de complexidade a seu modelo platônico inicial, Kepler construiu o sistema solar que conhecemos hoje, uma das primeiras e maiores conquistas da ciência moderna.

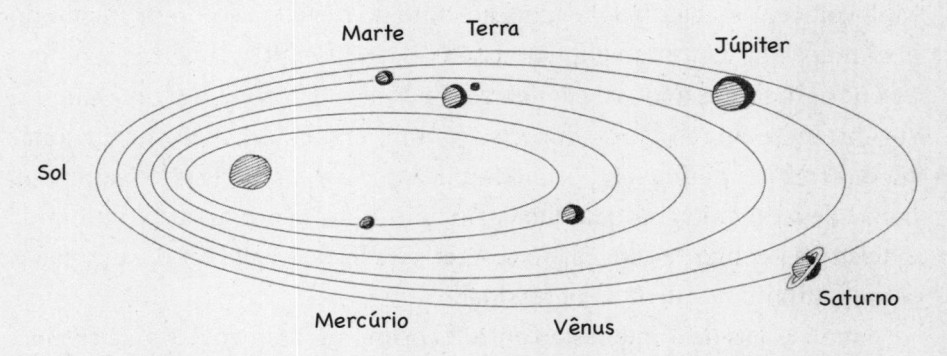

FIGURA 15: Sistema solar de Kepler com suas órbitas elípticas.

Kepler, porém, não ficou orgulhoso de sua descoberta. Sonhara descobrir a harmonia pitagórica no Universo, mas, em vez disso, tinha descoberto uma humilde elipse. Ele descreveu isso como levar "uma carroça de estrume" para o céu.[15]

Leis e simplicidade

Com os antigos dogmas eliminados e as esferas despedaçadas, Kepler vislumbrou o futuro curso da ciência. Tendo mitigado a confusão de círculos, elaborou três leis matemáticas que sustentavam o movimento de cada um dos planetas em seu novo sistema solar. Você deve se lembrar do valor das leis dos Calculadores de Merton, cujo teorema da velocidade média é utilizado até hoje (embora raramente creditado de maneira correta). Como o teorema da velocidade média, as leis matemáticas de Kepler substituíram a complexidade arbitrária por leis previsíveis. Com as leis, o mundo se torna mais simples e, portanto, mais previsível.

A primeira lei de Kepler afirma que a órbita de cada planeta é uma elipse com o Sol posicionado em um de seus dois focos. A segunda diz que, ao longo de sua órbita, o segmento de reta que vai do planeta até o Sol varre áreas de espaço iguais em tempos iguais. Assim, se você traçar uma linha que vai do Sol até o ponto em que o planeta está em sua órbita, em intervalos mensais, obterá doze setores da elipse do planeta. De acordo com a segunda lei de Kepler, todos os setores terão a mesma área. A terceira lei de Kepler afirma que o quadrado do tempo que qualquer planeta leva para completar uma volta em torno do Sol é igual ao cubo da metade do comprimento do eixo maior da sua órbita elíptica. Isso é mais difícil de visualizar, mas, em essência, descreve a associação entre o período da órbita de um planeta e sua distância em relação ao Sol. Essa é, provavelmente, a mais revolucionária das três leis de Kepler, porque implica que é a distância relativa do Sol, e não deuses, anjos ou qualquer princípio filosófico mais profundo, que determina a órbita de cada planeta. A terceira lei de Kepler fez das entidades sobrenaturais algo além da necessidade.

Como as leis de Kepler estão entre as primeiras conhecidas pela ciência, vale enfatizar, mais uma vez, como elas tornaram o mundo mais simples.

Antes delas, cada planeta era governado por um conjunto próprio de regras: o tamanho e o período de sua órbita e seus epiciclos. Estes eram arbitrários no sentido de que precisavam ser lidos no céu em vez de serem previstos por uma regra mais fundamental. As leis de Kepler substituíram a arbitrariedade por regras que governam o movimento de cada planeta. De fato, se Deus tivesse criado mais um planeta e o tivesse colocado a certa distância do Sol, Kepler teria sido capaz de desenhar sua órbita. Esse é o poder das leis: elas substituem um universo complexo, caótico e imprevisível por um cosmo simples, regular e previsível.

Devo ressaltar, porém, que, apesar de dispensar a necessidade de entidades sobrenaturais no céu, Kepler acreditava que Deus havia escrito as leis que ele foi capaz de discernir. Em sua obra-prima, *Astronomia nova*, ele escreveu que "a geometria é um brilho eterno na mente de Deus". Para o astrônomo, a elaboração de suas três leis nada mais foi do que ler a inclinação geométrica da mente divina.

Astronomia nova, publicado em 1609, descreve as primeiras duas leis do movimento planetário. O livro foi um tremendo sucesso e sagrou Kepler como o maior astrônomo da sua geração. Infelizmente, ele não pôde desfrutar dessa nova posição, pois sua vida privada seria marcada por uma sucessão de tragédias. Em 1612, sua esposa e dois filhos morreram. Em seguida, uma reforma religiosa forçou os luteranos a sair de Praga. Kepler teve que abandonar seu posto de matemático imperial e mudar-se para a mais tolerante Linz. Casou-se novamente, mas sofria com intermináveis problemas pessoais e financeiros. Mais duas filhas pequenas morreram. Em 1615, quando ele tinha 44 anos, sua mãe, Katharina Kepler, foi uma das quinze mulheres acusadas de bruxaria pelo meirinho de Leonberg, cidade natal da família, no sul da Alemanha. Quando Kepler chegou à cidade, descobriu que ela havia passado catorze meses acorrentada ao chão de uma prisão e fora ameaçada de tortura. Após um julgamento que durou muitos meses, no qual Kepler a defendeu pessoalmente, sua mãe foi libertada no outono de 1620, porém morreu seis meses depois. Oito das outras mulheres acusadas foram executadas. Um ano antes, em 1619, Kepler publicara *Harmonices mundi*, em que apresentava sua terceira lei e também afirmava que seus estudos haviam revelado harmonia e beleza matemática simples no Universo. Infelizmente, o mundo aqui embaixo permanecia mergulhado em intolerância religiosa e superstição.

Kepler continuou seu trabalho astronômico. Provavelmente sua realização mais importante nesse período foi a publicação, em 1627, de *Tabulae rudolphinae* (Tábuas rudolfinas). Essa obra monumental consistia em um extenso catálogo de estrelas extraído das meticulosas observações de Brahe e de predições exatas das posições dos planetas, com base em cálculos feitos usando suas recém-descobertas leis. A prova definitiva de seu sistema heliocêntrico e de suas leis foi a utilidade dessas tabelas, que informavam com acurácia sobre posições planetárias, eclipses e alinhamentos. Eram tão precisas que acabaram por convencer os astrônomos da verdade da heliocentricidade. Depois disso, até os astrólogos usaram as leis de Kepler para predizer os movimentos dos céus.

Aos 55 anos, Johannes Kepler adoeceu e morreu em 15 de novembro de 1630, na cidade alemã de Regensburg. Suas leis são seu legado mais duradouro e um dos pináculos da realização científica. Mas por que funcionavam tão bem? Por que os planetas percorrem trajetórias elípticas? Como medem sua distância em relação ao Sol para saber a velocidade em que devem orbitar? Embora apresentassem uma enorme simplificação em comparação aos ciclos e epiciclos precedentes, as leis de Kepler continuavam arbitrárias, uma vez que ele as tinha elaborado depois de tê-las encaixado nos dados observacionais de Brahe, e não por ter deduzido a estrutura das órbitas a partir de um princípio mais profundo. Além disso, as leis se aplicavam somente aos planetas. Nada tinham a dizer sobre o movimento dos objetos terrestres, como flechas ou balas de canhão. A próxima grande simplificação foi a estonteante descoberta de que as leis matemáticas não só regiam movimentos celestes como também podiam ser aplicadas na Terra.

9
Trazendo simplicidade para a Terra

Parece-me que [...] a matéria nos céus é do mesmo tipo que a matéria aqui embaixo. E isso ocorre porque a pluralidade nunca deve ser postulada sem necessidade.[1]

GUILHERME DE OCKHAM, por volta de 1323

Por favor, observem, cavalheiros, como fatos que à primeira vista parecem improváveis, até mesmo com uma explicação limitada, deixam cair a capa que os tem ocultado e se apresentam em simples e nua beleza.

GALILEU GALILEI, *Diálogo sobre os dois principais sistemas de mundo* (1632)

Em 25 de setembro de 1608, uma carta do Comitê de Conselheiros da Província da Zelândia foi recebida pelos Estados Gerais em Haia, na região que era chamada na época de República Holandesa, hoje Países Baixos, declarando que um "portador" anônimo alegava ter inventado um instrumento para ver objetos remotos como se estivessem próximos. O instrumento consistia de duas lentes em um tubo deslizante. Na extremidade dianteira havia uma lente convexa e, junto à parte onde se encaixava o olho, uma lente côncava menor. O inventor solicitava a oportunidade de demonstrar seu "telescópio" ao príncipe Maurício de Nassau, habilitando-se a requerer verbas para desenvolver o instrumento. Uma semana depois, um fabricante de óculos chamado Hans Lipperhey, da cidade holandesa de Middelburg, apresentou um pedido para emissão de patente para um telescópio binocular. No dia seguinte, Jacob Metius de Alkmaar requisitou uma patente exclusiva para um dispositivo telescópico que construíra após dois anos de pesquisa, culminando na descoberta de um conhecimento secreto dominado apenas por ele e "alguns dos antigos". Enquanto isso, um "inventor dos Países Baixos" tentava vender um telescópio na Feira de Frankfurt de 1608. Um potencial comprador se interessou, mas concluiu que era caro demais. Em abril de 1609, os "telescópios holandeses" estavam sendo vendidos em uma loja na Pont Neuf de Paris e, em maio, o governador espanhol de Milão já possuía um. Mais tarde naquele mesmo ano, telescópios também eram exibidos em Roma, Veneza, Nápoles, Pádua e Londres.[2]

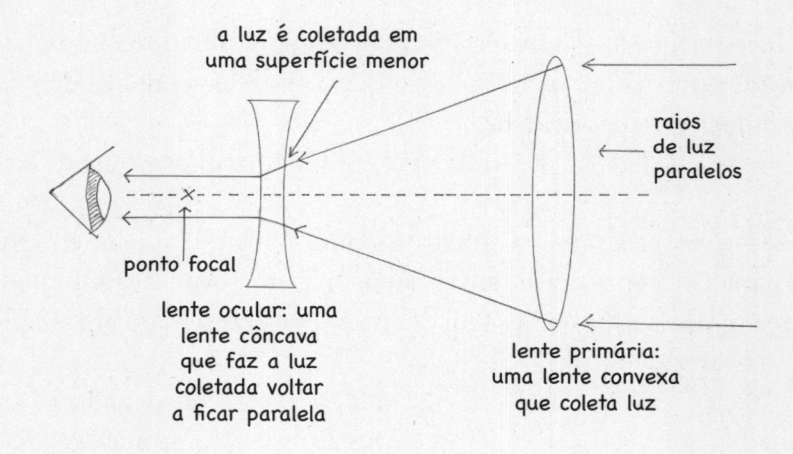

FIGURA 16: Princípio do telescópio refrator.

Frequentemente se diz que algumas ideias têm o seu tempo. A capacidade de o vidro curvo ampliar ou distorcer a imagem de objetos já era conhecida desde a Antiguidade. Tanto os assírios antigos quanto os egípcios faziam lentes utilizando cristais polidos, e os gregos e romanos usavam esferas de vidro cheias de água para ampliar objetos. No século XIII, lentes de vidro eram usadas para fazer óculos. Tanto cientistas islâmicos quanto europeus, como Ibn al-Haytham (Alhazen) e Roger Bacon, fizeram experimentos com as propriedades refratoras das lentes de vidro. Ainda assim, até o começo do século XVII ninguém havia pensado em combinar lentes para ampliar a imagem de um objeto.

Os primeiros relatos vêm dos Países Baixos. É provável que o instrumento tenha sido inventado ali, mas as notícias se espalharam tão depressa que não está claro quem foi, de fato, o inventor original. Os Estados Gerais em Haia acabaram por conceder a patente a Hans Lipperhey.

A potencial vantagem militar de um instrumento capaz de localizar alvos distantes e ameaçadores, como navios e tropas, logo foi percebida pelas potências europeias, que viviam em guerra. Quando o príncipe Maurício examinou o novo telescópio em Haia, seu principal inimigo, o comandante em chefe das forças militares dos Países Baixos Espanhóis, marquês Ambrogio Spinola, também estava presente. Em 1609, notícias do novo invento haviam se espalhado por todo o Império Espanhol. Há indicações de que o arquiduque Alberto da Áustria obteve ao menos dois telescópios holandeses na primavera e no inverno daquele ano. Em uma carta ao cardeal Scipione Borghese, sobrinho do papa Paulo V, o núncio papal na Áustria, Guido Bentivoglio, descreveu quão encantado ficou ao espiar pelo telescópio do arquiduque. Logo havia demonstrações do equipamento em Roma. Apenas um ou dois anos após sua invenção, o telescópio ainda era vendido como curiosidade ou para fins militares. No entanto, em algum momento no fim da primavera ou começo do verão de 1609, um jovem professor de matemática na Universidade de Pádua, com interesse em óptica, Galileu Galilei, gabava-se de ter feito seu telescópio. O mundo estava prestes a mudar.

Galileu é considerado com justiça um dos gigantes da ciência, embora frequentemente pelas razões erradas. Ele não provou que a Terra se move, tampouco deixou cair objetos da Torre de Pisa. Entretanto, fez duas descobertas cruciais. Primeiro, mostrou que o Universo se parece muito com a Terra e, portanto, é provável que seja regido pelas mesmas regras. A segunda grande simplificação de Galileu foi demonstrar que o mesmo raciocínio matemático tão útil nas predições de movimentos celestes também funcionava na Terra.

O homem que trouxe o Universo para a Terra

Galileu Galilei (1564-1642) nasceu em Pisa, o mais velho de seis filhos do músico e compositor Vincenzo Galilei. Em 1580 matriculou-se na Universidade de Pisa para estudar medicina, mas, depois de presenciar uma aula de matemática e adquirir fascínio por todas as coisas matemáticas, mudou seu foco para as ciências naturais. As dificuldades financeiras da família o forçaram a abandonar seus estudos antes de completar a graduação. Nos anos seguintes, tentou se estabelecer como matemático profissional, viajando entre Pisa, Florença e Siena, dando aulas particulares ou lecionando em várias escolas. Quando tinha apenas 22 anos, publicou um pequeno tratado sobre um novo tipo de balança que lhe valeu, em 1589, a cátedra de matemática em Pisa.

Muitas de suas anotações de leitura vêm dessa época e chegaram aos nossos dias. Embora escritas com sua caligrafia, parece que ele copiou as que foram escritas por outro acadêmico, um estudioso chamado Paulus Vallius, que dava aulas de lógica e método científico no Collegio Romano, em Roma. Segundo essas anotações, Galileu ensinava matemática e física na tradição escolástica aristotélica e tinha ciência dos filósofos nominalistas, incluindo os Calculadores de Merton e Guilherme de Ockham, a quem se refere diversas vezes.[3]

Em 1592 obteve uma posição na mais prestigiosa Universidade de Pádua, onde lecionou matemática, mecânica e astronomia. Em 1597 escreveu para Johannes Kepler, que havia acabado de cravar sua reputação no mastro do sistema de Copérnico com a publicação, no ano anterior, de seu *Mysterium cosmographicum*. Kepler deu dois exemplares a um amigo que viajou para a Itália e um deles chegou a Galileu em Pádua. Galileu respondeu a Kepler dizendo-se copernicano havia vários anos e afirmando que "com essa hipótese, fui capaz de explicar muitos fenômenos naturais que, sob a hipótese atual, permanecem inexplicados". Quais eram esses "muitos fenômenos naturais" continua sendo um mistério.

Quando seu pai morreu, em 1601, Galileu, então com 37 anos, tornou-se o responsável por sustentar suas irmãs e seus irmãos mais novos. Apesar de não ter se casado, tinha três filhos com sua amante Marina Gamba. Sua família em expansão lhe trouxe um fardo financeiro cada vez maior, de modo que, além de dar aulas particulares e em escolas, ele buscou se estabelecer como consultor em matemática e ciência da engenharia militar e de fortificações.

As atenções de Galileu voltaram-se para calcular a quantidade ideal de remos para uma galera e projetar bombas de drenagem otimizadas. Ele inventou também um *sector* (o equivalente no século XVI a uma régua de cálculo ou calculadora) aperfeiçoado, usado por capitães de artilharia para calcular o ângulo ideal de tiro para um canhão, por topógrafos para medir as dimensões de uma edificação e por mercadores para calcular o valor de florins em ducados, por exemplo. As inovações de Galileu lhe valeram a atenção de ricos e poderosos, incluindo Cristina de Lorena, esposa do grão-duque Fernando I da Toscana, que, em 1600, empregou Galileu como professor de seu filho Cosme.

Em maio de 1609, Galileu encontrou-se com seu amigo, estudioso e colega copernicano Paolo Sarpi (1552-1623). Embora teólogo, Sarpi era cético, altamente crítico da Igreja Católica e forte apoiador da República Veneziana. Naquele ano ele havia sobrevivido a duas tentativas de assassinato com ferimentos que, segundo o próprio Sarpi, revelavam "o estilo da Cúria Romana" (a corte do Vaticano). Era também um nominalista e admirador de Guilherme de Ockham, ilustrando como as ideias de Ockham permaneceram em circulação no século XVII como parte do contexto intelectual do que mais tarde ficou conhecido como Revolução Científica.

Em um encontro com Galileu, Sarpi compartilhou uma carta recebida de seu ex-aluno Jacques Badovere que descrevia sua perplexidade ao olhar através de uma luneta em Paris. Apesar dos detalhes escassos, Galileu imediatamente voltou a Pádua e em poucos dias tinha construído seu telescópio. Seu primeiro instrumento ampliava objetos em apenas três vezes, menos do que os dos holandeses, mas Galileu era excelente em aperfeiçoar inventos alheios, portanto não demorou muito até construir um que fosse capaz de fornecer uma ampliação de oito vezes. Curiosamente, seu método parece ter se baseado somente em tentativa e erro. Foi só em 1611 que Johannes Kepler revelou o princípio de funcionamento dos telescópios em seu livreto *Dioptrice*.

Em 1609 Galileu impressionou o doge de Veneza com seu telescópio aperfeiçoado a ponto de ser nomeado para a Universidade de Pádua pelo resto da vida, passando a receber o generoso salário de 1.000 ducados por ano. Com o respaldo financeiro dos venezianos, construiu um telescópio capaz de fornecer uma ampliação de trinta vezes. Naquele outono, ele apontou seu telescópio para o céu noturno e introduziu duas inovações. A primeira foi uma armação para manter o telescópio fixo e firme, e a segunda, uma máscara circular encaixada em torno da ocular para reduzir o efeito de halo em volta de objetos brilhantes vistos contra um fundo escuro.

Na primeira noite, ele observou as estrelas. Elas continuavam sendo pontinhos brilhantes, mas havia muitos milhares a mais do que as visíveis a olho nu. A Via Láctea passou de uma pálida faixa celeste para um cinturão apinhado de estrelas. Na noite seguinte, Galileu apontou seu telescópio para a Lua. Na época, todos os objetos celestes, inclusive a Lua, eram considerados perfeitamente esféricos e imaculados. Ao observar o satélite, Galileu desmentiu tudo isso. Ele ficou atônito ao ver não a perfeição esperada, mas uma paisagem acidentada, salpicada de crateras e montanhas. Galileu escreveu que a superfície lunar "é irregular, áspera e cheia de cavidades e proeminências, não diferente da face da Terra, com relevo de cadeias de montanhas e vales profundos".[4] A Lua era outro mundo, não muito diferente do solo onde seu telescópio estava montado.

Em 7 de janeiro de 1610, Galileu mirou os planetas. A primeira peculiaridade notada por ele foi que, ao contrário das estrelas, eles não apareciam mais como pontinhos de luz, e sim como discos brilhantes pendendo no espaço, exceto por Saturno, que parecia ter curiosas "orelhas". Os planetas claramente não eram apenas estrelas errantes, mas um tipo diferente de corpo celeste. Ainda mais notável era Júpiter. O telescópio de Galileu revelou três estrelas minúsculas que não orbitavam a Terra nem o Sol, mas o planeta joviano. Ele então concluiu que, "além de qualquer questão, existiam no céu três estrelas vagando ao redor de Júpiter, assim como Vênus e Mercúrio em volta do Sol". Essa era uma prova de que, contrariando Aristóteles e quase todas as autoridades astronômicas, nem todos os objetos do Universo orbitam a Terra.

Foram descobertas estarrecedoras. O céu não era o lar de deuses e anjos, mas um reino não diferente da Terra, como Guilherme de Ockham especulara quase 300 anos antes. Galileu registrou suas observações astronômicas em um pequeno livro chamado *Sidereus nuncius* (O mensageiro das estrelas). No fim de janeiro de 1610, correu até Veneza para encontrar um impressor. As notícias de suas descobertas de abalar o cosmo já tinham vazado e, em fevereiro, antes mesmo da publicação, Galileu recebeu uma carta do secretário do grão-duque da Toscana dizendo-lhe que o duque estava "estupefato". Galileu mudou o nome dos satélites jovianos para "luas medicianas", uma tática que lhe rendeu bons frutos. Seu livro foi publicado em 13 de março de 1610 e todos os 550 exemplares esgotaram na primeira semana. Cosimo II de Médici ficou deleitado e, em maio daquele ano, Galileu mudou-se para Florença para assumir o posto de matemático e filósofo do duque.

Mas a Terra se move?

Quando Galileu começou a trabalhar em *O mensageiro das estrelas*, seu foco era descrever suas extraordinárias descobertas em vez de considerar suas implicações. Talvez tenha sido a chegada da carta de Florença, com o apoio implícito da poderosa família Médici, que deu a Galileu a confiança de se comprometer com as ideias copernicanas. Sobre a Terra, ele escreveu: "Pois demonstraremos que ela é móvel e supera a Lua em brilho, e que não é a lixeira de sujeira e entulho do Universo." Veja seu comentário sobre escapar da perspectiva de "sujeira e entulho" do cosmo medieval (Figura 3, p. 28), que considerava o centro terrestre um lugar cheio de almas condenadas do inferno. Em vez disso, Galileu profere uma nova Terra tão brilhante quanto a Lua e tão digna quanto qualquer outro corpo celeste.

No entanto, também era um mundo que deixava os teólogos profundamente desconfortáveis. Onde estava localizado o Inferno agora que o Sol era o centro do cosmo? E, ainda mais importante, onde era o Céu? Os padres medievais só precisavam apontar para o alto, para impressionar sua congregação com a proximidade do Céu divino, e para baixo, para enfatizar a importância de evitar a eternidade nas profundezas do fogo do Inferno. A autoridade clerical baseava-se na alegação de ser o guia da humanidade entre esses reinos sobrenaturais. Contudo, quando o telescópio de Galileu encontrou apenas rocha, as credenciais da Igreja como desbravadora do sobrenatural foram irremediavelmente abaladas.

Talvez para evitar controvérsia, *O mensageiro das estrelas* menciona Copérnico apenas uma vez. Galileu oferece apenas fracas evidências em apoio à heliocentricidade, entre elas as luas medicianas, que, embora surpreendentes, não provavam que a Terra era móvel. Seu segundo argumento foi a existência de um "brilho terrestre", reflexos dos raios solares que iluminam o lado escuro da Lua. No entanto, embora isso fosse uma evidência de que a Terra era de fato um corpo como qualquer outro, tampouco provava que o planeta se movia.

Mesmo na sua obra-prima, *Diálogo sobre os dois principais sistemas de mundo*, publicada em 1632, quando tinha 68 anos, ele só oferecia duas evidências adicionais. A primeira foi sua descoberta telescópica, em 1610, de fases de Vênus similares às fases da Lua. Elas só fazem sentido se Vênus orbitar o Sol, e não a Terra, de modo que essa observação excluía o sistema ptolomaico. No entanto, as fases não eliminavam o sistema geocêntrico de Brahe, no qual uma Terra estática permanecia no centro do Universo, sendo orbitada pelo Sol, enquanto o astro era circundado pelos planetas internos (Figura 12, p. 134). Galileu ofereceu ainda uma peça de evidência adicional, porém incorreta, alegando que as marés eram causadas pelo movimento da Terra ao redor do Sol. Também é digno de nota que, ao longo de sua vida, Galileu manteve seu apoio ao sistema copernicano original, com seus muitos epiciclos, e não ao sistema de órbitas elípticas muito mais simples de Kepler.

A publicação de *Diálogo* levou Galileu ao famoso choque com a Igreja Católica e à retratação de seu argumento de que a Terra se move, uma história que já foi contada muitas vezes.[5] Galileu pode ter sido convencido pela separação feita por Ockham entre ciência e teologia, mas, aos olhos da Igreja Católica, a Rainha das Ciências permanecia em seu trono.

Desamarrotando o mundo real

Apesar das observações de Galileu, no começo do século XVII havia uma rígida diferença entre corpos terrestres e celestes. O movimento dos objetos celestes podia ser compreendido por leis matemáticas, como as de Kepler, mas a única lei do movimento para objetos terrestres era o teorema da velocidade média dos Calculadores de Merton, do século XIV.

Galileu acreditava que o "[Universo] é escrito em linguagem matemática". Essa posição era sustentável no céu, mas aqui na Terra os objetos se moviam, em sua maior parte, de forma tão errática e irregular que não pareciam ser governados por leis. Até mesmo o teorema da velocidade média só funcionava de fato no papel. Mesmo assim, Galileu estava convencido de que, apesar da evidência de seus sentidos, o movimento de objetos terrestres é, como o movimento celeste, governado por leis matemáticas, mas leis cujas regras são obscurecidas pela natureza amarrotada do mundo terrestre.

Em um gesto ainda mais revolucionário, Galileu se dispôs a provar esse palpite por meio de um experimento.

Experimentação não era algo totalmente novo. Arquimedes havia realizado experimentos famosos sobre empuxo e alavancas. O físico, astrônomo e matemático árabe Ibn al-Haytham (965-1040) conduziu experimentos ópticos conforme descrito no *Livro de óptica*. Em seu livro *Sobre o ímã*, o filósofo inglês William Gilbert (1544-1603) descreveu uma gama de experimentos com ímãs de magnetita e âmbar décadas antes de Galileu. No entanto, os experimentos anteriores foram basicamente observacionais: identificar um feixe de luz refletido em um espelho ou assistir a um pedaço de magnetita atrair uma agulha. O que tornou a abordagem de Galileu tão revolucionária foi seu cuidadoso projeto e a acurada manipulação do ambiente experimental para revelar as regularidades ocultas do movimento terrestre. Por essa razão, ele é frequentemente conhecido como o pai da ciência experimental.

Por volta de 1604, Galileu, então com 40 anos, iniciou experimentos que mediam a taxa de queda. O problema era que a maioria dos objetos caía depressa demais para que se pudesse fazer uma medição. Ele concebeu uma solução engenhosa. Em vez de deixar os objetos caírem no espaço livre, reduziu sua velocidade rolando-os ao longo de rampas fixadas em tampos de mesa. Para alisar os vincos e ondulações do mundo terrestre, Galileu limou cuidadosamente bolas de metal ou de madeira para deixá-las o mais esféricas possível e de tamanho idêntico. Cortou sulcos em tábuas de madeira para assegurar que as bolas rolassem em linha reta e revestiu as fendas com papel encerado a fim de reduzir o atrito. Para medir o tempo, primeiro usou seu pulso, depois imaginou um relógio de água pingando, mais acurado, recorrendo a uma balança precisa para medir a quantidade de água que pingava a cada unidade de tempo. Realizou centenas de ensaios e tirou a média para descobrir regularidades obscurecidas por irregularidades ou *ruídos* em experimentos individuais.

Sua primeira descoberta foi que Aristóteles estava errado. O filósofo grego alegara que objetos pesados caem mais depressa que objetos mais leves. Embora não haja evidência de que Galileu alguma vez tenha atirado objetos da Torre de Pisa, ele deixou que bolas leves de madeira deslizassem ao longo de canaletas inclinadas e descobriu que elas rolavam na mesma velocidade que as bolas mais pesadas de ferro. Não só isso: em vez de caírem com velocidade constante, conforme Aristóteles insistia, Galileu descobriu que elas eram aceleradas pela gravidade. Na verdade, aceleravam uniformemente, obedecendo ao teorema da velocidade média formulado pelos Calculadores de Merton e provado pelo ockhamista Nicole de Oresme. Galileu meio que reproduziu a prova gráfica de Oresme para o teorema da velocidade média (Figura 7, p. 90), mas não a creditou a nenhum de seus predecessores medievais.

Galileu avançou e calculou a trajetória de um projétil, tal como uma bala de canhão, considerando os movimentos vertical e horizontal da bala em separado. Ele propôs que a distância percorrida na direção horizontal por unidade de tempo seria aproximadamente (ignorando a resistência do ar) constante e proporcional ao tempo (0 a 4 segundos; Figura 17). Na direção vertical, o movimento de queda da bala seria uniformemente acelerado segundo o quadrado do tempo (1 a 4 segundos; Figura 17), o que é consequência do teorema da velocidade média. Quando ele combinou os dois movimentos em um gráfico, obteve uma parábola. Essa forma é interessante, pois, como a elipse, é uma seção cônica e um indício de ligação entre o movimento terrestre e as órbitas celestes elípticas de Kepler. No entanto, Galileu nunca leu, ou ignorou, o livro *Astronomia nova*, de Kepler, publicado quase trinta anos antes do seu *Discursos e demonstrações matemáticas relativas a duas novas ciências*, lançado em 1638; até onde sabemos, ele nunca viu a ligação.

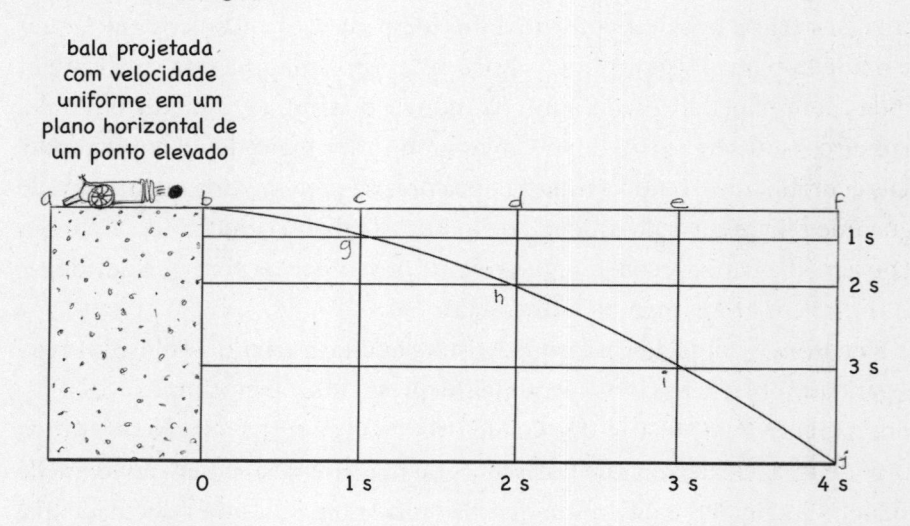

FIGURA 17: Análise do movimento de um projétil feita por Galileu.

Provavelmente, a lei mais importante descoberta por Galileu foi descrita em uma das mais lúcidas peças de prosa científica existentes. Em *Diálogo sobre os dois principais sistemas de mundo*, ele ilustra o que hoje se conhece como invariância, pedindo que imaginemos, como fez Ockham, estarmos a bordo de um navio, para ilustrar a natureza relativa do movimento.

> Feche-se com algum amigo na cabine principal sob o convés em algum navio grande e tenha ali com você algumas moscas, borboletas e outros pequenos animais que voam. Prepare uma grande bacia de água com alguns peixes dentro; pendure uma garrafa de cabeça para baixo, que vá se esvaziando gota a gota num largo recipiente debaixo dela. Com o navio parado, observe cuidadosamente como os animaizinhos voam com velocidade igual para todos os lados da cabine. Os peixes nadam indiferentemente em todas as direções; as gotas caem no recipiente sob a garrafa; e, ao jogar alguma coisa para o seu amigo, você não precisa atirar com mais força numa direção do que em outra, sendo as distâncias iguais; se você pula com os pés juntos, o tamanho do pulo é o mesmo em todas as direções. Depois de ter observado todas essas coisas cuidadosamente, [...] faça o navio se mover a qualquer velocidade desejada, contanto que o movimento seja uniforme e não varie. Você não descobrirá a mínima variação em todos os efeitos mencionados nem poderá dizer, a partir de qualquer um deles, se o navio está se movendo ou se está parado.

Galileu, com toda a certeza, conhecia Ockham, pois o menciona diversas vezes em suas primeiras anotações de aula, e até mesmo escreve que "movimento nada mais é do que uma *forma fluens*", ou forma fluente, exatamente como Ockham havia descrito.[6] Entretanto, levou o princípio muito mais longe que Ockham ou seus sucessores, insistindo que as leis da física são as mesmas para um observador, independentemente do seu movimento uniforme, princípio conhecido como invariância de Galileu.

O princípio da invariância de Galileu é um grande exemplo do poder simplificador das leis matemáticas. Imagine a dificuldade de tentar calcular todos os complicados movimentos dos objetos no navio de Galileu a partir da perspectiva da margem. Cada tábua, parafuso, prego ou corda estaria se movendo e, assim, iria requerer a própria velocidade. No entanto, salte a bordo e, a partir desse *referencial inercial* mais simples, quase tudo no navio está parado. Somente borboletas, peixes, pessoas, velas etc. continuam a se mover, portanto precisam ser providos de causas. Com milhares de movimentos condensados em apenas um punhado, o mundo se torna mais simples e mais fácil de compreender.

Como Buridan, Oresme e Copérnico, Galileu estendeu sua percepção da relatividade ao Universo para propor que, sem atrito, os objetos celestes podiam continuar a se mover para sempre. Também argumentou que somente a rotação diária da Terra é "muito mais simples e mais natural" que ter o Sol, a Lua, os planetas e as estrelas girando todo dia em volta da Terra.[7] E não parou por aí, insistindo que seu argumento era "sustentado por uma máxima muito verdadeira de Aristóteles, que nos ensina que 'mais causas são em vão quando menos bastam'".[8] Aristóteles na verdade nunca proferiu tais palavras, mas essa era uma variante comum da navalha de Ockham que vinha circulando na Itália ao longo de todo o período da *via moderna*.

Em seu *Discursos e demonstrações matemáticas relativos a duas novas ciências*, as duas novas ciências de Galileu eram a estática – a ciência da força de tração dos materiais – e a ciência do movimento – que hoje chamamos de cinemática. No livro, ele descreve a lei da inércia, a lei dos corpos em queda e sua ideia do movimento parabólico de projéteis. A obra é considerada uma das mais importantes de toda a história da física.

Apesar, ou talvez até por causa, de sua prisão domiciliar em Arcetri após seu julgamento por heresia, a reputação de Galileu continuou a crescer em seus últimos anos de vida. Vários de seus ex-alunos o visitaram, incluindo Evangelista Torricelli, que acabaria inventando o barômetro. Torricelli chegou quando Galileu estava sofrendo de febre e palpitações cardíacas e permaneceu junto ao grande cientista até sua morte, em 8 de janeiro de 1642. Outro cientista em ascensão, Robert Boyle, estava a caminho de Arcetri naquela época, na esperança de visitar Galileu. Infelizmente, chegou em 9 de janeiro, quando já era tarde demais.

10
Espíritos sapientes e átomos

> Quando o Sr. Hobbes recorreu ao que Deus (cuja onipotência temos ambos grande razão de reconhecer) pode fazer, não importa para a controvérsia sobre a fluidez determinar o que o Todo-Poderoso Criador pode fazer, mas o que ele realmente fez.
>
> ROBERT BOYLE, 1662[1]

Em 1654, dois cientistas entretinham uma plateia culta em uma casa na High Street, em Oxford, não muito distante da University College. Um dos oradores, Robert Boyle (1627-1691), então com 27 anos, era membro de uma sociedade conhecida como Invisible College (Colégio Invisível), que incluía outros luminares, como o matemático e astrônomo Christopher Wren, o escritor John Evelyn e o economista e filósofo William Petty. Boyle era alto e charmoso, com as maçãs do rosto salientes, nariz reto e queixo firme, e tinha forte sotaque irlandês, muitas vezes acompanhado por uma pronunciada gagueira. Seu assistente, Robert Hooke, de 19 anos (1635-1703), era muito mais baixo, tinha um físico magro e encurvado, além de uma expressão doentia. Embora pouco conhecido nessa fase de sua carreira, mais tarde Hooke se tornaria famoso por muitos avanços revolucionários, como a construção dos microscópios, que utilizou para estudar a natureza celular da vida. Os dois cientistas eram figuras proeminentes no movimento que viria a ser conhecido como Iluminismo.

Nessa ocasião, Boyle convidou os membros do Colégio Invisível para uma demonstração de diversos experimentos. A maioria envolvia uma bomba de vácuo capaz de remover quase todo o ar de uma grande câmara de vidro. Robert introduziu uma vela dentro da câmara e mostrou que, à medida que o ar era bombeado para fora, a chama da vela tremulava antes de se extinguir. Assim, Boyle e Hooke demonstraram, pela primeira vez na história, que o fogo necessita de ar. Em seguida, introduziram na câmara um relógio com um forte som de tique-taque. Quando o recipiente estava cheio de ar, o público podia ouvi-lo facilmente, mas, à medida que o ar era evacuado, o tique-taque ficava cada vez mais baixo até se tornar inaudível. O som só voltou depois que Hooke deixou que o ar fluísse novamente para dentro da câmara. Com isso, a dupla demonstrou que o som precisa de ar. Boyle então colocou um ímã e uma bússola dentro do frasco de vácuo. Provando que não eram afetados, a experiência mostrou que a força do magnetismo, ao contrário do som, pode atravessar o vácuo.

Cada um desses experimentos já era suficiente para surpreender e estarrecer seu público. No entanto, a audiência ficou ainda mais atônita pela demonstração seguinte, com um longo tubo de vidro dentro do qual foram inseridos um peso de chumbo e uma pena. Depois de retirar o ar, Boyle rapidamente inverteu a posição do tubo de vidro. O público assistiu, perplexo, ao peso de chumbo e à pena caírem juntos ao longo de toda a extensão do instrumento. Dessa maneira, Boyle demonstrou, como antecipara Galileu, que todos os objetos caem precisamente na mesma velocidade no vácuo. Aristóteles de fato estava errado.

Nascido em Lismore, condado de Waterford, na Irlanda, em uma família rica, porém por mérito próprio, Robert Boyle não apreciava o habitual estilo de vida mimado da aristocracia protestante inglesa ou anglo-irlandesa. Seu pai, que se tornaria o primeiro conde de Cork, tinha uma atitude espartana em relação à criação dos filhos, mandando-os para o campo para que se acostumassem a "uma vida rústica, mas limpa, e às habituais paixões do ar". A vida rústica não serviu para o 14º filho do conde, que estava sempre doente, sofrendo de "febre, defeito de visão, cólicas, paralisia, água no sangue [...] e doença renal". Robert atribuía a culpa por essas aflições ao fato de ter sido obrigado a "perambular por montanhas selvagens" à noite na companhia de um "guia bêbado e inexperiente" após uma queda de cavalo. Ele também adquiriu uma gagueira. Mais tarde, o francês Isaac Marcombes, que viria a ser seu tutor, relatou que "ele gaguejava e balbuciava tanto que [...] eu dificilmente conseguia entendê-lo e mal conseguia conter o riso".[2] Não é de surpreender que a infância de Robert na Irlanda não tenha feito dele uma pessoa querida em seu país, que mais tarde ele descreveu como "bárbaro".

Aos 8 anos, Robert foi enviado para a Inglaterra para estudar na Eton College, em Berkshire. O garoto não conseguiu prosperar na escola pública inglesa e logo passou a sofrer de "melancolia".[3] Ele e seu irmão mais velho foram enviados a Genebra, aos cuidados de *monsieur* Marcombes. Robert parece ter sido especialmente feliz morando com os Marcombes. A família viajava bastante e oferecia aos garotos o tipo de educação humanista que se acreditava convir a um jovem cavalheiro inglês. Isso necessariamente incluía uma peregrinação à Itália para admirar os remanescentes da civilização clássica que havia inspirado os humanistas. Foi nessa viagem que o jovem Robert teve esperança de encontrar seu herói, o idoso Galileu, na cidade de Arcetri, mas acabou chegando um dia atrasado.

Apesar do indubitável cuidado dos Marcombes com os meninos, Boyle continuava perturbado. Ele relata em suas memórias (que, conforme a moda da época, escreveu na terceira pessoa, adotando o nome Philaretus em homenagem ao santo bizantino canonizado por sua generosidade incomum) como vinha sendo atormentado por severas dúvidas religiosas, suficientes para o levarem a pensar em suicídio. Quando tinha cerca de 13 anos, foi acordado por uma tempestade com trovoadas ferozes. "Cada trovão era precedido e acompanhado de raios e relâmpagos tão frequentes e tão ofuscantes que Philaretus começou a imaginá-los como os surtos do fogo que viria consumir o mundo", escreveu mais tarde. Robert jurou que, se sobrevivesse àquela noite, seria o "mais observante religioso existente".[4] Esse conflito entre ceticismo religioso e devoção foi algo com que Boyle se debateu por toda a vida. Mesmo em seu leito de morte, admitiu viver atormentado por "pensamentos blasfemos".[5]

Àquela altura, a Inglaterra estava em meio à Guerra Civil. Uma das primeiras batalhas foi uma rebelião irlandesa em 1641, quando Robert tinha 14 anos. Ele e seu irmão receberam uma carta do pai dizendo que estava sitiado em seu castelo, longe de sua fonte de riqueza, e que, por isso, a mesada de ambos estava suspensa. Como era um homem orgulhoso, o conde proibiu os rapazes de voltarem à Inglaterra em circunstâncias tão penosas e os aconselhou a retornar à Irlanda ou se juntar ao Exército inglês em combate nos Países Baixos. Os Marcombes forneceram ao irmão mais robusto de Robert, Francis, já com 19 anos, fundos suficientes para fazer a viagem de volta à Irlanda, mas o frágil Robert optou por retornar a Genebra com os Marcombes.

O conflito se arrastou por anos antes de o conde, com 75 anos, ser forçado a se render e a entregar seu patrimônio. Ele morreu logo em seguida. Robert ponderou que a proibição de voltar à Inglaterra não sobreviveria à morte de seu pai, então em 1644, aos 17 anos, depois de penhorar joias que lhe foram dadas pelos Marcombes, atravessou a França e comprou uma passagem para a Inglaterra. De Portsmouth, viajou a St. James, em Londres, e chegou à casa onde sua irmã Katherine vivia com os quatro filhos, abandonados pelo marido esbanjador, o visconde de Ranelagh. Quando Robert chegou, ela abraçou o irmão "com a alegria e a ternura da mais afetuosa das irmãs",[6] sedimentando uma estreita relação que mantiveram ao longo de toda a vida.

Enquanto estava em Londres, Robert descobriu que herdara a propriedade de Stalbridge, em Dorset. Aquelas terras tinham uma história infeliz. O proprietário anterior as herdara depois de denunciar o próprio pai por "práticas não naturais", um eufemismo utilizado no século XVII para se referir a relações entre pessoas do mesmo sexo. Depois que o homem foi enforcado, o filho vendeu a propriedade para o conde. Com a morte do conde, ela passou para Robert, que ali se instalou para levar uma vida de fidalgo rural.

O patrimônio, porém, fora devastado pela guerra. A casa senhorial estava em ruínas, e a maioria dos chalés, abandonada. Cortando e vendendo lenha da propriedade, Robert conseguiu juntar os fundos de que necessitava para contratar trabalhadores para restaurar a casa e recuperar a produtividade da fazenda. Em seu tempo livre, escrevia regularmente para a irmã, muitas vezes incluindo notas com simples contos moralizantes sobre toda espécie de assunto, desde "Da ingestão de ostras", "Da maneira de dar carne ao cão" a "De montagem, canto e iluminação de comédias". Katherine fazia circular seus contos entre amigos influentes e eles acabaram se revelando suficientemente populares para serem reunidos e publicados em um livro intitulado *Occasional Reflections upon Several Subjects* (Reflexões ocasionais sobre diversos temas). O livro se mostrou tão popular que o estilo de Robert logo foi satirizado por Jonathan Swift em seu *Meditation upon a Broomstick: According to the Style and Manner of the Honourable Robert Boyle's Meditations* (Meditações sobre um cabo de vassoura: segundo o estilo e a maneira das meditações do honorável Robert Boyle). "Quando vi isso, suspirei e disse a mim mesmo que O HOMEM MORTAL É MESMO UM CABO DE VASSOURA."

Todavia, apesar do seu questionável valor literário, a renda extra da venda dos exemplares permitiu a Robert equipar um laboratório em Stalbridge, onde podia se dedicar à paixão pela ciência experimental favorita de um humanista: a alquimia. Ele escreveu que "as delícias que sinto nisso me fazem imaginar que o meu laboratório é uma espécie de Elísio". Embora saibamos hoje que é, em boa parte, absurda, a alquimia fornecia as ferramentas para investigar a natureza da matéria e, como tal, é a precursora da moderna ciência da química. Destilação, distinção de ácidos e bases, métodos de purificar metais, tudo isso foi desenvolvido primeiro nos laboratórios alquímicos. Apesar disso, junto com a ciência experimental saudável, a alquimia envolvia navegar através de um dilúvio de absurdos esotéricos e fórmulas bizarras com ingredientes exóticos e instruções como "Altere e dissolva o mar e a mulher entre inverno e primavera".[7]

Ainda assim, o jovem Robert Boyle ficou encantado e escreveu empolgado sobre uma minhoca na "Costa do Sombrero" que se transforma primeiro "em uma árvore e então em uma pedra". Ele relatou a surpreendente história de um "químico estrangeiro" que, enquanto viajava pela França, conheceu um monge tonsurado em uma estalagem. O monge afirmava ter "espíritos sob seu comando e podia fazê-los aparecer quando quisesse, e perguntou a ele [o químico] se conseguiria suportar a visão deles em um formato terrível". Como o químico permaneceu em silêncio, o monge "proferiu algumas palavras e quatro lobos entraram na sala e correram em volta da mesa à qual estavam sentados por um tempo considerável". Os animais "pareciam cheios de raiva" e "ele sentiu seu pelo eriçar, então pediu ao outro homem que os removesse, o que, por meio de mais algumas palavras, ele fez". Depois desse pavor, a dupla desfrutou de "um banquete do qual participaram duas lindas e bem-vestidas cortesãs. [...] Embora elas acenassem para ele, o químico manteve distância; no entanto, ele lhes fez perguntas sobre a pedra filosofal, e 'uma delas escreveu em um papel onde ele leu e [...] compreendeu'". Todavia, como tantas vezes acontece nessas situações, "ambas e o papel desapareceram, e o que estava escrito nele fugiu tão claramente da memória que ele nunca conseguiu recuperar".

Hoje tudo isso parece fantasia, mas nos séculos XVI e XVII muitos dos grandes intelectos da Europa lutavam para dar sentido a ingredientes exóticos, instruções misteriosas e contos exagerados. Se Robert tivesse continuado a carreira como alquimista, teria permanecido uma figura obscura na história de uma "ciência" arcaica. Em vez disso, tornou-se um personagem central na história da ciência moderna. Sua transformação, de alquimista em cientista, reflete o surgimento da ciência moderna de suas raízes místicas e humanistas e ilustra o valor da navalha de Ockham em descartar o absurdo.

Deuses, ouro e átomos

No século XVII, o humanismo estava em crise. Desesperados com as catacumbas místicas para as quais ele havia caminhado, muitos filósofos influentes questionavam a confiança humanista na criatividade humana. René Descartes, o maior filósofo do século XVII (nascido em 1596, uma geração antes de Robert Boyle), havia destilado, como Guilherme de Ockham, a filosofia contemporânea à sua base minimalista, insistindo que, por essa abordagem, ele "conduziria meus pensamentos em tal ordem que, a começar pelos objetos mais simples e mais fáceis que conhecemos, eu poderia ascender pouco a pouco e, por assim dizer, passo a passo, até o conhecimento dos mais complexos".[8] No espírito de sua famosa dúvida cartesiana, Descartes insistia que, "para buscar a verdade, é necessário, uma vez que estamos no curso da nossa vida, duvidar, o máximo possível, de todas as coisas". Deixando de lado séculos de especulação sobre a existência de entidades além da necessidade, ele chegou a apenas duas certezas: sua existência – *Cogito ergo sum* – e a matéria.

Como os nominalistas antes dele, Descartes negava que a aparência dos objetos correspondia a qualquer tipo de realidade física. Ele observou que a cera, quando aquecida, muda completamente sua aparência e, no entanto, continua sendo cera. A aparência da matéria era, segundo ele, uma ilusão dos nossos sentidos. Descartes admitia apenas um atributo da matéria, a extensão, referindo-se à ocupação do espaço. E insistia que só a matéria tem extensão. Notoriamente, ele argumentou: "Deem-me extensão e movimento e eu construirei o Universo." O Universo inteiro, insistia ele, era *plenum*, preenchido só de partículas.

O conceito de *plenum* remonta a Aristóteles, que propôs não existir espaço vazio, uma vez que somente objetos materiais possuíam a propriedade de extensão. Hoje isso parece muito estranho, mas é uma boa ilustração da ideia que exploramos ao tratar da abundância de modelos do sistema solar de Kepler: existe uma quantidade grande, talvez infinita, de modelos logicamente autoconsistentes que podem ser encaixados nos dados disponíveis. Por exemplo, um dos fatos citados por Aristóteles era a observação de que a água não jorra de um cano estreito se a abertura superior estiver tampada. Essa observação provocou o famoso dito filosófico antigo de que "*Natura abhorret vacuum*" – a natureza detesta o vácuo. Nesse caso, se a água jorrasse de um cano tampado, formaria um vácuo, deixando para trás apenas espaço vazio.

Encanamentos parecem ser um estranho ponto de partida para uma teoria de significância cósmica, mas o filósofo antigo também usou o aparente desprazer da natureza em relação ao vácuo para desconsiderar uma das mais prescientes ideias do mundo antigo: o atomismo. Cerca de um século antes de Aristóteles nascer, Demócrito argumentou que a matéria é composta de minúsculas partículas que se movem aleatoriamente, os átomos. Aristóteles percebeu que a teoria atômica contradizia sua fala de que "tudo que se move é movido por outra coisa", uma vez que não havia nada no vácuo que pudesse mover os átomos. Aristóteles, portanto, desprezou o atomismo em favor de sua teoria alternativa de que a matéria é infinitamente divisível e preenche todo o espaço, formando o que era conhecido como *plenum*. Ele ensinava que o Universo inteiro é um *plenum*, em que objetos e materiais, como pássaros, pessoas, flechas, peixes, planetas, ar, água ou éter celeste, deslizam passando uns pelos outros, mais ou menos como peixes nadando na água. Qualquer vazio, insistia Aristóteles, seria imediatamente preenchido, assim como a água é sugada de volta para o vácuo que se forma em um cano tampado. Segundo essa teoria, o espaço vazio é uma impossibilidade lógica.

Outros filósofos discordaram da ideia de *plenum* de Aristóteles. Os epicuristas, escola fundada em Atenas por Epicuro em cerca de 306 a.C., baseavam seus sistemas filosóficos inteiros no atomismo. O poeta romano Lucrécio também apoiou essa ideia. O debate *plenum vs*. atomismo abriu ruidosamente seu caminho pelo mundo europeu medieval, em que os escolásticos de modo geral se aliaram a Aristóteles. Jean Buridan encontrou uma evidência para o *plenum* em sua observação de que é "impossível" separar os lados de um fole se seu orifício estiver tampado: "Nem mesmo vinte cavalos seriam capazes de conseguir isso, com dez puxando de um lado e outros dez puxando do outro." Guilherme de Ockham, porém, inclinava-se para a posição atomista, insistindo que "tanto matéria quanto forma são divisíveis e têm partes distintas em lugares e posição". Ele até chegou a especular que fervura e condensação eram causadas por rearranjo das partes ou átomos de água.[9]

Grande parte dos humanistas da Renascença havia abandonado Aristóteles em favor de seu mestre, Platão, e a maioria tendia a tomar partido da teoria atômica, particularmente na medida em que as interações de átomos poderiam fornecer uma base racional para a compreensão da magia natural. Por exemplo, os alquimistas argumentavam que os átomos podiam ser arranjados de diferentes formas para fornecer os elementos terra, ar, fogo e água, a partir dos quais eles achavam que metais como mercúrio, zinco e ouro eram compostos. Na cabeça de um alquimista, a diferença entre metais básicos (aqueles que não são ouro ou prata) e o ouro era apenas uma questão de rearranjar seus átomos, o que poderia ser obtido pelo tipo certo de magia natural. Daí o seu sonho de transmutar metais básicos em ouro. Além disso, os seguidores de Paracelso acreditavam que as trajetórias dos planetas influenciavam o movimento dos átomos do corpo, de modo a causar doença ou manter a saúde, e que essa tendência podia ser influenciada por objetos tipicamente terrestres. Assim, se você estivesse triste graças à influência de um planeta melancólico, como Saturno, então seria aconselhado a vestir uma roupa amarela e um bracelete de ouro e talvez a tomar vinho de um cálice dourado, uma vez que ambas as coisas eram inerentes ao mais alegre Sol. É claro que o tratamento poderia muito bem dar certo. Modelos autoconsistentes, ainda que incorretos, podem funcionar o suficiente para convencer os crédulos de que estão no caminho certo.

A discussão atomismo *vs. plenum*, de Aristóteles, ressoou por mais de dois milênios e ilustra perfeitamente como, dado qualquer conjunto de informações, é possível construir talvez um número infinito de modelos autoconsistentes do Universo. Como veremos, um dos principais papéis da navalha de Ockham é ajudar a escolher entre modelos rivais do nosso mundo.

Descartes aceitou o argumento de Aristóteles para o *plenum*, mas adotou a noção de que, mesmo assim, a matéria vinha em forma de partículas, embora infinitamente divisíveis. Em um passo gigantesco rumo à ciência moderna, também despiu suas partículas de matéria de quaisquer congenialidades humanistas com planetas ou magia. Essas se tornaram entidades além da necessidade no universo materialista de Descartes. Em vez disso, a matéria era constituída somente de minúsculas partículas que se moviam em vórtices giratórios formando ar, água, terra, fogo, plantas e animais. Deus fez as partículas e lhes deu seu empurrão divino primordial, mas, depois disso, seus movimentos eram inteiramente mecânicos. Até mesmo o corpo humano, insistia ele, era "apenas uma estátua ou máquina feita de terra". A maioria das ideias filosóficas de Descartes, inclusive seu atomismo mecanicista, foi descrita em seu livro *O mundo*, publicado mais ou menos na época do nascimento de Robert Boyle, enquanto seu *Discurso do método* foi lançado em 1637, e *Princípios de filosofia*, em 1644.

Embora sofrendo forte oposição dos humanistas católicos, a filosofia mecanicista cartesiana ressoava com a perspectiva mais nominalista, empirista e de inspiração luterana popular nos países protestantes. Em 1649, a maioria das obras de Descartes fora traduzida para o inglês e era avidamente consumida pelos principais líderes da nascente Revolução Científica. No entanto, muitos filósofos e teólogos ingleses temiam que seu Universo atomista e determinista estivesse a apenas um passo do ateísmo. Seus temores se concretizaram na filosofia de Thomas Hobbes, conhecido como "o monstro de Malmesbury", que publicou seu famoso e infame *Leviatã* em 1651, quando Boyle tinha 24 anos.

Hobbes (1588-1679) era um nominalista que levou a abordagem reducionista de Guilherme de Ockham mais longe do que qualquer outra pessoa.[10] Ele aceitava o Deus incognoscível de Ockham e a eliminação dos universais e insistia que conceitos como bom ou mau não têm fundamento lógico ou filosófico. Como Descartes, Hobbes afirmava que o Universo consistia apenas de partículas mecanicistas, mas avançou muito mais que seu predecessor francês, eliminando a distinção entre o natural e o sobrenatural com o argumento de que tanto Deus quanto alma são, como o homem, feitos apenas de matéria.

Para Hobbes, havia somente um mundo. Em *Leviatã*, seu livro mais influente, ele argumentou que a única coisa que podemos saber sobre um Deus onipotente é que ele é "a causa primeira de todas as causas" e que o homem é meramente outra forma de átomos em movimento. Hobbes destacou que, sem um Deus benevolente para cuidar de nós, a vida é naturalmente cercada por conflito, violência "solitária, pobre, sórdida, bruta e breve".[11] Ele argumentava, com fundamentos nominalistas, que bom e mau são apenas os nomes que damos a "apetites e aversões".[12] E por isso instava a humanidade a abandonar as preces para um Deus incognoscível e descuidado e usar a engenhosidade humana, a política e a ciência para construir uma *commonwealth* – comunidade politicamente organizada – com o objetivo de manter a ordem, reduzir o sofrimento e aumentar a felicidade. Como resume o filósofo e cientista político americano Michael Allen Gillespie: "A ciência, como Hobbes a entende, possibilitará que os seres humanos sobrevivam e prosperem no mundo caótico e perigoso do Deus nominalista."[13]

As ideias de Hobbes provocaram consternação entre os filósofos conservadores, como integrantes do grupo conhecido como Platonistas de Cambridge e, particularmente, o teólogo e filósofo Henry More (1614-1687). More e seus colegas de Cambridge aceitavam o amplo esboço de Descartes e o Universo mecanicista de Hobbes, mas insistiam que somente o mecanicismo era insuficiente para explicar fenômenos como a gravidade, o magnetismo ou a aversão da natureza ao vácuo. Argumentavam em prol de um recuo do nominalismo e de um retorno ao realismo platônico, no qual um "espírito da natureza" invisível permeia todo o Universo, atuando como agente de Deus para garantir que os eventos ocorram de acordo com o plano divino.[14] A religião ainda não estava pronta para soltar as amarras que prendiam a ciência.

O bravo nada

Com o fim da Guerra Civil inglesa, a família Boyle resgatou seu patrimônio irlandês. Vendo-se novamente rico, em 1654, Robert, agora com 27 anos, decidiu mudar-se para o ambiente intelectualmente mais estimulante de Oxford, onde construiu um novo laboratório e contratou Robert Hooke.

Foi mais ou menos nessa época que Boyle se cansou do conhecimento misterioso da alquimia e suas teorias e se queixou dizendo que eram "como penas de pavão, [que] dão um grande espetáculo, mas não são sólidas nem úteis". Embora ainda mantivesse interesse na alquimia ao longo da vida, suas investigações experimentais se afastaram daquela estranha "minhoca na Costa do Sombrero" e seus parentes esotéricos, voltando-se a uma ciência mais séria. O estímulo pode ter vindo de sua irmã, Katherine Jones, viscondessa de Ranelagh. Ela era uma mulher extraordinária, com um profundo interesse em ciência, filosofia, natureza e política, amiga do poeta John Milton e do polímata e escritor Samuel Hartlib. Robert escreveu para os Marcombes relatando que conhecera muitos "homens de letras" na casa de sua irmã em Londres, bem como membros do Colégio Invisível.

Como ponto de partida para sua ciência, Boyle adotou a ideia cartesiana de um Universo meticulosamente mecanicista, mas, como cristão devoto, ficou chocado pela visão de Hobbes de um Deus materialista. A solução proposta pelos Platonistas de Cambridge também era inaceitável para Boyle, uma vez que seu "espírito da natureza" cheirava a paganismo. Ainda assim, em vez de se enredar no furioso debate filosófico ao seu redor, Boyle seguiu o exemplo de seu herói de infância, Galileu, dedicando-se a executar experimentos cuidadosamente planejados, capazes de solucionar a discussão.

O objeto que primeiro despertou seu interesse estava no cerne do debate *plenum vs.* atomismo: a humilde pistola de ar. Ele descreve em uma carta como ficou intrigado com uma pistola de ar que "poderia disparar uma bala de chumbo [...] com força capaz de matar um homem a 25 ou 30 passos", mas que era carregada apenas com "a única impressão do ar". Pistolas de ar podem parecer um estímulo improvável para uma Revolução Científica, mas, ao contrário da escuridão ciméria ou da pedra filosofal, pelo menos são reais. Boyle comprou uma, desmontou-a, entendeu seu funcionamento e demonstrou o mecanismo para sua irmã. O mais importante, divergindo das alegações não verificáveis da alquimia, é que a pistola poderia ser investigada. Centenas de anos depois, o biólogo do século XX Peter Medawar observaria que a ciência é "a arte do solúvel".[15] Boyle tinha encontrado um problema solúvel.

Foram muitas inspirações para a metodologia experimental de Boyle. Em seu livro *Novum organum*, publicado em 1620, o filósofo e estadista inglês Francis Bacon (1561-1626) argumentou, de uma perspectiva nominalista, que o único caminho para o conhecimento científico era conduzir muitas observações individuais cuidadosamente registradas que pudessem ser tabuladas e generalizadas de modo a chegar a conclusões – o método hoje conhecido como indução. Bacon, é claro, não foi o pioneiro na argumentação indutiva. Guilherme de Ockham, por exemplo, deu um argumento indutivo três séculos antes,[16] quando escreveu que "todo ser humano pode crescer, todo burro pode crescer, todo leão, e assim para outros casos particulares; portanto, todo animal pode crescer". Tanto Ockham quanto Bacon propuseram a indução como alternativa para o raciocínio silogístico de Aristóteles, solapado pela eliminação nominalista do universal.

O insight de Robert Boyle foi reconhecer que, quando combinado com os experimentos cuidadosamente elaborados de Galileu, o método de indução de Bacon poderia se tornar o motor para tirar conclusões sólidas a partir de repetidos experimentos de laboratório. Ao contrário de Galileu, que deixou poucos detalhes de seus experimentos, Robert Boyle forneceu relatos muito bem detalhados do seu equipamento experimental e de sua metodologia precisa, registrando detalhes, até a temperatura e o clima, junto de seus dados brutos e análises. Por essa razão, Boyle, assim como Galileu, é um forte candidato ao título de pai da ciência experimental.

Galileu adquiriu fama como físico e astrônomo. Inspirado por suas investigações alquímicas, os interesses de Boyle eram mais realistas e químicos. Em vez de investigar a trajetória dos projéteis disparados de uma pistola de ar, Robert voltou-se para a causa do disparo. Pistolas de ar são armadas por um pistão que comprime uma câmara cheia de ar. Soltar o gatilho retira a pressão interna, permitindo que o ar comprimido na câmara empurre o pistão ao longo do cano, ejetando a bala da pistola com certa velocidade. A pergunta que intrigava Boyle era: como uma "única impressão de ar" empurra uma bala para fora da pistola? Ou, na verdade, o que é exatamente essa coisa invisível, o ar? Essas perguntas eram mistérios no século XVII, mas, ao contrário do que acontecia com a pedra filosofal, havia respostas para elas.

O ponto de partida de Boyle foi um estudo iniciado por Evangelista Torricelli (1608-1647), que tinha sido aluno de Galileu. Um ano antes de morrer, Galileu foi informado de um problema intrigante relatado por mineiros que usavam bombas mecânicas para retirar água de poços de minas inundados. As bombas funcionavam retraindo um pistão em um cilindro ligado a uma fonte de água. Quando o pistão era retraído, pensava-se que a água era sugada para dentro da câmara, pelo fato de a natureza ser avessa ao vácuo que poderia se formar no interior da câmara. No entanto, os mineiros descobriram que nunca poderiam erguer a água a mais de 10 metros, não importando com que força acionassem a bomba. Então pediram a ajuda de Galileu, que convenceu Torricelli a investigar.

As bombas dos mineiros eram grandes e pesadas. Inspirado pela abordagem de Galileu de reproduzir as características essenciais do problema em uma situação de laboratório cuidadosamente controlada, Torricelli encheu um longo tubo de vidro com água e o virou sobre um recipiente. No entanto, para reproduzir a incapacidade dos mineiros de erguer a coluna d'água, o tubo precisava ter 10 metros de altura, atravessando o telhado de sua casa em Pisa. Isso causou considerável consternação entre os vizinhos, que recearam que ele estivesse praticando bruxaria. Assim, Torricelli trocou água por mercúrio, pois, como era catorze vezes mais pesado, precisaria apenas de 1 metro de coluna para causar o mesmo efeito. Em 1643 ele virou o tubo de mercúrio, com a extremidade superior selada, sobre um recipiente com mercúrio (Figura 18). O cientista italiano esperava que a aversão ao vácuo fosse impedir o mercúrio de escorrer para fora do tubo, mas ficou atônito ao observar que, contrariando quase 2 mil anos de dogma, o nível de mercúrio de fato caiu, abrindo centímetros de vácuo acima da superfície do líquido. Ao ouvir falar desses experimentos, o matemático, físico e filósofo francês Blaise Pascal (1623-1662) carregou um tubo de Torricelli – como veio a ser

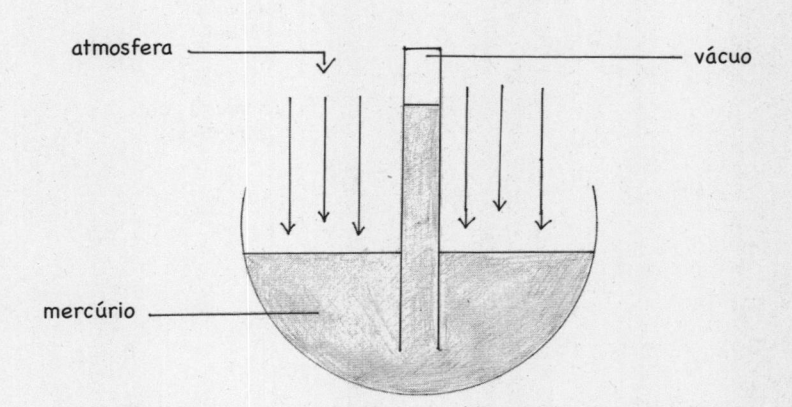

FIGURA 18: Experimento do tubo de mercúrio de Torricelli.

chamado o instrumento – para o pico do monte Puy de Dôme, na França, e observou que a altura da coluna de mercúrio caiu durante a escalada, mas voltou a subir na descida. Tanto ele quanto Torricelli defenderam que a altura da coluna de mercúrio é sustentada na parte de cima não pelo aversivo vácuo dentro do tubo, mas pelo peso do ar atmosférico do lado de fora. Este fica mais rarefeito e, portanto, mais leve em altas altitudes, fazendo cair a coluna de mercúrio. Eles haviam acabado de inventar o barômetro.

Boyle ficou fascinado pelos experimentos de Torricelli e Pascal. Os dois o inspiraram a construir seus engenhosos arranjos de válvulas e bombas de vidro e metal. A abordagem básica era evacuar o ar de um recipiente suficientemente grande para fazer um experimento dentro dele. Então Boyle ou Hooke introduziam velas, relógios, insetos, peixes e outros animais, para ver como lidavam com o vácuo, o que nos remete a suas demonstrações para os membros do Colégio Invisível em 1654.

Em seu experimento mais famoso, Boyle bombeou todo o ar para fora de um frasco cuja base estava conectada, por meio de uma válvula, a um pistão. Quando abriu a válvula (de modo que o pistão ficasse agora em contato com o vácuo), os espectadores ficaram boquiabertos, "com não pouco assombro", ao ver que o pistão aparentemente fora sugado para cima pelo espaço vazio, mesmo quando puxado para baixo por um peso de aproximadamente 50 quilos (Figura 19). Os espectadores "não puderam compreender como esse

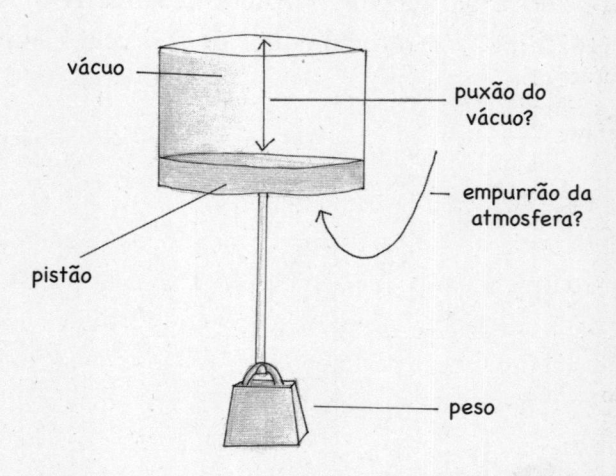

FIGURA 19: Famosa demonstração de Boyle sobre o aparente poder que o vácuo tem de erguer pesos.

peso podia subir, por assim dizer, por si só". O juiz-chefe da Inglaterra, lorde Matthew Hale, expressou sua admiração pelo "bravo nada" de Boyle.

O experimento de Boyle confirmou os experimentos de Torricelli e Pascal; afinal de contas, a natureza não tem aversão ao vácuo. Na verdade, em outra oportunidade, Boyle mostrou que dentro de uma câmara sem ar não havia resistência alguma a abrir-se um vácuo. Como Torricelli, Boyle insistia que a aparente aversão da natureza ao vácuo é simplesmente o peso do ar externo. Em vez de o vácuo puxar o pistão para a câmara vazia, o ar externo aplicava um empurrão.

Boyle percebeu que seus experimentos sobre a natureza do ar eram pertinentes ao debate *plenum vs.* atomismo. Ele propôs que a "mola" de ar poderia ser fornecida por "uma pilha de pequenos corpos deitados um sobre outro, semelhante a um velo de lã". Como alternativa, em vez de um modelo estático, o ar poderia consistir em trilhões de partículas em movimento "girando em tal turbilhão que cada corpúsculo se esforça para repelir todos os outros". Isso era muito parecido com o modelo de "vórtices giratórios" de Descartes, mas com o vácuo, em vez do *plenum*, entre os corpúsculos. O *plenum*, insistia Boyle, era agora uma entidade além da necessidade.

Boyle descreveu seus experimentos com o tubo de vácuo no seu revolucionário livro intitulado *New Experiments Physico-Mechanical, Touching the Spring of the Air, and its Effects* (Novos experimentos físico-mecânicos: tocando a mola do ar e seus efeitos), publicado em 1662. A obra causou alvoroço. O filósofo Henry Power escreveu: "Nunca li um tratado como esse em toda a minha vida, em que todas as coisas são manuseadas de forma tão curiosa e crítica, os experimentos tentados de maneira tão judiciosa e acurada e explicados de modo tão franco e inteligível."[17] Como Galileu, Boyle escreveu no vernáculo, nesse caso, em inglês, em vez de usar o erudito latim preferido pela maioria de seus contemporâneos. Seus trabalhos científicos também estavam livres da especulação filosófica ou teológica que apinhava escritos científicos anteriores. Além disso, ao contrário dos concisos relatórios de Galileu sobre seus experimentos, os relatos de Boyle eram densos de detalhes e ilustrados com desenhos de bombas, frascos de vidro, válvulas e outras peças do equipamento, junto com registros meticulosos de suas observações. A abordagem de Boyle foi entusiasticamente defendida pelos membros do Colégio Invisível. Em 1660 a sociedade adotou constituição e participação formais, passando a cobrar 1 xelim por semana. Uma semana depois, Carlos II sinalizou seu interesse na sociedade e, em 1662, concedeu-lhe uma Carta Régia, de modo que se tornou a Royal Society (Sociedade Real), com Robert Boyle entre seus membros fundadores.

Nem todo mundo se encantou com os experimentos de Boyle. O platonista de Cambridge Henry More ficou horrorizado. Ele estava convencido de que a "monstruosa" ciência mecanicista de Boyle era tão ruim quanto a filosofia sem Deus de Hobbes e que representava uma porta para o ateísmo. Em seu *Enchiridion metaphysicum*, publicado em 1671, insistia que era de fato o vácuo o responsável por puxar o peso, porque estava cheio de "uma substância distinta da matéria, que é um espírito ou ser incorpóreo, [...] um princípio sapiente capaz de mover, alterar ou guiar a matéria". Em vez de átomos de ar, eram as mãos etéreas desse "espírito sapiente" que puxavam o pistão para dentro da câmara, fechando o aversivo vácuo. More alegou que os experimentos de Boyle provavam não o empurrão de um mecanismo material sem Deus, mas o puxão de um "espírito da natureza" que permeava todo o espaço.[18]

A resposta de Boyle a More em seu *An Hydrostatical Discourse, Occasioned by the Objections of the Learned Dr. Henry More* (Um discurso hidrostático, ocasionado pelas objeções do Dr. Henry More) apresenta um ponto poderoso e crucial para o futuro curso da ciência. Ele primeiro admite que não pode refutar a existência do "espírito sapiente" de More, mas segue adiante para insistir que "os fenômenos [...] podem ser solucionados mecanicamente, isto é, pelas afecções mecânicas da matéria, sem recorrer à aversão da natureza ao vácuo, a formas substanciais ou a outras criaturas incorpóreas". Aqui Boyle estava desconsiderando o "espírito sapiente" de More ou a "aversão da natureza ao vácuo" não por terem sido refutados, mas porque agora eram desnecessários para explicar os resultados dos experimentos. Qualquer "espírito sapiente" era, insistia ele, uma entidade além da necessidade, por isso deveria ser eliminado da ciência, como estabelecia a navalha de Ockham.

Como identificar hipóteses boas e excelentes

Boyle era, no fundo, um experimentalista, mas seu conflito com More o forçou a defender suas teorias. Isso o levou a formular critérios para identificar ideias boas e más. Esses critérios são uma contribuição tão significativa para a ciência moderna quanto seus métodos experimentais. Ele propôs dez princípios básicos pelos quais "hipóteses boas e excelentes" poderiam ser separadas daquilo que chamou de "teorias de pavão".[19] Por motivos que ficarão claros mais adiante, eu os dividirei em dois grupos. Os princípios estão apresentados em uma ordem que não é a de Boyle.

O primeiro é provavelmente o mais familiar. Ele afirma que uma boa teoria deve ser fundamentada em observações. Esse é essencialmente o método de raciocínio indutivo de Bacon, que se distingue do método dedutivo mais antigo para dar início a uma teoria, tal como "Todos os homens são mortais". A sustentação dada por Boyle à indução, porém, o levou a entrar em conflito com o "monstro de Malmesbury", Thomas Hobbes, para quem a teoria tem prioridade sobre os dados. O conflito entre Boyle e Hobbes é o foco do estudo *Leviathan and the Air-Pump* (Leviatã e a bomba de ar), realizado em 1985 por Simon Schaffer e Steven Shapin, sobre a história social da ciência.

O segundo e o terceiro princípios de Boyle preconizam que uma teoria deve ser simultaneamente lógica e não autocontraditória. Essa é uma característica fundamental da ciência, mas não se restringe a ela. Encanamentos são algo lógico e não contraditório, da mesma forma que os princípios que regem os ofícios de cabeleireiros, cozinheiros, tecelões ou filósofos.

O quarto e o quinto princípios de Boyle insistem que teorias precisam ser baseadas em evidência suficiente e que teorias excelentes "devem nos possibilitar prever Os Eventos que formarão a base a partir da qual fluem tentativas bem-feitas". Aqui Boyle estava recomendando que as teorias fizessem previsões ("prever Os Eventos") que pudessem ser verificadas por meio de "tentativas bem-feitas", ou seja, de experimentos. Esses critérios são a pedra de toque pela qual a maioria das teorias científicas hoje é julgada como capaz de se sustentar ou desmoronar. Como insistia o físico do século XX Richard Feynman: "Não importa quão bela ou mesmo simples sua teoria seja; se não fizer predições corretas, ela está errada."

Embora sejam essenciais para a ciência, esses princípios não se restringem a ela, nem tampouco a definem. Pessoas no banco dos réus são julgadas inocentes ou culpadas com base em evidências. Um cozinheiro testa uma nova receita por meio de "tentativas bem-feitas", do mesmo modo que um jardineiro ou agricultor testa novas sementes no jardim ou no campo. Por volta de 2600 a.C., no Egito antigo, o arquiteto da pirâmide em Meidum conduziu uma "tentativa bem-feita" de suas hipóteses de construção de pirâmides apenas para vê-la refutada quando a edificação ruiu (Figura 20). O sucesso dos arquitetos de pirâmides posteriores transformou suas hipóteses de construção em teorias que funcionaram e sustentaram estruturas como a Grande Pirâmide de Gizé, que sobrevive há milênios. Os princípios da agricultura, da metalurgia, da arquitetura e todos os outros fundamentos da civilização moderna foram similarmente descobertos ou aperfeiçoados ao longo de milênios por uma combinação de lógica, observação, teoria e incontáveis "tentativas bem-feitas".

FIGURA 20: Testando hipóteses com "tentativas bem-feitas".

Talvez o mais importante seja que nenhum dos princípios anteriores é suficiente para garantir o progresso científico. Considere, por exemplo, um astrônomo por volta de 1600 tentando escolher entre os modelos de Ptolomeu, Copérnico ou Tycho Brahe. Cada um se baseava em teorias ou princípios matemáticos lógicos e cada um havia sobrevivido a muitas "tentativas bem-feitas", fazendo predições que concordavam razoavelmente bem com observações astronômicas. Então, como fazer a distinção?

Felizmente, uma ferramenta da razão aperfeiçoada no mundo medieval resistiu à Renascença e à Reforma para desempenhar um papel-chave na Revolução Científica do século XVII: a simplicidade. Ao descrever o próximo critério, seu sexto princípio para teorias boas e excelentes, Boyle escreveu que "grande parte do trabalho de verdadeiros filósofos tem sido reduzir os verdadeiros princípios das coisas ao menor número possível ao seu alcance, sem torná-los insuficientes". Boyle não identificou os tais "verdadeiros filósofos", mas, em outro trecho, se referiu "à regra geralmente aceita sobre hipóteses, que '*entia non sunt multiplicanda absque necessitate*'".[20] Você não precisa entender latim para reconhecer o fio da navalha de Ockham.

Todos os demais critérios de Boyle buscam, de um jeito ou de outro, soluções simples. Seu sétimo princípio afirma que, "para formular uma Hipótese, é preciso primeiro que ela seja claramente inteligível". Teorias compreensíveis tendem a ser simples e, por sua vez, erros em teorias complexas, tais como a alquimia, geralmente se tornam visíveis quando elas são explicadas nos termos mais simples possíveis. Descartes argumentou de modo semelhante, insistindo que "uma concepção que brota apenas da luz da razão" é mais certa que a própria dedução, na medida em que é mais simples.[21]

O oitavo princípio de Boyle acompanha sua parcimoniosa navalha. Ele afirma que "[uma boa teoria] nada presume [...]". O princípio é essencialmente uma reformulação do lema da Royal Society: "*Nullius in verba*", geralmente traduzido como "Não aceite a palavra de ninguém". Com isso, Boyle defendia que cientistas devem começar suas teorias a partir de fatos estabelecidos – que são a base mais simples –, e não de dogmas.

O nono princípio insiste que uma boa teoria não deve "contradizer nenhum fenômeno conhecido d'Universo". Note que Boyle não está dizendo que uma nova teoria não possa contradizer uma teoria estabelecida. Ele já permitiu isso ao afirmar que cientistas não devem presumir nada. Aqui ele está se referindo a "fenômenos", que, para ele, são fatos que não devem ser contraditos. Não é imediatamente óbvio que essa regra seja outro aspecto da navalha de Ockham, mas se torna evidente se fizermos a seguinte pergunta: o Universo opera segundo quantos conjuntos de leis? A maioria dos cientistas responderia que apenas um, fundamentado na simplicidade. No entanto, essa convicção é bastante recente. Por exemplo, Aristóteles e a maioria de seus seguidores medievais acreditavam que os corpos celestes se moviam conforme regras diferentes daquelas que governavam os objetos terrestres. Os alquimistas acreditavam que princípios mágicos operados em seus laboratórios não se aplicavam a suas cozinhas.

De modo similar, místicos, astrólogos e homeopatas não negam as leis da física, mas alegam que um conjunto adicional de regras opera quando dizem seus encantamentos ou fazem suas poções ou predições.

O nono princípio de Boyle protege contra a proliferação de teorias alternativas que são autoconsistentes, mas contraditas por acontecimentos em outros lugares do mundo. Boyle está insistindo no menor conjunto de regras para todo o Universo: a navalha de Ockham.

O décimo e último princípio preconiza que "[...] tudo que é bom deve ser o mais simples ou, pelo menos, libertado de tudo que é supérfluo". Essa é a última arma de Boyle contra as "teorias de pavão" do ocultismo em favor das "teorias boas e excelentes" da ciência: a navalha de Ockham. Boyle, como Ockham, argumentava que os cientistas deveriam escolher as teorias mais simples que se encaixassem em seus dados.

O critério de simplicidade de Boyle foi absorvido pela ciência promovida pela Royal Society e incorporado ao método científico moderno. Ele ainda vale nos dias de hoje, embora sua origem raramente seja reconhecida ou até mesmo percebida. Pergunte a qualquer cientista se ele apoiaria uma teoria complexa que explique seus dados quando uma teoria simples faz esse trabalho igualmente bem. Ele pode parar para pensar um pouco e tecer algumas perguntas adicionais, tais como se você está se referindo a todos os dados. No entanto, se você responder "Sim, todos os dados estão disponíveis", ele reconhecerá que sempre opta pela explicação mais simples que se encaixa em todos os dados. É isso que a ciência, mas nenhum outro modo de raciocínio sobre o mundo, faz. A ciência pode ter muitas caixas de ferramentas, mas apenas uma navalha.

Em 1662 Boyle pôs seus princípios em prática para apresentar uma das primeiras leis da ciência moderna. Defendendo que hipóteses boas e excelentes se baseiam em observações sólidas, ele conduziu uma série de experimentos nos quais media o volume de um gás (ar) preso sob uma coluna de mercúrio, como nos experimentos de Torricelli. Assim, descobriu que, quando aumentava a altura da coluna de mercúrio, o volume de gás encolhia. Após centenas de observações, Boyle usou o princípio da indução para discernir uma lei que fosse consistente com o décimo princípio de boas e excelentes hipóteses, que "tudo que é bom deve ser o mais simples ou, pelo menos, libertado de tudo que é supérfluo". Sua lei dos gases afirma que, a uma temperatura constante, o volume de um gás está inversamente relacionado com sua pressão. De forma ainda mais simples, ela pode ser expressa pela equação: $P_1 \times V_1 = P_2 \times V_2$, indicando que o produto entre a pressão (P) e o volume (V) de um gás nos instantes 1 e 2 é constante: se um aumenta, o outro tem que diminuir. O que poderia ser mais simples?

Nos séculos seguintes foram descobertas mais duas leis dos gases. Em 1787, o baloeiro francês Jacques Charles descobriu que, sob pressão constante, o volume de um gás é proporcional à sua temperatura. Combinando sua lei com a de Boyle, Charles raciocinou que poderia tornar um gás menos denso ao aquecê-lo. Em 27 de agosto de 1783, ele lançou um balão de hidrogênio do local onde hoje se encontra a Torre Eiffel, em Paris. O balão sobrevoou a cidade e foi para o campo, perseguido por cavaleiros, até pousar em um prado, apenas para ser atacado por camponeses aterrorizados armados de facas e tridentes. Duas décadas depois, o químico francês Joseph Louis Gay-Lussac elaborou a última das três leis dos gases, demonstrando que, com volume constante, a pressão de um gás é diretamente proporcional à sua temperatura.

Todas as leis dos gases são simples, tediosamente simples. No entanto, juntas, elas explicam trilhões de fatos: desde as balas disparadas da pistola de ar de Boyle, a ação do barômetro, o disparo de um rifle, a tampa levantando quando a água na chaleira ferve, a pressão nos pneus de um carro, a dinâmica dos planetas gigantes de gás até a evolução das estrelas e o destino do nosso Sol. E também descrevem o comportamento do vapor, dando sustentação à Revolução Industrial.

Em 1668, aos 41 anos, Robert Boyle deixou Oxford e foi para Londres, onde passou o resto da vida morando com sua amada irmã, Katherine, em Pall Mall. A duas casas da sua vivia Nell Gwyn, a amante de Carlos II. Katherine contratou Robert Hooke para construir um laboratório nos fundos da sua propriedade, de modo que Robert pudesse continuar seu trabalho experimental. Ela morreu em 23 de dezembro de 1691. Robert a seguiu uma semana mais tarde, depois que "o pesar da morte dela lhe provocou ataques de convulsões que o levaram embora".[22] Sua casa foi demolida em 1850 e agora existe um banco no local. Na porta ao lado há uma placa azul com a inscrição: "Neste local viveu Nell Gwyn de 1671 a 1687." Não há nenhum memorial em Pall Mall dedicado ao vizinho que perseguiu os fantasmas do vácuo para abrir espaço a um mundo mais simples.

Robert Boyle ajudou a estabelecer os princípios da ciência experimental moderna e estendeu o alcance da navalha de Ockham para o interior da matéria. Sua insistência na necessidade de aplicar um filtro de simplicidade ajudou a solidificar a navalha como uma ferramenta científica essencial. Contudo, apesar das simplificações de Copérnico, Kepler, Galileu, Boyle e outros, a compreensão científica do século XVII permaneceu indevidamente complexa. Em particular, seus dois reinos – o céu e a Terra – eram governados por leis diferentes. O próximo desafio seria encontrar um único conjunto de regras para o cosmo.

11
A noção de movimento

Três cientistas entram em um café

Após uma reunião na Gresham College, na margem norte do Tâmisa, na noite de segunda-feira, 24 de janeiro de 1684, Robert Hooke e dois de seus colegas da Royal Society, Edmund Halley e Christopher Wren, entraram em um café local.

Trinta anos se passaram desde que Hooke e Boyle fizeram suas revolucionárias demonstrações sobre o vácuo para os membros do Colégio Invisível, em Oxford. Hooke se tornara curador experimental da Royal Society, realizando muitos experimentos inéditos e demonstrando, inclusive, a pressão capilar. Depois de construir os próprios microscópios, descobriu a incrível diversidade da vida microbiana. Os dois outros cientistas que o acompanhavam eram igualmente eminentes. O matemático, anatomista, astrônomo e geômetra Christopher Wren, de 52 anos, tinha sido, junto com Boyle, um dos membros fundadores da Royal Society. Depois que o Grande Incêndio destruiu boa parte de Londres em 1666, Robert Hooke foi nomeado superintendente e recrutou seu amigo de infância Christopher Wren para reconstruir a cidade, inclusive a magnífica Catedral de São Paulo. Com apenas 28 anos, Edmund Halley era o mais jovem do grupo, mas já havia estabelecido sua reputação como um dos homens mais inteligentes do país. Graduado em Oxford, publicou artigos sobre a Lua e as manchas solares. Em 1676 abandonou as aulas para velejar até a ilha de Santa Helena, no Atlântico Sul, para observar um eclipse solar e outro lunar e catalogar as estrelas no céu meridional. Em um dia predito pelas leis de Kepler, 7 de novembro de 1677, Halley fez uma das primeiras observações de um trânsito de Mercúrio atravessando a face do Sol.

O nome do café que serviu de base para esse encontro histórico infelizmente não foi registrado, mas o Turk's Head, na Exchange Alley, o Joe's e o Vulture são todos possíveis locais, uma vez que ficavam perto da Gresham College e eram os estabelecimentos favoritos de Robert Hooke.[1] Isso aconteceu em uma época anterior aos jornais regulares, então, ao caminharem por um nevoeiro de fumaça de tabaco misturada com aromas de café torrado, chocolate e suor humano, foram recebidos aos gritos de "O que há de novo, senhores?". Hooke, em particular, era bastante popular nos cafés londrinos e até conduziu experimentos em suas instalações, inclusive deixando cair uma bala do teto até o chão do Galloways para demonstrar, segundo alegou, a rotação da Terra. Os recém-chegados enfrentaram fileiras de homens bem-vestidos, com suas perucas – adereço comum desde a Restauração da Monarquia em 1660 –, sentados a mesas de madeira retangulares cobertas de panfletos, folhetos, poemas, alguns castiçais e uma ocasional escarradeira. A multidão devia estar envolvida em altas e acaloradas discussões sobre as últimas notícias do exterior, relatos de julgamentos recentes de Varas da Corte ou fofocas locais, tais como a então recente concessão de um título para o filho bastardo do rei com a vizinha de Robert Boyle, Nell Gwyn.

Todos os presentes abriram espaço para os distintos recém-chegados, que provavelmente traziam histórias da nova e estranha ciência conduzida ou reportada na Royal Society. No entanto, naquela ocasião específica, os eruditos evitaram a multidão e buscaram um canto mais tranquilo, pois tinham negócios a discutir. Já sentados, um menino lhes serviu café quente passado na hora, por 1 *penny* cada, e que podia ser reposto ilimitadamente.

O jovem Halley estava muito empolgado com as observações astronômicas que realizara em Santa Helena. Estava também apaixonado pela astronomia e determinado a ajudar a resolver os extraordinários quebra-cabeças do movimento planetário. O primeiro deles era o formato das órbitas dos planetas. Johannes Kepler, que morrera 54 anos antes, deixou para a posteridade suas três leis planetárias e suas órbitas elípticas. As leis de Kepler funcionavam, mas ninguém as compreendia, nem ele mesmo, no sentido de derivarem de alguma lei mais profunda que explicasse por que os planetas orbitavam o Sol ou seguiam trajetórias elípticas. Além disso, as leis de Kepler se aplicavam apenas ao Universo, onde a mudança era uma exceção.

Na Terra, a mudança era a regra. Para incorporar o reino terrestre, a ciência precisava incorporar as causas da mudança.

Halley refletia também sobre o princípio da inércia, formulado por Galileu, que explicava por que qualquer coisa que já esteja se movendo com velocidade e direção constantes continua a fazê-lo. No entanto, esse princípio só poderia explicar o movimento em linha reta. Desvios, curvas ou órbitas precisavam de elementos adicionais. Kepler havia especulado que os planetas eram desviados de sua tendência natural de se mover em linha reta por alguma "força […] fixa no Sol", mas não tinha elaborado sua ideia. Vinte e cinco anos antes da reunião no café, o astrônomo holandês Christiaan Huygens fornecera uma equação para forças centrípetas que podiam segurar os corpos, pelo menos em princípio, em movimento circular. Vários cientistas, inclusive Halley, tinham notado que, quando combinada com a terceira lei de Kepler, a intensidade da força centrífuga seria inversamente proporcional ao quadrado da distância de um planeta em relação ao Sol. Isso hoje é conhecido como lei do inverso do quadrado. Halley imaginou se a lei do inverso do quadrado aplicada à influência do Sol sobre os planetas geraria as elipses de Kepler.

Robert Hooke afirmou que já tinha a resposta; todavia, quando seus amigos o sondaram em busca de detalhes, ele foi evasivo, insistindo que, primeiro, precisavam tentar resolver o problema eles mesmos, de modo que pudessem vir a apreciar a dificuldade da tarefa e a engenhosidade de sua eventual solução. Para finalizar a questão, Wren ofereceu como prêmio um livro valendo a principesca quantia de 40 xelins para quem conseguisse fornecer uma prova convincente.

O tempo passou e ninguém se apresentou para reclamar o prêmio. Em março de 1684, Edmund Halley recebeu a notícia de que seu pai tinha desaparecido de sua casa em Islington. Cinco semanas depois, o corpo foi encontrado na margem de um rio a leste de Londres: ele claramente havia sido assassinado. Como morreu sem deixar testamento, Halley se embrenhou em meses de disputas judiciais que, em agosto de 1684, o levaram a Alconbury, perto de Cambridge. Aproveitou a oportunidade para visitar a universidade e conhecer um de seus mais brilhantes eruditos, que, pensou Halley, talvez o ajudasse no desafio de Wren.

O criador de leis

Em 4 de janeiro de 1643, um ano antes de o jovem Robert Boyle visitar a Itália na esperança de encontrar Galileu, um bebê prematuro nasceu em Woolsthorpe Manor, no condado de Lincolnshire. Embora doente e tão pequena que cabia em uma caneca de cerveja, a criança sobreviveu.

A vida de Isaac Newton pouco melhorou depois do difícil nascimento. Três meses antes, sua mãe, Hannah Ayscough, tinha ficado viúva. Voltou a se casar três anos mais tarde, deixando Isaac aos cuidados da avó materna. O garoto nunca se reconciliou com a mãe e o padrasto, e cresceu solitário, com fama de ser vingativo e cheio de segredos. Educado primeiro na King's School, em Grantham, onde teve aulas com o platonista Henry More, Isaac foi admitido na Trinity College, em Cambridge, em 1661, aos 18 anos. Ali fez amizade com o professor de matemática lucasiano Isaac Barrow (1630-1677), que reconheceu o gênio matemático do jovem. Barrow, um humanista neoplatonista como More, também incentivou o interesse do rapaz pelo hermetismo e pela alquimia. Em 1667 Newton foi eleito membro integrante da College e sucedeu Barrow quando este renunciou à sua cátedra em 1670. Em sua nova posição profissional, pelo menos uma vez por semana Newton era solicitado a dar aulas de geometria, aritmética, astronomia, geografia, óptica, estática ou outro assunto matemático. Ele escolheu lecionar óptica, mas suas aulas aparentemente eram tão monótonas que, muitas vezes, acabava falando para cadeiras vazias.

Depois que Halley e Newton conversaram por algumas horas, Halley perguntou a Newton que tipo de curva ele achava que poderia ser descrita pelos planetas mantidos em suas órbitas por uma força solar cuja intensidade diminuía com a lei do inverso do quadrado. Sem hesitação, Newton respondeu que seria uma elipse. Halley ficou estupefato. Pediu a Newton que fornecesse uma prova, mas, depois de remexer um pouco suas gavetas, o acadêmico de Cambridge alegou que não estava conseguindo encontrar suas anotações, mas prometeu despachá-las por correio. Halley retornou a Londres desconfiado de que a prova de Newton não se revelaria mais tangível que a de Hooke. A ideia de que a lei do inverso do quadrado poderia gerar uma elipse provavelmente foi plantada na cabeça de Newton por uma carta que ele havia recebido de Robert Hooke em dezembro de 1679.[2]

No entanto, em novembro de 1684, um mensageiro entregou a Hooke um tratado de nove páginas intitulado *Sobre o movimento dos corpos em órbita*.

Ao lê-lo, Halley ficou surpreso ao descobrir que o tratado de Newton oferecia elementos de uma ciência inteiramente nova de dinâmica, que não só descrevia o movimento, mas incorporava matematicamente causas definidas. Halley então retornou a Cambridge e persuadiu Newton a escrever um livro que, ele assegurou, seria publicado pela Royal Society. Infelizmente, quando Newton terminou a obra, *Philosophae naturalis principia mathematica*, hoje conhecida universalmente como *Principia*, a Royal Society tinha esgotado seu orçamento para impressão em um volume sobre peixes que não teve boa recepção. Assim, em 1687 o próprio Halley bancou o custo financeiro da publicação do livro que, indiscutivelmente, é o mais importante em toda a história da ciência.

No cerne do *Principia* há três leis do movimento matematicamente definidas que, juntas, constituem o alicerce da ciência da mecânica clássica. Seu primeiro passo revolucionário foi matematizar as causas de mudança do movimento sob um termo abrangente, a *força*. A primeira lei de Newton afirma que corpos estacionários ou em movimento uniforme continuarão nesse estado a menos que uma força atue sobre eles. Força, nas leis de Newton, é a causa da mudança de movimento. E, o mais importante, funciona bem para objetos tanto na Terra quanto no Universo.

Mas o que é força? A inovação de Jean Buridan foi definir ímpeto matematicamente como o produto entre massa e velocidade. Em sua segunda lei, Newton, de forma similar, define força, mas substitui a velocidade de Buridan por aceleração: o grau de mudança do movimento. Força passou a ser igual ao produto entre massa e aceleração. Dessa maneira, objetos não necessitam de força para continuarem se movendo na mesma velocidade (ou ficarem parados), o que é consistente com a lei da inércia de Galileu. A força só é requerida para mudança de movimento, tal como a flecha deixando o arco.

É importante notar que Newton não tentou descrever o que é uma força, apenas o efeito que a força causa. Quando o movimento do objeto se altera – acelera, freia ou muda de direção –, é porque, conforme a segunda lei, uma força atuou sobre ele. A afirmação nada revela sobre a natureza dessa força. Se, porém, por algum meio, você conhece a intensidade dessa força, então a segunda lei permite que você reorganize a equação de Newton para calcular em quanto ela vai acelerar o objeto. Sua aceleração será igual à força aplicada dividida pela massa do objeto.

A terceira lei do movimento afirma que para toda ação existe uma reação igual e contrária. Quando a corda no arco do arqueiro imprime uma força sobre a flecha que a faz acelerar e se afastar da corda, então a seta imprime uma força igual e contrária sobre o arco e o arqueiro: é o coice que ele sente.

As três leis do movimento de Newton forneciam, por fim, uma causa matematicamente definida do movimento terrestre, a força, mas o *Principia* fora estimulado pela pergunta de Halley sobre as elipses planetárias. Para respondê-la, Newton aplicou sua mecânica ao Universo. Como os planetas mudam de direção – uma forma de aceleração – ao orbitar o Sol, Newton raciocinou que deviam sofrer a atuação de uma força que, como Kepler adivinhara, emanaria do Sol. Newton descobriu que, se essa força fosse proporcional ao produto entre a massa do planeta e a massa do Sol e fosse, como na força centrípeta de Huygens, inversamente proporcional ao quadrado da distância do planeta ao Sol, então seus dados se encaixavam nas órbitas de Kepler.* Segundo a lei universal da gravidade, a força gravitacional entre dois objetos é igual ao produto entre uma constante G, conhecida como constante gravitacional, e o produto de suas massas** dividido pelo quadrado da distância entre eles.

Se Newton tivesse parado aí, teria sido um gigante da ciência ao lado de Copérnico, Kepler e Galileu. Mas ele deu mais um passo revolucionário que lhe valeu o louvor de maior físico, possivelmente o maior cientista, de todos os tempos. Newton notou que, quando objetos terrestres, como maçãs, caem, conforme Galileu demonstrou, eles aceleram. Ligando esse fato à sua primeira lei, Newton concluiu que objetos terrestres em queda devem sofrer a ação de uma força que atua entre a Terra e o objeto. De modo ainda mais notável, Newton descobriu que poderia obter a trajetória precisa da

---

* Bem, não exatamente. No *Principia*, Newton prova que um planeta se movendo em órbita elíptica deve estar sob influência de uma força centrífuga com magnitude inversamente proporcional ao quadrado da sua distância do Sol, o que é, na realidade, o inverso da pergunta de Halley.

** A massa de um objeto é definida como a resistência de um corpo à aceleração, que independe da gravidade e, portanto, do peso. É aproximadamente equivalente à quantidade de matéria no objeto.

queda se assumisse que essa força era igual à mesma constante gravitacional G que tinha aplicado no Universo multiplicada pelo produto entre as duas massas dividido pela distância entre elas. Sua revolucionária conclusão foi que a gravidade, a força que curva as órbitas planetárias, também age na Terra para fazer com que maçãs caiam das árvores.

Finalmente, Newton unificou os movimentos na Terra e no Universo em um único conjunto de leis. Jogue uma maçã para o alto e sua trajetória, conforme descrito por Galileu e pelas leis de Newton, traçará uma parábola. No entanto, a parábola, como a elipse, é uma seção cônica (Figura 14, p. 144). Jogue uma maçã com a força de um foguete e a fruta será lançada em uma órbita elíptica ao redor da Terra, assim como a Lua. E ela se tornará um corpo celeste. A Terra e o Universo são apenas duas regiões diferentes do cosmo governadas pelo mesmo conjunto das leis de Newton.

Como fez Boyle algumas décadas antes, Newton, em seu *Principia*, forneceu os princípios que haviam guiado sua ciência revolucionária. Na Regra I de suas "Regras de raciocínio em filosofia",[3] ele insiste que "não devemos admitir mais causas de coisas naturais do que aquelas que são, ao mesmo tempo, verdadeiras e suficientes para explicar suas aparências" – o princípio da navalha de Ockham. Em outro trecho, ele sustenta que "a natureza tem prazer na simplicidade e não afeta a pompa de causas supérfluas". A navalha vinha abrindo caminho desde o século XIII, mediante a *via moderna*, passando por Leonardo, Copérnico, Kepler, Galileu, Boyle e agora Newton para se tornar um esteio central da ciência moderna.

Houve, porém, um custo para a simplicidade das leis de Newton. Ele precisou introduzir três novas entidades. Primeiro, havia forças como a gravidade que, embora definidas matematicamente, não eram de fato entendidas, não mais do que Buridan havia compreendido o ímpeto. Newton considerava força um tipo de empurrão ou puxão, com o empurrador e o empurrado em contato para transmiti-la, mais ou menos como a concepção de movimento de Aristóteles. Ainda assim, esse movimento era grosseiramente violado pela gravidade, que chega do Sol atravessando milhões de quilômetros de espaço vazio para fazer os planetas orbitarem. Como? Newton não tinha ideia.

O que são leis?

Isso nos leva de volta ao ímpeto de Buridan. Anteriormente indaguei se as coisas teriam sido diferentes se Buridan houvesse substituído seu "ímpeto" por um anjo. Poderíamos fazer a mesma pergunta acerca da gravidade ou da força de Newton. Poderia um anjo, em vez da gravidade ou da força, estar empurrando os planetas ou projéteis? Alguma coisa teria mudado? Em certo sentido, não – embora o tal anjo tivesse que possuir uma cópia do *Principia* para garantir a manutenção da trajetória prescrita por suas leis. Se um anjo precisasse de um livro de regras, então por que não jogar fora o anjo e manter apenas o livro? O anjo, seja no caso das leis de Buridan, seja no caso das leis de Newton, é uma entidade além da necessidade, por isso deve ser desconsiderado.

No entanto, se dispensarmos o anjo, resta a pergunta: onde o Universo guarda seu livro de regras? Newton acreditava que suas leis estavam escritas na caligrafia de Deus, então, de modo bastante semelhante às Formas cristianizadas ou universais de objetos, seu livro de regras estava guardado no Céu. No entanto, quase quatro séculos antes, Guilherme de Ockham insistiu que "não existe ordem do Universo que seja real ou efetivamente distinta das partes existentes do Universo".[4] Força e gravidade geralmente são consideradas "distintas das partes existentes do Universo", como entidades invisíveis que puxam ou empurram objetos. Em vez disso, Ockham insistia que tais termos que descrevem a relação entre objetos físicos, e não o objeto em si, são o que ele chamou de *ficta*, o que hoje chamaríamos de "ficções" ou "ideias". Para ao menos uma das forças de Newton, ele estava certo.

Nas leis de Newton, a força gravitacional que atrai dois objetos é obtida ao multiplicar as massas e dividir pela distância entre eles elevada ao quadrado. Então massas maiores serão puxadas por forças gravitacionais maiores. Mas não é meio estranho? Galileu demonstrou que, a despeito de Aristóteles, os objetos caem na mesma taxa de queda independentemente de sua massa.

Esse mistério é resolvido na mecânica newtoniana pela ação da segunda lei, para calcular a aceleração de um objeto em razão da atração gravitacional de outro, dividindo a força aplicada pelas duas massas. Então você primeiro multiplica pela massa para obter a força e depois divide pela mesma massa para calcular a aceleração devida a essa força. Com a massa sendo tanto um multiplicador quanto um divisor, ela acaba se cancelando. Então a massa sai do cálculo completo da aceleração gravitacional, o que é consistente com a observação de Galileu de que objetos caem na mesma velocidade, independentemente de suas massas.

Isso funciona, mas não parece um pouco suspeito? Ockham provavelmente teria algo a dizer a esse respeito: em primeiro lugar, por que colocar a massa na equação da gravidade? Ainda assim, se deixarmos a massa de fora, a gravidade não estará se comportando como uma força newtoniana. O que então é a gravidade? Três séculos mais tarde, outro grande físico, Albert Einstein, iria ponderar sobre essa mesma questão e apresentar um entendimento muito diferente.

Havia, porém, mais duas entidades no cosmo de Newton que não se cancelam mutuamente: o espaço absoluto e o tempo absoluto. Ambas são necessárias quando fazemos a seguinte pergunta: o que significaria o conceito de aceleração em um Universo sem referencial para medir espaço ou tempo? Poderíamos imaginar, por exemplo, o navio de Galileu sendo atingido por uma súbita rajada que o faz balançar, de modo que as panelas e os jarros no piso sob o convés sejam jogados de um lado para outro. A força de cada objeto pode ser calculada medindo sua massa e a aceleração relativa às paredes da cabine, ou de um em relação a outro. No entanto, tire todos os objetos ao redor, inclusive o navio, o mar e até mesmo o planeta, o Sol, a Lua e as estrelas, e imagine um único jarro acelerado em um espaço vazio. Como saberíamos que ele foi acelerado – e, portanto, sujeito a uma força – sem pontos de referência? De acordo com o argumento de Guilherme de Ockham, uma quantidade não pode ser uma coisa existente (universal) porque um par de cadeiras em uma sala pode se tornar quatro cadeiras se derrubarmos a parede que a separa de outra sala onde estão outras duas cadeiras. A força, como uma coisa existente, parece evaporar de maneira semelhante quando as paredes do navio imaginário de Galileu desaparecem.

O que então é a força? Quatrocentos anos antes, Guilherme de Ockham escreveu que

> A ciência da natureza não trata nem de coisas que nascem e morrem, nem de substâncias naturais, nem de coisas que vemos se movendo à nossa volta. [...] Falando corretamente, a ciência da natureza trata

de intenções da mente que são comuns a essas coisas e que valem precisamente para tais coisas em muitas afirmações.[5]

Essa era uma afirmação extraordinária para o século XIV, mas aqui Ockham insiste que a ciência é construída sobre modelos. Assim, conceitos como ímpeto, no seu tempo, ou força, na época de Newton, são constructos mentais (intenções da mente) que incluímos nos nossos modelos para fazer predições (afirmações) sobre o mundo (valem precisamente para tais coisas em muitas afirmações). Isso não significa negar que essas palavras se referem a entidades que estão lá fora no mundo, mas Ockham reforça que a ciência não trata dessas entidades, e sim das afirmações que os nossos modelos nos permitem fazer sobre elas. O máximo que podemos esperar é que essas afirmações sejam consistentes com outras inspiradas em modelos (ou seja, outras afirmações). Se as afirmações forem consistentes, então teremos um modelo consistente do mundo: a ciência. Isso não significa que o nosso modelo esteja certo, apenas que não provamos que ele está errado. Nosso modelo científico permanece não no mundo, como insistia Aristóteles, ou em algum reino místico, como propunha Platão, mas, de acordo com Ockham, na nossa cabeça. A realidade última daquilo que está *realmente* aí no mundo sempre estará além do nosso alcance, incognoscível como o Deus onipotente de Ockham.

Retornemos à natureza dos modelos, uma vez que são fundamentais para o papel que a navalha de Ockham desempenha na ciência. Por enquanto, seguiremos adiante para comentar que a lei gravitacional de Newton é descrita como "universal" no sentido de que se aplica a todos os objetos no Universo. O termo não é usado para suas leis mecânicas, porque, como veremos, sua utilidade se evapora em escalas muito pequenas de matéria. No entanto, há um nível intermediário entre planetas, maçãs e as menores partículas em que as leis de Newton, acompanhadas da navalha de Ockham, provaram ser extraordinariamente úteis e a base para grande parte da tecnologia que transformou o mundo.

12
Fazendo o movimento funcionar

O conde e o canhão

Em 25 de janeiro de 1798, cerca de 70 anos após a morte de Newton, um artigo do conde de Rumford intitulado "An Experimental Inquiry Concerning the Source of the Heat which is Excited by Friction" (Uma investigação experimental concernente à fonte do calor que é produzido pelo atrito) foi lido na Royal Society. Ele descrevia um experimento no qual um canhão era perfurado de modo a formar o cilindro para pólvora e bala.

Fazer um furo em metal sólido é, obviamente, uma tarefa que requer uma quantidade considerável de força newtoniana. Rumford providenciou isso com dois cavalos de tração. Os animais foram levados a um terreno e atrelados a uma roda, de modo que, ao percorrerem um trajeto circular, o esforço exercido girava a roda a uma velocidade de 32 rotações por minuto. A roda foi presa por uma tira ao cano de um canhão cuja extremidade serrada era forçada a girar contra uma broca rígida de aço submersa em um tanque de água. O conde, provavelmente trajando calças militares, cinturão, lenço no pescoço, casaco até os joelhos e um chapéu militar em forma de tricórnio, observava enquanto, para espanto dos espectadores presentes, mas não dele próprio, o canhão perfurado gerava tanto calor que, em duas horas, a água estava fervendo. Rumford relata que "seria difícil descrever a surpresa e a perplexidade expressas nas fisionomias dos espectadores ao verem uma quantidade tão grande de água fria ser aquecida e chegar, de fato, a ferver sem qualquer fogo". O conde havia demonstrado que o calor está relacionado ao movimento.

O que é calor?

O conde de Rumford nasceu Benjamin Thompson, em 1753, em uma modesta família de agricultores no Novo Mundo, em Woburn, uma cidadezinha ao norte de Boston, Massachusetts. Apenas 120 anos haviam se passado desde que o *Mayflower* velejara para a Nova Inglaterra, mas assentamentos como Boston já tinham se desenvolvido como centros econômicos. Após um aprendizado malsucedido como comerciante de produtos secos e depois como médico, ele conseguiu um posto como professor primário. Aos 19 anos, Thompson deu um salto gigantesco na escada social, casando-se com uma das mulheres mais ricas da colônia, uma viúva de 32 anos chamada Sarah Rolfe. Ela herdara terras e propriedades em uma cidade conhecida como Rumford, em New Hampshire. Seu casamento lhe proporcionou uma vida como fazendeiro e senhor de terras, e ele logo foi nomeado major da milícia de New Hampshire. Quando estourou a Guerra de Independência, em 1775, Thompson abandonou a esposa e a filha pequena para ser espião para os britânicos. Com a queda de Boston, embarcou para Londres, onde conseguiu se estabelecer como consultor responsável por recrutar e equipar o exército britânico que combatia na guerra.

Enquanto trabalhava para a Coroa, Thompson se interessou por engenharia militar, projetando experimentos que lhe valeram a eleição como membro da Royal Society em 1779. Porém seu trabalho foi interrompido quando foi acusado de espionagem a favor dos franceses, o que o obrigou a fugir para o continente. Ali obteve um posto em Munique como conselheiro do Eleitor da Baviera e inventou a cozinha de campanha, os recipientes portáteis para ferver água e a panela de pressão. O Eleitor ficou tão encantado que fez de Rumford um conde do Sacro Império Romano.

Foi no emprego como superintendente do Arsenal de Munique que Thompson realizou seu experimento mais famoso. Ele descreve como "estando envolvido, nos últimos tempos, em supervisionar a perfuração de canhões, [...] fui surpreendido pelo muito considerável grau de calor que uma arma de bronze adquire, em pouco tempo, ao ser perfurada". Que a perfuração gera calor era, é claro, um fato já conhecido desde que os primeiros gravetos de madeira foram friccionados para fazer fogo, mas ninguém havia notado qualquer coisa estranha ou especial no processo. Assim como a apócrifa queda da famosa maçã de Newton, às vezes a observação de um fenômeno comum por uma mente brilhante pode revelar enigmas profundos. Nesse caso, o enigma era a natureza do calor.

O calor era uma questão bastante debatida no século XVIII. Os antigos o associaram exclusivamente ao fogo, que os gregos consideravam ser um dos quatro elementos fundamentais, em conjunto com terra, ar e água. No entanto, à medida que a Revolução Industrial ia se instalando no século XVIII, a natureza do calor e sua utilização para alimentar as máquinas a vapor tornou-se de suma importância. Um século antes, os químicos/alquimistas Georg Ernst Stahl (1659-1734) e Johann Joachim Becher (1635-1682) forneceram a primeira pista quando demonstraram que uma tora de madeira perde massa quando queimada até virar cinzas. Eles nomearam a substância que deixa o material combustível como *phlogiston* (flogístico; do grego *phlox*, chama) e alegaram que ela era a verdadeira agente do calor e da combustão. Também propuseram que, para aquecer o corpo, a respiração envolve um tipo de combustão que libera flogístico, que, então, é reabsorvido por plantas e armazenado na madeira para ser liberado mais uma vez em lenha combustível, completando uma espécie de ciclo ecológico.

Essa é, até aqui, uma teoria sólida que se encaixa em muitos dados. No entanto, os entusiastas do flogístico ignoraram completamente o conselho de Robert Boyle para limitar suas hipóteses apenas às mais simples "teorias boas e excelentes" necessárias para explicar seus achados. O químico alemão J. H. Pott (1692-1777) insistia que o flogístico era "o principal princípio ativo na natureza dos corpos inanimados", "a base das cores" e "o principal agente na fermentação".

Como todas as ideias definidas de maneira vaga, a teoria do flogístico também era capaz de absorver fatos novos. Em 1774 o cientista inglês Joseph Priestley (1733-1804) fracionou o ar para obter um gás que era "cinco ou seis vezes melhor que o ar comum" e promover a combustão. Priestley raciocinou que seu novo gás deveria ser ar do qual todo o flogístico havia sido removido, deixando uma espécie de tanque de flogístico liberado da madeira ou de outros materiais combustíveis. Ele chamou esse novo gás de "ar deflogisticado", mas hoje o conhecemos como o elemento oxigênio. Ele se combina com o carbono em materiais combustíveis para formar o dióxido de carbono: praticamente o contrário da explicação do flogístico de Priestley, mas demonstrando claramente como é fácil encaixar qualquer quantidade de dados ou observações em um modelo totalmente errado do mundo, contanto que se tenha engenhosidade e imaginação suficientes.

Muitos químicos notaram um problema maior na teoria do flogístico. Quando alguns metais, como magnésio, queimam, eles ganham massa em vez de perder. À primeira vista, isso poderia ser visto como uma refutação do modelo do flogístico, uma vez que a perda de substância de um metal, tal como no imaginário flogístico, não pode lhe acrescentar massa. No entanto, os defensores da teoria não iriam desistir tão facilmente. Eles propuseram que algumas formas de flogístico possuem *peso negativo*. À medida que se demonstrava que mais e mais metais ganhavam massa na combustão, mesmo quando queimados no "ar deflogisticado" de Priestley, os proponentes da teoria foram forçados a recuar para um espaço ainda mais abstrato, argumentando que o flogístico era algum tipo de substância imaterial, vagamente análoga a uma das Formas de Platão ou a um dos universais de Aristóteles, uma espécie de essência da combustão. Os defensores da teoria, de forma bastante parecida com os escolásticos medievais ou os místicos herméticos, estavam contentes em inventar tantas entidades quantas fossem necessárias para encaixar sua teoria nos dados conhecidos.

A teoria do flogístico foi finalmente derrotada em 5 de setembro de 1775, quando o químico francês Antoine Lavoisier (1743-1794) apresentou para a Academia Francesa de Ciências suas investigações sobre o "ar deflogisticado". Lavoisier repetiu os experimentos de Priestley com metais queimando. Pesando cuidadosamente o ar, ou oxigênio, antes e depois da combustão do metal, ele demonstrou que seu peso diminuía em quantidade igual ao aumento de peso do metal em combustão. Em vez de liberar alguma substância, o metal se combinava com um componente do ar: o oxigênio.

Lavoisier foi adiante, argumentando que

> os químicos fizeram do flogístico um princípio vago [...] que, consequentemente, se encaixa em todas as explicações dele requeridas; às vezes o princípio tem peso, às vezes não tem; às vezes ele é fogo livre, às vezes fogo combinado com terra. [...] É um verdadeiro Proteu que muda de forma a cada instante.[1]

Note que o químico francês não alegou ter refutado a teoria do flogístico. Ele argumentou que, como as "teorias de pavão" de Robert Boyle, esta se tornara tão complexa que era incapaz de ser refutada. Em contrapartida, sua teoria do oxigênio era simples e, ainda assim, explicava todos os fatos. Lavoisier escreveu que "não há mais necessidade, ao explicar o fenômeno da combustão, de supor que exista uma quantidade imensa de fogo fixo [flogístico] em todos os corpos que podem ser combustíveis". E prosseguiu argumentando que, "de acordo com os princípios da boa lógica [...], ele [o flogístico] não existe".[2] Àquela altura, era desnecessário citar a navalha de Ockham, já universalmente aceita como "boa lógica" em ciência; mas, para evitar dúvidas, Lavoisier insistiu que "não devemos multiplicar entidades além da necessidade".

A dispensa do flogístico por Lavoisier demonstra como a navalha de Ockham estava, no século XVIII, tão entranhada na ciência que se tornou quase invisível. Ainda assim, embora tivesse eliminado uma entidade, o flogístico, Lavoisier seguiu adiante e inventou outra. O problema era que os entusiastas do flogístico alegaram que este era a fonte da combustão e do calor. Substituir o flogístico por oxigênio na combustão ainda deixava o químico francês com o problema do calor. Afinal, o que era o calor? Em seu artigo "Réflexions sur le phlogistique" (Reflexões sobre o flogístico), publicado em 1783, Lavoisier propôs que o calor era algum tipo de "fluido sutil" que emanava dos corpos quentes para os frios, que ele chamou de *calórico*.

O que nos leva de volta ao conde de Rumford. O conde foi "surpreendido pelo muito considerável grau de calor que uma arma de bronze adquire", mas o problema era que, segundo a teoria do calórico, o calor flui de corpos quentes para corpos frios; ainda assim, a ponta da broca, o canhão e a água em volta começam o experimento na mesma temperatura. De onde então vinha o calórico? Outro enigma era que, no decorrer do experimento, a fonte de calor parecia ser inesgotável, contradizendo a teoria do calórico de uma substância finita e conservada ou o fluido sutil que fluía de corpos quentes para corpos frios.

A pista era que o processo todo começa com os cavalos. O conde concluiu que o movimento deles imprime movimento à ponta da broca, que imprime movimento ao canhão, que imprime movimento às partículas microscópicas de água para aquecê-las. E insistiu que "são esses movimentos [...] que constituem o calor ou a temperatura de corpos sensíveis".[3] Rumford tinha inventado a teoria cinética do calor, que afirma que o calor é uma medida do movimento das partículas de matéria. Como o flogístico, o calórico tornou-se uma entidade além da necessidade, e o próprio calor foi entendido como uma medida de movimento.

Reflexões sobre a força motriz do fogo

Assim como a descoberta da massa adquirida com a combustão de metais não extinguiu imediatamente a teoria do flogístico, a demonstração de Rumford da natureza inesgotável do calórico não levou à imediata eliminação da teoria calórica. Alguns cientistas citavam imprecisões nas medições de Rumford; outros apontavam que o conde não havia efetivamente demonstrado que o calórico era inesgotável. Quando a perfuração do canhão estivesse completa ou a ponta da broca destruída, o calórico teria se esgotado.

Outro problema era que o atomismo, que é a base da teoria dinâmica do calor, ainda sofria resistência de muitos cientistas que continuavam a acreditar na teoria do *plenum*, de Aristóteles, que sugeria que a matéria é infinitamente divisível. Em seu livro extremamente influente *Reflexões sobre a força motriz do fogo*, publicado em 1824, 26 anos após Rumford publicar seu artigo sobre a perfuração do canhão, o engenheiro francês Sadi Carnot (1796-1832) forneceu o arcabouço matemático fundamental para a compreensão do funcionamento das máquinas de calor, transferindo calor, como o calórico, de um recipiente quente para um frio, e fundou a termodinâmica. Assim como a teoria geocêntrica de Ptolomeu ou a teoria do flogístico, teorias erradas podem, nas mãos de cientistas espertos, acertar uma porção de coisas.

A teoria de Rumford de que o calor era uma forma de movimento foi um grande insight, mas se manteve nebulosa até cerca de 50 anos depois de Rumford ter perfurado seu canhão. Em junho de 1845, o físico inglês James Prescott Joule (1818-1889) realizou experimentos mais precisos na mesma linha dos feitos por Rumford e demonstrou que o calor é proporcional ao conceito newtoniano de *energia cinética*,* que é a energia que objetos pos-

---

* A energia cinética é igual à metade da massa multiplicada pelo quadrado da velocidade de um objeto em movimento.

suem em razão de seu movimento. Aproximadamente 25 anos mais tarde, por volta de 1870, tanto o físico escocês James Clerk Maxwell (1831-1879) quanto Ludwig Boltzmann (1844-1906) fundiram independentemente a teoria cinética do calor e a termodinâmica de Carnot com a teoria atômica da matéria para fundar a mecânica estatística, ou termodinâmica moderna. Eles argumentaram que a temperatura é a energia cinética média de átomos se movendo, equivalentes aos "corpúsculos" de Robert Boyle "girando em tal turbilhão que cada corpúsculo se empenha em repelir os demais". À medida que um objeto se aquece, seus átomos se movem mais depressa e têm maior energia cinética, portanto a temperatura é mais alta. Quando ele esfria, os átomos se movem mais devagar e têm menor energia cinética, portanto a temperatura é mais baixa. Temperatura e movimento tornaram-se dois lados da mesma moeda e outro par de fenômenos outrora independentes – calor e movimento – foi reduzido a um só. O calórico tornou-se outra entidade além da necessidade e, por meio da termodinâmica, as leis de Newton desceram do Universo, atravessaram o mundo terrestre das maçãs e balas de canhão e penetraram no reino microscópico dos átomos em movimento.

A aplicação da simplicidade

Dê outra olhada na câmara de vácuo de Boyle/Hooke (Figura 19, p. 174), na qual, diante de espectadores boquiabertos, "com não pouco assombro", um espaço aparentemente vazio ergueu um peso de quase 50 quilos. Isso é familiar? Talvez o cilindro do motor de combustão interna que alimenta o carro, se não for um modelo elétrico?

Impressionados pelo potencial do vácuo de Boyle para erguer pesos, cientistas, inventores e engenheiros se propuseram a domar sua força motriz. Em 1679 o huguenote francês Denis Papin (1647-1713) surgiu com a ideia de condensar vapor dentro de uma câmara para formar um vácuo que puxasse um pistão. Ele acabara de inventar o motor de um tempo. Em 1698 o engenheiro militar inglês Thomas Savery (1650-1715) patenteou uma bomba d'água acionada pela condensação de vapor dentro de um cilindro. Uma década depois, o ferrageiro e pregador batista leigo Thomas Newcomen (1664-1729) projetou uma bomba semelhante, "a Amiga do

Mineiro" (Figura 21, p. 201), para remover água de minas inundadas – um grande problema na emergente indústria do carvão.

A bomba de Newcomen era uma máquina atmosférica que, assim como no experimento de Boyle, se baseava no peso do ar atmosférico para fazer funcionar os pistões. Em 1764 o inventor, engenheiro mecânico e químico escocês James Watt (1736-1819) separou o cilindro gerador de potência do cilindro de condensação, o que tornou o motor muito mais eficiente em termos de energia. Ele também teve a revolucionária ideia de lacrar os cilindros nas duas extremidades e usar a expansão do vapor provocada pelo calor para empurrar o pistão para fora e a condensação do vapor originado pelo resfriamento para puxá-lo de volta para dentro. Watt inventara a máquina a vapor.

As primeiras máquinas a vapor só eram úteis como bombas, porém Watt substituiu a viga oscilante de Newcomen por um volante movido, a partir da barra do motor, por um conjunto de engrenagens: um motor rotativo. Esse sistema logo foi adotado por proprietários de moinhos da Grã-Bretanha industrial, como o fabricante de algodão têxtil Richard Arkwright. Assim, a indústria do algodão passou a ser movida por máquinas a vapor em vez de água. Richard Trevithick (1771-1833), engenheiro de mineração da Cornualha, teve a grande ideia de prender uma máquina a vapor portátil a uma carroça, construindo um veículo a motor autônomo, o *puffing devil* (diabo bufante). Na véspera de Natal de 1801, o diabo bufante transportou seis passageiros pela Fore Street, em Camborne, e depois prosseguiu até a aldeia vizinha de Beacon. A Revolução Industrial estava em movimento.

A máquina de Trevithick foi posteriormente aperfeiçoada por outros engenheiros, como George (1781-1848) e Robert Stephenson (1803-1859), para se tornar a usina de energia da Revolução Industrial e a fonte do maior aumento de produtividade industrial que o mundo já tinha visto. Somente no Reino Unido, a produção de carvão cresceu de aproximadamente 20 milhões de toneladas anuais em 1820 para cerca de 300 milhões um século mais tarde. Da mesma maneira, após séculos de estabilidade, a produção agrícola explodiu à medida que ficava cada vez mais mecanizada. Na Revolução Industrial, progresso e produtividade tornaram-se exponenciais.*

---

* Assim como os juros compostos, o aumento retroalimenta o sistema de modo a fazer crescer a taxa de aumento.

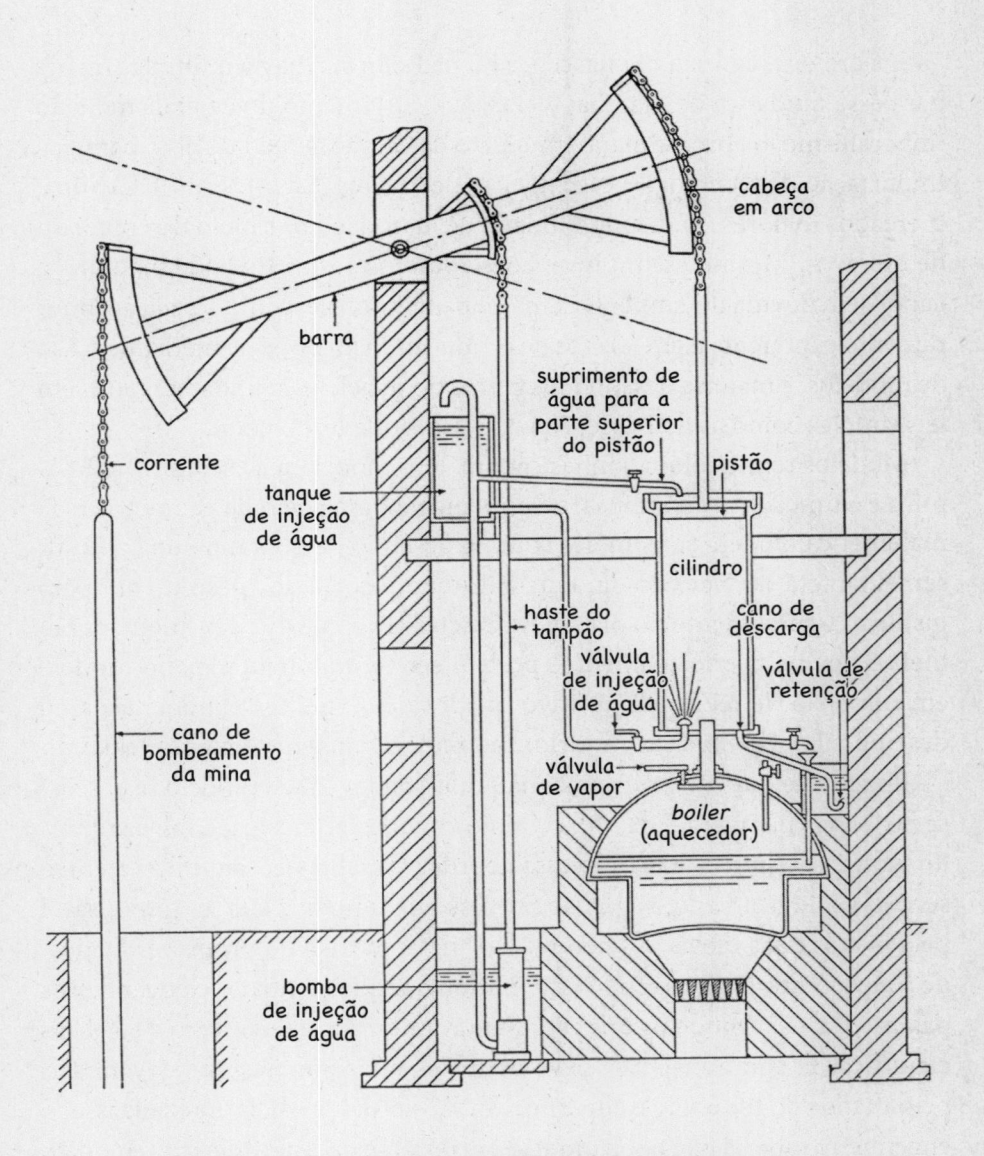

FIGURA 21: Motor a vapor atmosférico de Newcomen.

É claro que, como na Renascença ou na Reforma, havia múltiplas razões para essa mudança de marcha, inclusive o surgimento do capitalismo e do imperialismo, o abastecimento imediato de carvão, a mão de obra barata, a importação de tecnologias estrangeiras de lugares distantes como a China, mercados maiores e a disponibilidade de lucro fácil por meio do comércio de escravos. Mesmo assim, invenções como os vários tipos de máquina a vapor sem dúvida desempenharam um papel enorme; contudo, seu aprimoramento exponencial em termos de produção só foi possível mediante o uso de modelos, a maioria desenhados à tinta no papel, mas fundamentados em leis simples como as de Boyle, Newton, Carnot e Boltzmann.

Modelos representam conhecimento. Eles modelam a estrutura, a dinâmica e a função das máquinas, geralmente na linguagem da geometria e da matemática. Podem ser simples como o desenho de uma máquina a vapor semelhante à de Newcomen, em 1712, que recorre ao "peso do ar" para justificar o movimento do pistão. A característica que torna os modelos tão úteis é que os aperfeiçoamentos podem ser retroalimentados no modelo em um ciclo de feedback positivo que leva a aumentos exponenciais no desempenho. No entanto, modelos são inúteis sem a navalha de Ockham.

Imagine tentar construir uma máquina a vapor se seu modelo se baseasse no "espírito sapiente" de More. Como você a aperfeiçoaria? Talvez rezando para esse espírito? Quando essa abordagem falhasse, seu único recurso seria o geologicamente vagaroso processo de tentativa e erro, responsável pela maioria das inovações no nosso planeta, inclusive a própria vida, desde a aurora dos tempos. Tudo isso mudou quando cientistas e engenheiros passaram a usar modelos que representavam seu conhecimento e suas leis científicas e, como insistia Boyle, eram "os mais Simples que devem ser: pelo menos de tudo que é supérfluo, livre". Se sua predição se realizasse, o engenheiro saberia que o seu modelo era bom; se não, modificaria o modelo até que suas predições se concretizassem e ele obtivesse a melhoria desejada. O modelo melhorado seria um ponto de partida para avanços futuros. Com esse ciclo de feedback positivo, o desenvolvimento tecnológico passava de uma taxa linear de aprimoramento conseguida por tentativa e erro para os avanços exponenciais que caracterizam a era moderna.

Antes de continuar, devemos dar mais uma olhada nos famosos experimentos do conde de Rumford. As forças mecanicistas newtonianas explicavam a transferência de movimento e calor do trabalho dos cavalos por meio dos seus arreios até a broca, o canhão e a água. No entanto, havia um ingrediente vital deixado de fora da cadeia newtoniana de causas e efeitos: o cavalo. Como é que seu trabalho punha todo o processo em movimento? Como seus membros começavam a se mover? A ciência newtoniana também valeria para cavalos e outros animais, plantas e micróbios? Embora Descartes tivesse proposto que os animais eram meras máquinas, a maioria dos biólogos do século XVIII continuava cética e argumentava que as forças newtonianas eram insuficientes para explicar os movimentos autopropulsionados da vida. Em vez disso, propunham que a vida é animada por *forças vitais* que não obedeciam às leis de Newton. Para descobrir o porquê, vamos pescar com cavalos.

PARTE III

Navalhas da vida

13
A faísca vital

O estudo da alma é de extrema importância. No entanto, sua investigação parece ser especialmente importante para a verdade como um todo e para o estudo da natureza em particular. Pois almas são o princípio da vida animal.

ARISTÓTELES, *De anima*

O papel da ciência é "substituir a complexidade visível por uma simplicidade invisível".

JEAN BAPTISTE PERRIN

A luz do dia irrompe sobre as planícies Llanos, no centro da Venezuela, à medida que um grupo de indígenas sul-americanos e dois brancos europeus partem no lombo de cavalos da aldeia de Rastro de Abajo em busca de enguias. É a manhã de 9 de março de 1800, o alvorecer de um novo século que será preenchido com levantes sociais e Revoluções Científicas, mas a Venezuela definha no remanso. Os guias locais são provavelmente membros de um dos muitos clãs guahivo que, na época, habitavam os Llanos a leste dos picos setentrionais da cordilheira dos Andes. Seus nomes não foram registrados, mas os dois homens brancos eram Aimé Bonpland (1773-1858) e Alexander von Humboldt (1769-1859). Bonpland é um botânico francês robusto e fleumático. Humboldt é um magro e simpático explorador e cientista prussiano, com um profundo interesse na natureza da vida e da eletricidade. Tragicamente, os povos nativos dos Llanos quase desapareceram. Um maravilhoso relato de suas tradições, mitos e lendas foi, no entanto, escrito por um dos últimos exploradores ocidentais a encontrá-los e descrevê-los, o barão Hermann von Walde-Waldegg.[1]

A expedição é descrita em *Narrativa pessoal*,[2] de Humboldt, um livro que mais tarde inspiraria tanto Charles Darwin quanto Alfred Russel Wallace. Seus guias levaram os homens brancos até um riacho que, na estação seca, tinha encolhido até se tornar uma lagoa lamacenta "cercada de belas árvores, a clusia, a amyris e a mimosa, com flores perfumadas". Ao chegar, os guias explicaram que, nas águas turvas, pululavam enguias musculosas conhecidas como *tembladores* (provocadores de tremores) por causa dos dolorosos choques capazes de incapacitar e até mesmo matar um adulto. Além de serem altamente perigosos, os *tembladores* eram notoriamente difíceis de capturar, pois tinham a tendência de se enterrar na lama. Todavia, os habitantes locais tinham um método engenhoso para isso, que descreviam como "pesca com cavalos".

Essa expressão desconcertou os exploradores, mas eles montaram seu equipamento, prontos para dissecar e estudar a futura pesca, enquanto seus guias galopavam para longe, entrando na floresta em volta. Não precisaram esperar muito. Antes de o sol chegar à altura do meio-dia, o zumbido da floresta foi quebrado pelo estrondo de cascos se aproximando – muitos cascos. Os cavaleiros galopavam para a clareira conduzindo uma horda de mais ou menos trinta cavalos e mulas selvagens. Com cutucões de seus arpões e golpes de suas varas de bambu, os homens guiavam os cavalos para dentro da lagoa, onde os animais em pânico faziam a água ferver de "enguias lívidas e amareladas, parecendo grandes serpentes aquáticas". As enguias agitadas atacavam seus invasores equinos pressionando-se contra as barrigas dos animais para dar um choque atrás de outro, o que provocava um frenesi selvagem, "uma disputa entre animais de organização tão diferente [que] oferece um espetáculo impressionante".

Em cinco minutos, dois dos cavalos tinham se afogado. Vários outros conseguiram chegar à margem aos tropeços, tremendo e exaustos, mas o restante continuou a sofrer repetidos ataques das enguias. Por algum tempo pareceu que a isca equina sucumbiria em uma cova aquática, mas os choques foram, aos poucos, cessando e os peixes pareciam esgotados, retirando-se para a beira da lagoa. Foi então que começou a verdadeira pescaria, quando os homens, armados com arpões curtos e segurando cordas secas, capturaram cinco enguias vivas. Humboldt e Bonpland ficaram encantados. Cinco enguias-elétricas eram um tesouro que os ajudaria a esclarecer a discussão científica mais candente no século XVIII: a natureza da vida.

FIGURA 22: Pesca de enguias-elétricas com cavalos.

Abandonando séculos de especulação mística, René Descartes lançou a revolução mecanicista no século XVII insistindo que toda a matéria do Universo, animada ou inanimada, é composta de nada além de vórtices em turbilhão de corpúsculos inanimados. Não obstante, as explicações mecanicistas da vida fracassavam em convencer a maioria dos estudiosos. Descartes comparou a vida ao funcionamento de um relógio, mas poucos cientistas levavam a sério a noção de que relógios e cucos operavam segundo o mesmo mecanismo. As diferenças de vitalidade e complexidade, já grandes a olho nu, tornaram-se ainda mais visíveis por meio da revelação, feita pelo microscópio, da complexidade interna dos organismos vivos. A opinião dominante no começo do século XIX ainda era a de que a vida era animada por uma *força vital* que poderia até mesmo se desligar do corpo dos animais, tais como enguias, para atordoar outros animais, como cavalos. Essa crença se originara a centenas de quilômetros de distância, milhares de anos antes.

O que é vida?

De forma bastante parecida com a observação feita pelo juiz Potter Stewart de que, embora não pudesse definir pornografia, "eu a reconheço quando a vejo",[3] a vida é igualmente fácil de reconhecer, mas difícil de definir. Frequentemente se diz que a reprodução é o que define a vida; contudo, células nervosas ou sanguíneas e (a maioria dos) monges budistas ou padres católicos não se reproduzem, mas, mesmo assim, estão vivos. Também se argumenta que uma das características que definem vida é o metabolismo, mas é difícil distinguir a torrente de transformações químicas que converte nutrientes em dejetos das reações químicas que causam, por exemplo, a queima de uma tora de madeira. Até mesmo a evolução, responsável pela impressionante variedade de vida, é dispensável para a sobrevivência, pelo menos a curto prazo. Se, de algum modo, a evolução pudesse ser colocada em compasso de espera por, digamos, um milhão de anos, então, com exceção de cataclismos, a biosfera mal notaria.

No entanto, a maioria dos povos antigos notou que os objetos ao seu redor pertenciam a duas classes amplas. A primeira incluía rochas, madeira solta, areia ou pedregulhos, que são inertes no sentido de que não se movem a menos que sejam puxados ou empurrados. Esses povos descrevem esses objetos como *mortos*. A segunda classe compreendia os caranguejos que se arrastam sobre as rochas, os peixes que nadam no mar, os pássaros que voam no céu ou a grama que emerge das dunas. Estes eram animados no sentido de serem capazes de iniciar os próprios movimentos, por isso descritos como *vivos*.

Depois de terem identificado o movimento autopropelido como a assinatura da vida, os antigos filósofos em seguida indagaram: o que causa os movimentos da vida que começam aparentemente sozinhos? A resposta que eles quase unanimemente apresentaram foi que objetos vivos, autopropelidos, são animados por algum tipo de *alma* mágica ou sobrenatural. E, coerentemente, classificaram como vivos, animados por almas celestes, os corpos celestes que se moviam sem um motor visível. Até mesmo ventos, rios, tempestades ou ondas eram considerados animados por agentes possuidores de alma, tais como espíritos, duendes, ninfas, demônios ou deuses. Conforme observou Diógenes Laércio, cronista romano do século III, "o mundo [antigo] era animado e cheio de divindades".[4]

Magia, mistérios e peixes que dão choque

A hipótese ou o modelo de que movimento autopropelido era igual a vida funcionava bastante bem. Mas havia anomalias. Uma era a pedra-ímã, uma rocha como qualquer outra, mas que possuía a propriedade característica de animar – no sentido de mover – pregos e outros pequenos objetos de ferro. Hoje sabemos que é uma forma naturalmente magnetizada do mineral magnetita (óxido de ferro), mas, no mundo antigo, acreditava-se que a pedra-ímã era viva e possuída por uma alma mágica capaz de se esticar e puxar ou empurrar objetos. Como insistia o filósofo conhecido como Tales (nascido c.624 a.C. em Mileto, no território onde hoje é a Turquia), "a pedra-ímã tem vida, ou alma, pois é capaz de mover o ferro". De outro material mágico pareciam ser feitas as pepitas semitransparentes castanho-amareladas que às vezes subiam rolando a areia das praias do Mediterrâneo e atraíam finas fibras de tecido ou palha seca, particularmente depois de friccionadas com pano. Os gregos antigos chamaram esse material de *electrum*, mas hoje nós o conhecemos como âmbar.

Os antigos também conheciam animais que pareciam ter a propriedade oculta de agir remotamente. Um deles era o peixe-torpedo do Mediterrâ-

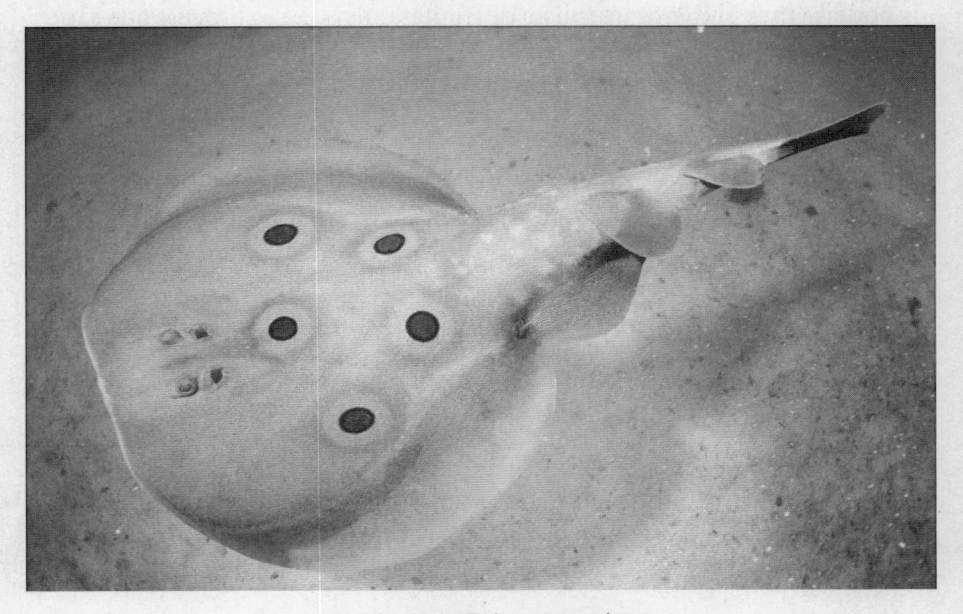

FIGURA 23: Peixe-torpedo.

neo, que, como a arraia, usava seu ferrão para deter predadores, capturar presas ou assustar pescadores famintos. Diferentemente da arraia, o ferrão do torpedo era capaz de atravessar uma linha ou rede de pesca, lança ou tridente para sacudir um pescador sem sequer tocá-lo. Era comum acreditar que isso era evidência de uma alma imaterial capaz de se estender além dos limites do corpo material. Como insistiu o poeta romano Opiano de Anazarbo em seus escritos de mais ou menos 170, o peixe-torpedo "exerce seus poderes mágicos e encantamentos envenenados".[5]

Criaturas e objetos mágicos também eram citados como prova da ampla atuação de forças mágicas na natureza: o princípio vital. Assim, Plínio, o Velho (23-79), argumentava se "não teria sido suficiente apenas citar no caso do torpedo outro habitante também do mar, como manifestação dos fortes poderes da natureza".[6] De forma similar, Alexandre de Afrodísias (*c.*150-*c.*215), que lecionou em Atenas por volta do ano 200, indagou:

> Por que a pedra-ímã atrai somente o ferro? Por que a substância chamada "âmbar" puxa para perto de si apenas trapos e palha seca, fazendo com que se grudem? [...] Ninguém ignora o torpedo marinho. Como ele entorpece o corpo por intermédio de um ferrão? [...] Eu poderia lhes preparar uma lista de muitas coisas dessa espécie que são conhecidas apenas pela experiência e são chamadas "propriedades inomináveis" pelos médicos.[7]

A vida, insistiam eles, era outro tipo de magia, levando à difundida crença de que doença e saúde poderiam ser influenciadas pela magia natural.

Nascido em Pérgamo, atual Turquia, Cláudio Galeno (129-*c.*216) foi o médico mais famoso no mundo romano. Ele trabalhara durante anos como cirurgião na escola de gladiadores local – papel que lhe proporcionou um conhecimento íntimo da anatomia humana – antes de se mudar para Roma. Seu interesse em medicina fora inspirado pela teoria mais antiga do grego Hipócrates (do famoso juramento), que alegava que a saúde dependia de um delicado equilíbrio entre os quatro humores: sangue, bile amarela, bile negra e fleuma. Galeno acrescentou um toque extra, propondo que os quatro humores eram mantidos em equilíbrio por espíritos vitais, ou *pneuma*, que permeavam todo o universo. Esses espíritos vitais, análogos ao *qi* da medicina chinesa ou ao *vayu* da medicina indiana, também eram considerados os provedores das forças ocultas do âmbar ou do ferrão do peixe-torpedo. Eram o substrato material da alma viva.

Galeno acreditava que a doença era causada por um desequilíbrio dos humores e que o equilíbrio poderia ser restaurado pelo uso apropriado de objetos ocultos. Então ele recomendava comer a carne do peixe-torpedo para curar a epilepsia, ao passo que fortes cefaleias deveriam ser tratadas pela aplicação de um peixe vivo na cabeça. De modo similar, Plínio prescrevia uma refeição feita de carne de torpedo para aliviar um parto difícil, mas só se o peixe "for apanhado quando a Lua estiver em Libra e mantido por três dias ao ar livre". Ele também afirmava que "a lascívia é inibida [...] se o fel do torpedo, enquanto ainda estiver vivo, for aplicado aos genitais".[8]

É claro que mesmo ideias ruins podem, às vezes, se mostrar eficazes. Eu diria que a prescrição de Plínio de aplicar o fel de um torpedo vivo sobre os genitais provavelmente mataria o desejo do mais excitado jovem. A prescrição de colocar um torpedo vivo sobre a cabeça também pode ter sido ocasionalmente eficaz, pois a eletroterapia tem provado oferecer algum alívio para aqueles que sofrem de enxaqueca crônica.[9] No entanto, comer a carne do torpedo não teria oferecido mais benefício ao enfermo que qualquer outra refeição nutritiva.

Apesar de suas poções duvidosas, a abordagem de Galeno à medicina estava, no entanto, bem à frente de seu tempo. Ele era também um aguçado experimentador com animais, embora hoje fosse considerado insensível. Durante uma dissecção de um porco vivo, acidentalmente cortou o nervo laríngeo que conecta a caixa vocal à base do cérebro. Ele notou que os guinchos do porco imediatamente cessaram, embora o animal continuasse a se contorcer. Galeno concluiu que *espíritos animais*, a força vital que se acreditava animar os seres vivos, fluíam através dos nervos. Até onde sabemos, foi a primeira vez que nervos foram associados ao movimento animal.

A vantagem militar do peixe mágico

Quando Galeno morreu, aproximadamente em 216, sua abordagem racional à medicina se perdeu em grande parte, ainda que suas poções mágicas e seus tratamentos duvidosos fossem transmitidos fielmente, por meio de textos antigos, para os árabes e, destes, para o mundo ocidental. Ali misturaram-se com noções mágicas pagãs e cristãs para gerar o caldo oculto de bizarros remédios medicinais.

Um dos mais esquisitos baseava-se em outro peixe mágico, conhecido como *echeneis*. Plínio o descreveu como um "peixe miúdo" que podia se grudar a um navio e fazer com que este ficasse imóvel "sem esforço algum do próprio peixe, nem empurrando contra nem fazendo qualquer outra coisa além de grudar-se a ele". Um *echeneis* levou a culpa por paralisar a nau capitânia de Marco Antônio na batalha de Áccio, tornando-a um alvo fácil para as forças de Otávio. Ao ingressar no mundo medieval, o *echeneis* juntou-se ao peixe-torpedo como poderoso ingrediente de poções. Alberto Magno – que já mencionamos aqui como o mentor de Tomás de

FIGURA 24: O peixe mágico *echeneis*.

Aquino – descreveu "o segurador de navios" como um peixe procurado por mágicos que o utilizavam para preparar encantamentos amorosos. Contudo, ninguém jamais viu um *echeneis*, o que não é de surpreender, uma vez que ele não existe.

Os humanistas da Renascença adotaram com entusiasmo os antigos objetos mágicos, tais como a pedra-ímã, o âmbar e o peixe mágico, tanto para usá-los na medicina quanto como evidências das forças ocultas da natureza. Por exemplo, o tradutor florentino do *Corpus hermeticum*, Marsílio Ficino, escreveu: "O torpedo-marinho também entorpece subitamente a mão que o toca, mesmo a distância através de uma vara"; e no seu *Décimo quinto livro de exercícios esotéricos sobre sutileza*, publicado em 1557, Júlio César Scaligero (1484-1558) primeiro enfatiza o poder do torpedo, que "força torpor nas mãos", como prova de forças ocultas e então vai adiante criticando aqueles que "pensam que podem reduzir todas as coisas a qualidades fixas, manifestas [...]".

Então, para a perfeitamente razoável e simples equação de movimento autônomo = vida, os místicos acrescentaram uma vasta e diversificada gama de propriedades e objetos mágicos. A tendência é a mesma que testemunhamos em outras áreas da ciência, tais como astronomia (epiciclos) ou química (flogístico): se o seu modelo não se encaixa nos fatos, adicione mais complexidade. Houve, porém, um grupo de dissidentes desse voo para a fantasia. Michel de Montaigne (1533-1592), o humanista francês da Renascença e contemporâneo de William Shakespeare, lamentava:

> Quão livre e vago é o instrumento da razão humana. Vejo habitualmente que homens, quando fatos são colocadas à sua frente, estão mais prontos para se divertir inquirindo suas razões do que inquirindo sua verdade. [...] Habitualmente eles começam assim: "Como isso acontece?" O que deveriam dizer é: "Mas isso acontece?" Nossa razão é capaz de preencher uma centena de outros mundos e descobrir seus princípios e contexto. [...] Nós sabemos as fundações e as causas de mil coisas que nunca existiram [...].[10]

Essas "mil coisas que nunca existiram" eram, é claro, entidades além da necessidade. Michel de Montaigne também era um nominalista e defensor da *via moderna*[11] que conhecia o valor da navalha de Ockham para encontrar modelos mais simples.

Os caça-fantasmas

Cinquenta e quatro anos antes de Alexander von Humboldt ir pescar nos Llanos da Venezuela, em um dia de abril de 1746, um grupo de 200 monges cartuxos de batina branca formava uma fila de quase 2 quilômetros de comprimento que serpenteava através das terras de seu mosteiro em Paris. Cada monge estava ligado ao seu irmão por cerca de 8 metros de arame de ferro. No fim da fila estava o abade Jean-Antoine Nollet. Quando tudo estava pronto, o abade conectou o primeiro monge a uma garrafa de vidro, que gerou uma faísca; todos os 200 monges pularam ao mesmo tempo.

O abade Nollet era o "Eletricista da Corte". Pode parecer um cargo bastante estranho para um religioso de meados do século XVIII, mas, com toda a certeza, ele não era solicitado a trocar lâmpadas ou consertar aparelhos elétricos nos palácios reais, especialmente porque ainda não tinham sido inventados. Exceto por um: a garrafa de Leiden. Essa era a verdadeira estrela do espetáculo de monges pulando em Paris, pois, assim como o peixe-torpedo, era ela que dava o choque capaz de se projetar para fora do corpo (ou da garrafa). O abade Nollet deu ao instrumento esse nome porque fora inventado décadas antes em Leiden, nos Países Baixos, como um receptáculo para capturar magia.

A história da garrafa do abade Nollet começa com o físico londrino William Gilbert (1544-1603), que notou que, enquanto a pedra-ímã podia tanto atrair quanto repelir apenas ferro, um pedaço de âmbar friccionado era capaz de atrair diversos materiais, tais como fragmentos de palha, lã, penas e feno. Ele também descobriu que, se friccionasse materiais como vidro, pedras preciosas, ebonite, resina e cera de lacre com seda ou lã, poderia *carregar* esses materiais de modo que eles, como o âmbar, adquirissem o poder mágico de mover objetos a distância. Gilbert notou que esses materiais elétricos carregados às vezes emitiam uma faísca, algo que nunca ocorria com a pedra-ímã. Ele chamou esses diversos materiais de *electricus* (da palavra latina para âmbar, *electrum*), que significa "como âmbar" e mais tarde daria origem ao termo "elétrico".

A descoberta de que o poder oculto dos objetos elétricos era transferível levou à ideia de que era algum tipo de líquido, um *fluido sutil* sobrenatural. Também inspirou os entusiastas mecânicos do século XVII a construir dispositivos, conhecidos como máquinas de fricção, para capturar o fluido oculto. Um desses aparelhos era um globo rotativo de enxofre, que, ao ser friccionado com âmbar ou hastes de vidro, era capaz de acumular fluido sutil suficiente para atrair penas ou gerar uma faísca quando uma haste de vidro era aproximada.

Faíscas brilhantes materializando-se do nada despertaram um fascínio por essa misteriosa *eletricidade* e promoveram sua fuga do laboratório do mago para o reino dos truques de salão e diversões circenses. Stephen Gray (1666-1736), um tingidor de seda da Cantuária, descobriu que podia transferir *fluido* elétrico por várias dezenas de metros ao longo de fios de seda. Isso o inspirou a mudar de carreira: tornou-se um artista elétrico que ficou famoso com o truque do "garoto suspenso", no qual um menino era pendurado por fios e *eletrificado* pelos pés, de modo a atrair penas e tiras de latão para perto do seu corpo. O ponto alto do espetáculo era quando a luz da sala diminuía e uma haste de vidro era aproximada do garoto o suficiente para provocar faíscas que estalavam saindo de seus pés.

Tudo isso era muito divertido e proporcionava um bom entretenimento, mas as propriedades mecanicistas e previsíveis do *fluido elétrico* gradualmente começaram a extrapolar as nuvens míticas. Por exemplo, Gray descobriu que a eletricidade podia viajar por fios de seda ou fios metálicos, mas não ao longo de uma barra de madeira, nem mesmo aquelas tidas como varinhas mágicas. Por volta de 1745, o professor Pieter (Petrus) van Musschenbroek (1692-1761), de Leiden, descobriu que era possível capturar e armazenar *fluido elétrico* transferindo-o de uma haste de vidro friccionada para uma garrafa de vidro isolada cheia d'água. Certo dia, um advogado amigo segurou a garrafa enquanto ela estava sendo carregada e experimentou um solavanco desagradável. Alguns dias depois, Musschenbroek tentou fazer a mesma coisa, mas levou um choque tão forte que, mais tarde, escreveu: "[Eu fui] golpeado com tanta força que meu corpo inteiro se sacudiu como se tivesse sido atingido por um raio. Meus membros e todo o meu corpo foram terrivelmente afetados de uma forma que não posso expressar."

Musschenbroek descobriu que poderia melhorar a capacidade de armazenamento de seu dispositivo de choque revestindo-o, por dentro e por fora, de folhas metálicas. E, em vez de água, encheu o interior com esferas de chumbo em contato com uma haste de cobre que perfurava o interruptor. Essa era a famosa máquina que o abade Nollet chamou de garrafa de Leiden e usou para eletrificar sua corrente de monges. A fabricação do dispositivo, aliada à descoberta de que diversas garrafas de Leiden poderiam ser conectadas em série, permitiu a construção de *baterias* (assim batizadas por lembrarem uma bateria de munição) ainda mais poderosas, capazes de atordoar filas de bois, lutadores corpulentos, soldados e, é claro, monges. Com sua domesticação e pronta disponibilidade, não demorou muito para que um espectador de um espetáculo de mágica fosse lembrado de uma faísca muito mais poderosa emitida pela atmosfera/natureza.

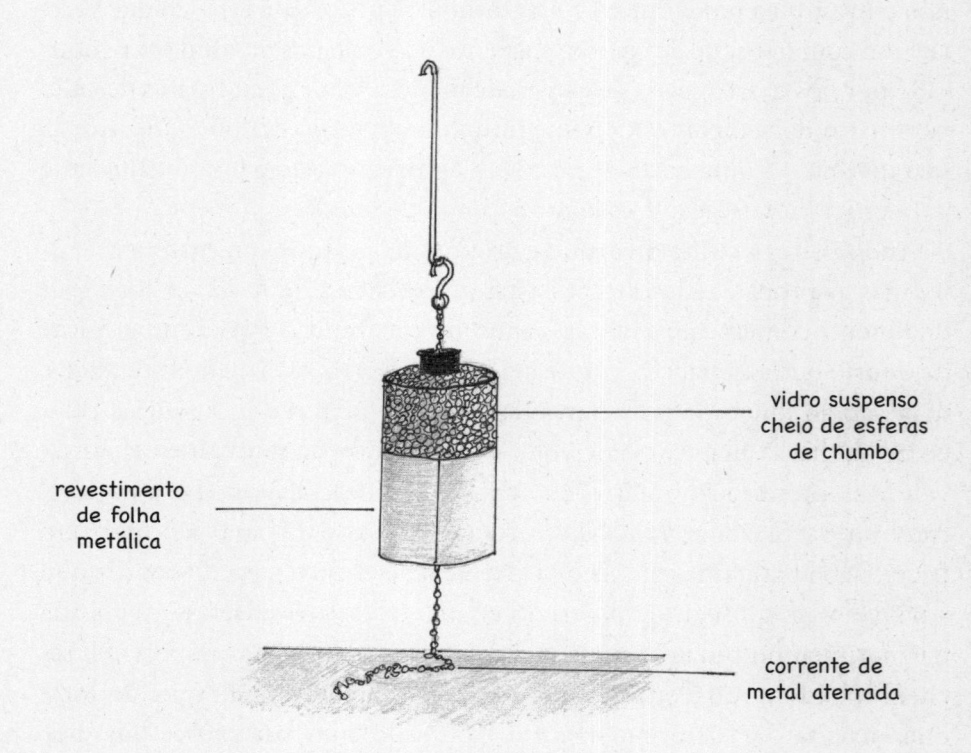

FIGURA 25: Garrafa de Leiden.

Capturando relâmpagos em um frasco

Durante uma visita a Boston em 1743, um editor e impressor de jornal de 37 anos chamado Benjamin Franklin (1706-1790) testemunhou o *eletricista* de Edimburgo, Adam Spencer, demonstrar "faíscas de fogo emitidas da face e das mãos de um garoto suspenso horizontalmente". Embora mais tarde viesse a se tornar famoso como um dos maiores estadistas americanos, o truque do garoto faiscante acionou em Franklin um duradouro fascínio pela eletricidade e a determinação de descobrir seus segredos.

Depois de anos de experimentação em sua casa, em 1750 Franklin escreveu uma carta para a Royal Society de Londres propondo que objetos elétricos tinham um excesso (carga positiva) ou uma falta (carga negativa) de fluido elétrico ou eram neutros. Qualquer desequilíbrio, tal como no truque do garoto suspenso, levaria, segundo Franklin, ao fluxo de eletricidade e, às vezes, à faísca. Sua proposta ainda mais surpreendente foi a de que os relâmpagos também são uma forma de eletricidade, essencialmente faíscas gigantes causadas por desequilíbrio elétrico entre as nuvens e o solo.

Franklin se propôs a provar sua teoria em uma noite de tempestade em um campo aberto na Filadélfia. Em junho de 1752, ele e seu filho empinaram uma pipa atada a um fio por uma chave, com a outra ponta do fio presa ao terminal de uma garrafa de Leiden. A dupla puxava o fio para guiar a pipa de modo a entrar na nuvem de chuva, na esperança de atrair a eletricidade de um raio para a garrafa. Eles tiveram sorte por não ter dado certo, pois ambos, pai e filho, teriam sido incinerados e a história dos Estados Unidos teria sido bem diferente. No entanto, apesar de sua incapacidade de capturar o raio, Franklin "observou alguns fios soltos do barbante [da pipa] eriçados e evitando-se mutuamente, como se estivessem suspensos em um condutor comum". Parecia que a eletricidade da nuvem havia eletrificado suficientemente a pipa e seu barbante condutor para que essas fibras se repelissem, assim como teria ocorrido se carregadas por uma garrafa de Leiden. Franklin tinha demonstrado que o relâmpago, considerado por milênios um míssil dos deuses, era apenas outra forma de eletricidade. O filósofo alemão Immanuel Kant chamou Franklin de "o novo Prometeu" e o químico inglês Joseph Priestley descreveu o experimento da pipa como "o maior, talvez, que já foi feito em toda a área da filosofia desde o tempo de Sir Isaac Newton", insistindo que Franklin era "o pai da eletricidade moderna".[12]

A vida é elétrica?

Alguns anos antes, em 1746, Robert Turner, um naturalista inglês educado na tradição vitalista, havia publicado o livro *Electricology, Or a Discourse upon Electricity: Being an Enquire into the Nature, Causes, Properties and Effects thereof, upon the Principles of the Aether* (Eletricologia, ou um discurso sobre eletricidade: uma investigação sobre sua natureza, causas, propriedades e efeitos, sobre os princípios do éter). O livro dava um desconexo relato de várias teorias ocultas, mas afastava-se da tradição quando o autor propunha que o choque do peixe-torpedo era elétrico. Para Turner, isso não tornava a vida menos mágica, pois ele acreditava que a eletricidade era uma forma de magia, mas sugeria que a magia animal também poderia ser capturada em uma garrafa de Leiden.

O coronel John Walsh (1726-1795), militar, cientista e diplomata inglês lotado na Índia, realizou um estudo mais extensivo da *eletricidade animal*, como ela veio a ser chamada. Depois de ser eleito membro da Royal Society em 1772, foi apresentado a Benjamin Franklin e os dois elaboraram um plano que Franklin redigiu: "Direction to Discover whether the Power that Gives the Shock in Touching the Torpedo [...] is Electrical or Not" (Orientação para descobrir se a energia que dá choque ao tocar o torpedo [...] é elétrica ou não"). Mais tarde naquele ano, Walsh viajou para La Rochelle, na França, e recrutou pescadores locais para obter espécimes de peixes-torpedos mediterrâneos. Primeiro persuadiu os homens que se apresentaram como voluntários a levar choque pela garrafa de Leiden. Eles reportaram que "o efeito era precisamente o mesmo que do peixe-torpedo". Uma demonstração pública de seus experimentos, talvez com um aceno para o abade Nollet, mostrou que o choque do peixe-torpedo, assim como a eletricidade da garrafa de Leiden, podia ser transmitido ao longo de uma corrente humana. Então Walsh escreveu para Franklin reportando que "o efeito do torpedo parece ser absolutamente elétrico" e era um exemplo de *eletricidade animal*.

Os experimentos de Walsh haviam provado, com boa dose de certeza, que o choque do torpedo era uma forma de eletricidade, mas poderia a eletricidade desempenhar um papel mais fundamental como a força vital que animava todos os seres vivos, como havia proposto Robert Turner? Às 20h30 de 26 de abril de 1786, Luigi Galvani (1737-1798), um anatomista e médico da Universidade de Bolonha, entrou no jardim do Palazzo Poggi carregando uma coleção de patas e medulas espinhais de sapos dissecados amarradas a ganchos de latão. Ele pendurou os ganchos na grade de ferro que circundava o jardim e, mais ou menos como Benjamin Franklin testara trinta anos antes, esperou por uma tempestade que se aproximava. Quando ela chegou, Galvani ficou deliciado ao presenciar o misterioso espetáculo de patas de sapo desmembradas aparentemente retornando à vida, contraindo-se e retorcendo-se na grade do jardim Zamboni.

O experimento de Galvani foi obviamente a inspiração para o clássico romance gótico de Mary Shelley *Frankenstein*, mas havia se inspirado em uma observação casual, cerca de uma década antes. Galvani estava dissecando sapos enquanto seu assistente girava a manivela de uma máquina que, por coincidência, gerava faíscas elétricas. Quando o assistente foi pegar uma faca perto de onde um sapo estava sendo dissecado, uma faísca saltou da lâmina para o nervo ciático do animal. Ambos ficaram atônitos ao ver a pata do sapo se contrair. Galvani tocou a pata com seu bisturi para verificar se o sapo estava morto, mas o bicho não se mexeu. Galeno havia proposto que os nervos eram os condutores dos espíritos vitais. E agora Galvani se perguntava se esses espíritos vitais eram elétricos.

O eletricista prussiano

Alexander von Humboldt nasceu em Berlim em 1769, membro de uma rica família prussiana. Quando tinha 9 anos, seu pai morreu, deixando Alexander e seu irmão mais velho, Wilhelm, aos cuidados de sua mãe, Maria Elisabeth, uma mulher distante e dominadora.

Quando criança, Alexander era fascinado pela natureza, colecionando e estudando pequenos animais, conchas, plantas, fósseis e rochas, tanto que acabou ficando conhecido como "o pequeno boticário". Já mais velho,

FIGURA 26: Retrato de Alexander von Humboldt.

interessou-se pela grande questão científica: se a força vital era espiritual ou mecânica. Seu sonho era estudar ciência natural, mas a ambição de sua mãe para os filhos era mais prosaica: ela esperava que eles seguissem carreiras respeitáveis no Serviço Civil Prussiano. Alexander foi enviado para Hamburgo para estudar negócios, coisa que ele detestava. Acabou conseguindo persuadir sua mãe a deixá-lo seguir seus interesses geológicos e estudar na Academia de Freiberg para a igualmente respeitável profissão de engenheiro de mineração.

    Alexander progrediu rapidamente. Viajava pelas minas ao longo do Reno e escreveu um livro sobre sua geologia e outro sobre os estranhos bolores e plantas esponjosas que descobriu escondidos em suas fendas escuras e úmidas. Adquiriu um interesse empático pelas condições de vida e de trabalho dos mineiros e inventou uma máscara e uma lâmpada para melhorar sua segurança. Ele também escreveu um livro-texto de geologia para mineiros e criou uma escola para os filhos deles.

Durante uma visita a Viena no outono de 1792, Humboldt soube dos experimentos de Galvani e ficou fascinado pela possibilidade de que a força vital fosse a eletricidade. Ele replicou o trabalho de Galvani com os músculos do sapo e realizou testes com garrafas de Leiden para eletrocutar e dissecar sapos, lagartos e insetos. Fez incisões no próprio braço, esfregou-as com ácido e as cutucou com metais e fios eletrificados. Em um dos seus experimentos mais temerários, colocou um eletrodo de zinco na boca e um de prata no reto. Quando conectou os dois com um fio, sofreu uma dor abdominal e a reportou dizendo que, "inserindo o eletrodo de prata mais fundo no reto, uma luz brilhante aparece diante dos dois olhos".[13]

Felizmente, Humboldt sobreviveu aos rigores da experimentação autoinfligida e, em 1794, visitou seu irmão Wilhelm, que vivia com a esposa Caroline na cidade de Jena, então o coração cultural do ducado de Saxe-Weimar e perto da casa do colosso da cultura alemã, Johann Wolfgang von Goethe. Wilhelm e Caroline pertenciam ao círculo de amigos de Goethe, e assim apresentaram Alexander ao grande poeta.

Naquela época, Goethe já não era a figura semelhante a Adônis que despedaçara tantos corações na juventude. No entanto, a chegada do jovem prussiano, explodindo de fascínio por todas as coisas naturais, ajudou a reacender a chama juvenil de Goethe, particularmente pelas ciências naturais. Os dois passaram horas discutindo as controvérsias da época, inclusive o choque entre vitalistas e mecanicistas sobre a natureza da vida. Realizaram experimentos, dissecaram sapos e observaram como suas patas se contraíam quando eram tocadas por fios.[14] Chegaram até mesmo a examinar os cadáveres de um casal que tinha sido atingido por um raio. O romantismo de Goethe, essencialmente um renascimento do humanismo cristão, mas com o amor pela natureza no lugar da adulação à humanidade, teve uma influência duradoura sobre a ciência e a filosofia de vida de Humboldt.

Em 1790 Humboldt viajou para Londres, onde conheceu Joseph Banks, o botânico que acompanhara o capitão Cook em suas viagens pelo Pacífico Sul. Os contos de descoberta de Banks, junto com sua coleção de plantas e animais, instilaram em Humboldt uma determinação para tornar-se explorador. Contudo, suas ambições foram reprimidas pelas expectativas prosaicas de sua mãe até ela morrer de câncer, em 1796. Nenhum dos dois irmãos compareceu ao seu funeral. Dentro de um mês, Alexander renunciou à sua posição de inspetor de minas e começou sua nova carreira como naturalista, geógrafo, geólogo e explorador.

Em 1799 obteve permissão da Coroa espanhola para explorar a "América Espanhola". Em 5 de junho do mesmo ano, ele e o botânico francês Aimé Bonpland zarparam no *Pizarro* para a América Latina, aportando em Cumaná, Venezuela, em 16 de julho, carregando um arsenal de instrumentos científicos, inclusive barômetros. Eles passaram meses percorrendo a região costeira antes de penetrar no continente para descobrir se, como diziam os boatos, o rio Orinoco se juntava ao Amazonas. Depois de várias semanas extenuantes cruzando as vastas e monótonas planícies e as "planícies ardentes" dos Llanos, chegaram à pequena cidade de Calabozo. Ali conheceram uma inesperada alma gêmea que construíra "uma máquina elétrica com grandes placas, eletróforos [aparelho para gerar eletricidade estática], baterias e eletrômetros; era um equipamento quase tão completo quanto nossos primeiros homens da ciência na Europa possuem". Os dispositivos tinham sido projetados por Carlos del Pozo, "um homem digno e engenhoso", que dera um jeito de montá-los a partir de descrições, em sua maioria, fornecidas pelas memórias de Benjamin Franklin. O *señor* Del Pozo ficou extraordinariamente contente por conhecer Humboldt e Bonpland, particularmente por terem levado consigo alguns dos mais sofisticados instrumentos elétricos disponíveis no planeta. De fato, ele "não pôde conter sua alegria ao ver pela primeira vez instrumentos que não tinham sido feitos por ele e que pareciam copiados dos seus".

O propósito de Humboldt e Bonpland ao chegar a Calabozo, porém, não era conhecer um eletricista, por mais simpático que fosse, mas encontrar peixes-elétricos. O método local de pesca com cavalos descrito no começo deste capítulo deu aos exploradores europeus cinco enguias-elétricas, ou *gymnoti*, mas não sem incidentes. Humboldt descreve ter pisado acidentalmente em uma enguia viva cujo choque "provocou dor e torpor […] tão violentos […] que fui afetado pelo resto do dia por uma terrível dor nos joelhos e em quase todas as articulações".

Humboldt e Bonpland confirmaram que, como a eletricidade, o choque do peixe passava através do metal, mas não pela cera de lacre. Podia atravessar também os corpos de ambos quando se davam as mãos. E o mais interessante: Humboldt descobriu que o peixe era capaz de controlar e dirigir seu choque. Por exemplo, quando um segurava a cabeça do animal e o outro, o rabo, geralmente só um deles tomava o choque, que podia ser transmitido por qualquer uma das extremidades. Esses experimentos convenceram Humboldt de que a eletricidade do animal era essencialmente a mesma que "a corrente elétrica de um condutor carregado por uma garrafa de Leiden ou pela pilha de Volta", mas sob o controle do peixe.

Humboldt passou mais quatro anos viajando pela América Latina, culminando na lendária subida do poderoso monte Chimborazo,* nos Andes, onde ele e Bonpland conduziram o primeiro estudo biogeográfico sistemático já realizado, documentando a vida das plantas da montanha, desde a floresta tropical na base até os liquens presos ao cume rochoso. Ele enviava relatórios regulares que eram publicados em revistas científicas europeias e despachou por navio milhares de espécimes de plantas e animais, muitos novos para a ciência, para Berlim ou para Joseph Banks, em Londres, assegurando que, ao retornar à Europa, seria o mais famoso cientista de sua geração.

Foi só em 1808 que Humboldt publicou suas observações sobre a enguia-elétrica, e, àquela altura, o debate sobre os choques do peixe já tinha passado para o papel mais geral, se assim podemos chamar, da eletricidade animal. Mais significativa foi a fundação, em 1811, da universidade hoje conhecida como Universidade Humboldt de Berlim, por Alexander e seu irmão Wilhelm. Em 1836 a universidade recrutou Emil du Bois-Reymond (1818-1896), um jovem e brilhante médico e fisiologista. Emil projetou um instrumento chamado galvanômetro, sensível o suficiente para detectar os sutis sinais elétricos que percorrem os nervos. No tipo de demonstração teatral pública que teria impressionado Stephen Gray, ele provou que poderia fazer a agulha de seu galvanômetro saltar ao contrair o braço.[15] Os *espíritos animais* de Galeno, a força vital que ele acreditava percorrer os nervos para prover locomoção animal, finalmente foram revelados como sendo a mesma força que conferia o poder de choque aos torpedos, as propriedades de atração do âmbar e a força destrutiva dos raios. Já o espírito vital passou a

---

* Na realidade, um vulcão extinto.

ser considerado uma entidade além da necessidade, pelo menos no sentido de agente da locomoção animal.

O corpo elétrico

Se existe alguma coisa que se alegue ser o espírito vital, o espírito da vida, é a eletricidade, pois quase todo aspecto da vida depende dela, de alguma forma. Além de transmitir sinais nervosos e animar músculos, a eletricidade desempenha um papel vital dentro de cada célula viva. Forças elétricas moldam biomoléculas nos formatos necessários para constituir proteínas, enzimas, membranas celulares, DNA, açúcares ou gorduras, além de guiar todo o maquinário celular envolvido na replicação e nos reparos de células, fotossíntese, metabolismo, visão, audição, paladar e olfato. Os sinais viajam através dos nervos como ondas de partículas eletricamente carregadas, fluindo para dentro e para fora das células nervosas. Turbinas elétricas em nanoescala assentadas nas membranas celulares dos órgãos internos, chamadas *mitocôndrias*, geram a energia que alimenta todas as nossas células. As bactérias se comunicam por meio de sinais elétricos que percorrem nanofios[16] e os sinais bioelétricos guiam o desenvolvimento de embriões.[17]

Humboldt morreu em 1835, apenas um ano antes de Bois-Reymond medir e comprovar a conexão entre eletricidade e nervos. O último trabalho de Humboldt já vinha sendo elaborado havia 27 anos, um massivo livro em cinco volumes, *Cosmos*, cujo índice chegava a mil páginas. A obra era uma tentativa abrangente, prolixa e muitas vezes brilhante de reunir geografia, antropologia, biologia, geologia, astronomia, química e física. Nenhuma síntese semelhante do conhecimento humano fora tentada desde Aristóteles. Nela, Humboldt nos insta a "procurar pelo conhecimento das leis e [pelos] princípios de unidade que permeiam as forças vitais do Universo". A força vital ainda está lá, mas, na síntese intelectual final de Humboldt, é drenada do misticismo. Em vez disso, seu livro olha para a frente, para o tipo de unificação/síntese que exploraremos mais adiante.

Enquanto muitos cientistas aceitavam que "as leis e os princípios da unidade que permeiam as forças vitais do Universo" poderiam, de fato, explicar os mecanismos da vida, ninguém tinha a menor ideia de como suas vastas diversidade e complexidade poderiam ser explicadas por aquelas mesmas "leis e princípios". Nem os mecanicistas mais rígidos eram capazes de apresentar qualquer tipo de explicação mecanicista da origem mesmo de uma única espécie, muito menos das muitas que foram descobertas por naturalistas como Humboldt. Como lamentou mais tarde o poeta Joyce Kilmer (1886-1918):

Poemas são feitos por tolos como eu
*Mas só Deus pode fazer uma árvore.**

Solapando essa alegação, estava o próximo grande desafio para a ciência da simplicidade.

---

* No original, *Poems are made by fools like me/ But only God can make a tree.* (N. do T.)

14
A direção crucial da vida

A teoria [da seleção natural] em si é excepcionalmente simples e os fatos sobre os quais ela se assenta – embora excessivamente numerosos individualmente e coextensivos a todo o mundo orgânico – são classificados de maneira simples e fácil de compreender.
ALFRED RUSSEL WALLACE (1889)[1]

A necessidade da natureza faz as partes de alguns animais serem convenientemente arranjadas para a saúde do todo. Por exemplo, os dentes frontais são afiados e aptos a partir a comida, e os molares são achatados e aptos a esmagar a comida [...]. Consequentemente, essas partes não existem por causa de tais usos. Em vez disso, quando elas existem assim, então os animais sobrevivem. A razão é esta: [...] essas partes tornam-se aptas a conservar o animal pelo acaso.
GUILHERME DE OCKHAM, c.1320[2]

Em 18 de junho de 1858, uma carta chegou a Down House, a cerca de 1,5 quilômetro da aldeia de Downe, em Kent. Era endereçada ao eminente naturalista Charles Darwin, de 49 anos. A fama de Darwin se devia em grande parte à enorme popularidade de seu livro, que ficou conhecido como *A viagem do Beagle*, publicado dezenove anos antes. Nesse livro, Darwin descreve não só sua viagem no famoso navio, mas a impressionante variedade de plantas e animais que encontrou durante sua expedição de cinco anos pelo Atlântico Sul, pelo oceano Pacífico e pelo oceano Índico. A característica que, ao mesmo tempo, impressionara e estarrecera o jovem naturalista era como cada ilha que visitou podia ser habitada pelo seu agrupamento peculiar de espécies. Ele escreve:

> Minha atenção foi primeiro despertada meticulosamente, comparando juntos [...] os espécimes de tordo, quando, para meu espanto, descobri que todos aqueles da ilha Charles pertenciam a uma só espécie (*Mimus trifasciatus*); todos os da ilha Albemarle, a *M. parvulus*; e todos os das ilhas James e Chatham [...] pertenciam a *M. melanotis*.

Por que ilhas próximas possuem as próprias espécies distintas?

É claro que os criacionistas têm uma resposta pronta: Deus escolheu fazer o mundo dessa maneira. Ainda assim, no século XIX, muitos biólogos estavam cada vez mais insatisfeitos com explicações que invocassem a divindade. Quase dois séculos antes, Newton argumentara que, "como um relojoeiro, Deus era obrigado, de tempos em tempos, a intervir no Universo e dar uma ajeitada no mecanismo para garantir que ele continuasse funcionando em boa ordem". No entanto, dar uma ajeitada em cada tordo ou tentilhão que habita cada minúscula ilha em um arquipélago seria, seguramente, um traço de obsessão, não?

Charles Darwin vinha ponderando sobre o enigma da origem das espécies desde o seu retorno da viagem no *Beagle*. Chegou a traçar um "esboço" de sua teoria dezesseis anos antes. Contudo, não publicou nenhuma de suas reflexões, pois sentia que, primeiro, precisava adquirir mais evidências. Consequentemente, nas duas décadas anteriores ele se ocupou estudando minhocas ou criaturas litorâneas, tais como cracas, ou examinando espécimes que obtinha de sua extensa rede de naturalistas de campo. Esses *fly-men*, como eram comumente chamados, varriam florestas, selvas, pântanos, savanas e desertos do mundo para encontrar e preservar animais e plantas mais raros e exóticos, que então empacotavam, vendiam e despachavam para museus e naturalistas ricos.

A carta que chegou a Down House em junho de 1858 era de um desses *fly-men*, Alfred Russel Wallace. O nome era conhecido de Darwin, pois, alguns anos antes, Wallace escrevera a seu agente em Londres, Samuel Stevens, comentando sua última remessa: "O exemplar de pato doméstico é para o Sr. Darwin."[3] Além disso, em 1855, e de maneira bastante incomum para um *fly-man*, Wallace escreveu um artigo científico intitulado "On the Law which Has Regulated the Introduction of New Species" (Sobre a lei que tem regulado a introdução de novas espécies).[4] Wallace chegou a escrever para Darwin pedindo sua opinião sobre a teoria descrita em seu artigo, mas não obteve resposta. Entretanto, o artigo e a carta subsequente devem ter alertado Darwin para o fato de que esse pouco conhecido *fly-man* também estava ponderando sobre a origem das espécies.

A carta que chegara a Down House em 1858 era diferente da última porque trazia anexado o rascunho de um manuscrito. Quando Darwin começou a lê-lo, ficou abalado. Começava citando o *Ensaio sobre o princípio da população*, que Malthus escrevera em 1798, destacando que a reprodução rotineiramente excede os recursos disponíveis. Wallace seguia argumentando que "a vida de animais selvagens é uma luta pela existência", de modo que apenas uma pequena fração daqueles que nascem consegue sobreviver para se reproduzir. E continuava argumentando que "aqueles que morrem devem ser os mais fracos [...], enquanto aqueles que prolongam sua existência só podem ser os mais perfeitos em saúde e vigor". Wallace discutia como criadores de animais domésticos tinham realizado uma espécie de seleção artificial de características desejáveis, tais como docilidade e gordura, para transformar lobos em cães domésticos ou javalis selvagens em porcos. Finalmente, argumentava que "a luta pela existência" atua similarmente na variação natural em espécies selvagens, de modo que, observava Wallace, "os mais fracos e organizados com menos perfeição devem sempre sucumbir". Esse processo, tendo perdurado por milênios, levou, segundo Wallace, a uma mudança evolucionária e ao estabelecimento de novas espécies, cada uma adaptada ao seu ambiente local.

Wallace solucionara o mistério da origem das espécies. Ele terminava a carta requisitando que, se Darwin encontrasse algum mérito em seu artigo, então o repassasse para o mais eminente geólogo da Inglaterra e amigo íntimo de Darwin, Charles Lyell.

É fácil imaginar a cara amarrada e o queixo caído (sem barba à época) de Charles Darwin ao folhear as páginas do manuscrito de Wallace. Depois de se recuperar, enviou o artigo ao amigo Lyell, junto com uma carta admitindo que:

Tuas palavras se materializaram como uma vingança contra a qual eu devia estar prevenido [...]. Nunca vi uma coincidência mais impressionante. Se Wallace tivesse minha tese de mestrado escrita em 1842, não poderia ter feito um resumo melhor! Até mesmo seus termos agora estão como Títulos dos meus Capítulos [...]. Então toda a minha originalidade, qualquer que seja o valor dela, será esmagada.

E continuou: "Espero que aproves o esboço de Wallace para que eu possa contar a ele o que dizes." Ele também prometeu escrever para Wallace e recomendar seu artigo a uma revista científica.

Borboletas e besouros

Alfred Russel Wallace nasceu em 1823, um entre nove filhos sobreviventes. Sua mãe, Mary Anne, vinha de uma família abastada de Hertford. No entanto, segundo Alfred, seu pai "vivia bem ocioso" antes de embarcar em uma série de negócios desastrosos que o fizeram perder a maior parte de sua fortuna. Em 1816, a família, em decadência, se viu obrigada a se mudar da sua mansão em Londres para uma acomodação mais modesta em Monmouthshire, na fronteira com o País de Gales, onde Alfred nasceu.

Quando ele tinha 5 anos, as perspectivas da família melhoraram depois que a morte de um parente lhes rendeu uma herança, o que permitiu que se mudassem para a cidade natal da mãe, Hertford. Contudo, outro desastroso empreendimento destruiu novamente a fortuna familiar e eles tiveram que fazer uso de sua única fonte de renda que crescia: os filhos. Tão logo os irmãos mais velhos de Alfred completavam idade suficiente, eram mandados para o trabalho como aprendizes, primeiro de um agrimensor, depois de um carpinteiro e então de um fabricante de baús. A família se mudou para uma série de casas cada vez menores, até que se viu em instalações pequenas demais para abrigar todos os filhos. Desesperado, Alfred ingressou em um internato particular, onde dava aulas para os meninos mais novos a fim de pagar pela própria estadia.

No entanto, as finanças da família, cada vez piores, forçaram o encerramento de sua educação formal quando Alfred tinha 14 anos. Ele foi enviado para morar com seu irmão mais velho, John, que, na época, servia como aprendiz em uma empresa de construção em Londres; ali Alfred ganhava

6 *pence* por dia para fazer serviços gerais. Felizmente, a capital ofereceu ao garoto muitas oportunidades gratuitas para continuar sua educação. Ele visitou a Biblioteca Britânica, os Jardins Zoológicos, bem como o Salão de Ciências (hoje Birkbeck College) na Tottenham Court Road – um dos 700 Institutos de Mecânica que haviam sido instalados por filantropos ricos para promover as ciências entre as pessoas da classe trabalhadora. Foi ali que Alfred ouviu falar e depois veio a conhecer o socialista galês e cofundador do Movimento Cooperativo Richard Owen, cujo socialismo utópico e ceticismo em relação às religiões estabelecidas desempenhariam importante papel em moldar as ideias do próprio Alfred. Mais tarde Owen escreveu que "a única religião benéfica era aquela que inculcava o serviço pela humanidade e cujo único dogma era a irmandade dos homens".

Em 1837 Alfred foi aprendiz de agrimensor e passou os seis anos seguintes viajando pelo país, para cima e para baixo, muitas vezes lidando com reclamações em relação à Lei do Cerco de Terras, que empobrecera muitos

FIGURA 27: Quadro de espécimes de borboletas.

camponeses ao cercar terras comuns anteriormente mantidas para pasto. Alfred considerava essa lei um "roubo legalizado dos pobres". No entanto, o trabalho envolvia muitas caminhadas pelos campos, ajudando a acender o duradouro interesse de Alfred por zoologia, ornitologia, botânica e entomologia, particularmente por besouros.

Quando seu pai morreu, em 1843, Alfred, com 20 anos, foi forçado a abandonar sua função como aprendiz de agrimensor para pegar qualquer trabalho em construção que conseguisse achar. Após muitos meses como prestador de serviços, acabou encontrando um posto mais adequado aos seus interesses, como professor em Leicester. No seu tempo livre, visitava a biblioteca local, onde leu a *Narrativa pessoal*, de Humboldt, *A viagem do Beagle*, de Charles Darwin, e *Ensaio sobre o princípio da população*, de Thomas Malthus. Também conheceu o amigo que teria por toda a vida, Henry Walter Bates (1825-1892), um rapaz autodidata com quem compartilhava o interesse por besouros. Alfred e Henry faziam excursões regulares para a região campestre de Leicestershire e voltavam com redes de caça cheias de besouros, borboletas e outros insetos. A dupla então montava cuidadosamente cada espécime em um quadro de madeira pregado na parede, dentro do barracão do jardim de Bates. O desafio seguinte era rotular cada espécime com o nome da espécie. A dupla anotava cuidadosamente as características, tais como a cor das asas, os sinais específicos e o tamanho; e, crucialmente, aprendeu a distinguir entre a variação natural dessas características dentro de uma espécie e a variação que separa espécies. Foi esse exercício que deflagrou o interesse de Alfred pela questão-chave da biologia do século XIX: como são feitas as espécies?

Pau, pedra e a origem das espécies

A maioria dos vitorianos que pensavam sobre a questão acreditava que todas as espécies sobre a Terra haviam sido criadas em uma semana, cerca de 6 mil anos antes. Assim, para o vitoriano médio, a diversidade de plantas e animais não era nenhum mistério. Como os movimentos celestes na época de Guilherme de Ockham, o mundo natural era explicado pela existência de um Deus que criou o gado, as feras e as coisas rastejantes "conforme a sua espécie" para que o homem pudesse "ter domínio sobre eles". Afinal, Deus era a única entidade poderosa o bastante para preencher o mundo com um número e uma variedade tão imensos de plantas, animais e coisas rastejantes.

Sob muitos aspectos, o relato bíblico da Criação foi o último vestígio da ciência da teologia de Aquino, na qual Guilherme de Ockham passou sua navalha seis séculos antes. Aquino interpretou a história bíblica da Criação segundo a filosofia de Aristóteles, equiparando a causa aristotélica final de gatos, cachorros e carvalhos com seu presumido papel no plano de Deus. E insistiu que Deus havia equipado cada espécie com sua *gaticidade, cachorricidade, carvalhicidade* e assim por diante, de modo que as espécies eram duplamente imutáveis. A eliminação tanto das causas finais quanto dos universais feita por Ockham minou essa alegação filosófica realista em prol da imutabilidade das espécies. Além disso, como pode ser deduzido pela citação que abre este capítulo, Ockham considerava que a variação natural nas características, tal como nos dentes, poderia ter surgido por acaso e ter sido mantida porque "os animais sobrevivem". Essa foi uma premonição notável da teoria da seleção natural, mas que, como tantas outras, fora enterrada na aversão do Iluminismo a tudo que fosse medieval. O dogma prevalecia de tal modo que, no século XVIII, o pai da taxonomia moderna, o sueco Carlos Lineu (1707-1778), insistia que "não existe algo como espécie nova".[5]

A necessidade de uma origem criacionista das espécies foi notoriamente reforçada pelo "argumento do relojoeiro" do clérigo, naturalista e filósofo inglês William Paley (1743-1805). Paley alegava que as leis mecanicistas descritas por Newton, Galileu, Boyle ou Faraday eram incapazes de gerar o nível de complexidade organizada de algo como o olho humano. Para ilustrar seu ponto, ele imaginou que se, ao caminhar por uma charneca, tropeçasse em um "relógio no chão, deveria perguntar como o relógio foi parar naquele lugar". E prosseguiu insistindo que "deve ter existido, em algum momento e em algum lugar ou outro, um artífice ou artífices que criaram [o relógio] para o propósito de descobrirmos a que ele realmente responde [...]". O argumento do *design inteligente* de Paley invocava o que às vezes é chamado de "deus das lacunas", uma explicação divina para um fenômeno que não pode ser explicado pelas leis naturais conhecidas.

No entanto, no início do século XVIII novas descobertas vinham encurralando o deus das lacunas. Por exemplo, junto do relógio que William Paley imaginou, ele poderia ter visto pedras que se pareciam com plantas e animais vivos. Essas *pedras figuradas*, como costumavam ser chamadas, eram regularmente lançadas para cima pelos arados dos agricultores ou encontradas em praias. Algumas pareciam galhos de árvores, outras pareciam folhas, sementes ou fragmentos de osso. Mais intrigantes eram aquelas que pareciam criaturas do mar desconhecidas. Os agricultores de Dorset regularmente encontravam pedras gigantes em forma de disco, cujas lindas decorações espiraladas pareciam conchas de moluscos marinhos e eram conhecidas como pedras-cobras (Figura 28). Outras, chamadas *Chedworth buns*, eram divididas simetricamente em cinco seções, assemelhando-se a ouriços-do-mar petrificados.[6] O que faziam os corpos petrificados de criaturas marinhas conhecidas e desconhecidas debaixo de campos distantes do mar?

A explicação padrão no século XVII era que as pedras figuradas eram criações independentes de Deus. Ele as colocara na Terra pela própria e misteriosa razão, talvez como algum tipo de peça de teste da Criação, antes de passar para criaturas de carne e sangue, ou simplesmente para lembrar a humanidade de seu onipotente poder. Contudo, sua distribuição permanecia enigmática. Por que eram abundantes em Oxfordshire ou Dorset, mas raras em Dartmoor ou nas montanhas galesas? Por que Deus haveria de prover uma lição escrita em pedra para homens e mulheres de Dorset, mas nenhuma para quem era do norte do País de Gales?[7]

Alguns cientistas tinham assumido uma posição mais radical. Em seu *Micrographia*, publicado em 1665, Robert Hooke descreveu a microestrutura não só de espécimes vivos como de algumas pedras figuradas e ficou atônito ao descobrir que elas não se pareciam com espécimes vivos apenas a olho nu, mas também sob o microscópio. Ele propôs que as pedras figuradas eram exatamente o que pareciam, os remanescentes petrificados de animais e plantas. Embora inicialmente recebida com uma grande dose de ceticismo, sua ideia ganhou impulso, particularmente pelo fato de muitos espécimes mostrarem sinais óbvios de terem sido esmagados e desmembrados em um estado que não parecia consistente com sua deposição por um Deus cuidadoso e ansioso por impressionar a humanidade com seu onipotente poder.

FIGURA 28: Desenhos de pedras figuradas feitos por Robert Hooke, então chamadas de pedras-cobras, mas que agora conhecemos como fósseis de amonites.

Outro problema para os criacionistas foi a descoberta de pedras figuradas de criaturas diferentes de quaisquer outras conhecidas pela ciência. Em 1811 Mary Anning,[8] uma colecionadora amadora de pedras figuradas, descobriu o esqueleto petrificado de 5 metros de comprimento de uma criatura marinha nos penhascos de Dorset. O que poderia Deus ter em mente quando fez ictiossauros de pedra? Do outro lado do canal, o zoólogo francês Georges Cuvier (1769-1832) similarmente desenterrara o que eram claramente fósseis de animais terrestres até então desconhecidos, tais como mastodontes, mamutes, preguiças-gigantes terrícolas e pterodátilos, insistindo que eram os restos mortais de criaturas já extintas. No começo do século XIX, a maioria dos naturalistas estava convencida de que Robert Hooke estivera certo. Em seu livro de imensa influência *Principles of Geology* (Princípios de Geologia), publicado em 1830, o grande geólogo inglês e amigo de Darwin Charles Lyell (1797-1875) aceitava o princípio de que fósseis eram restos de plantas e animais extintos.

A extinção apresentava um enorme desafio para a história da Criação, centrada no homem. Por que Deus teria criado animais para a humanidade "dominar" e depois os eliminara? Alguns criacionistas argumentavam que versões de carne e sangue de fósseis pétreos ainda floresciam em regiões remotas e desabitadas. No entanto, embora se pudesse ter como fraco argumento o caso de, digamos, o ictiossauro ter passado despercebido, era difícil acreditar que ninguém tivesse avistado um pterodátilo voando pelos céus terrestres contemporâneos. Conforme observou o jovem Alfred Wallace ao ler um tratado sobre a classificação de animais e fósseis segundo o criacionismo bíblico, "a que teorias ridículas os Homens de ciências serão levados tentando conciliar ciência e escrituras".[9]

Correndo paralelamente aos debates sobre a natureza dos fósseis, havia dúvidas sobre o outro dogma central do criacionismo: a imutabilidade das espécies. O aristocrata e anatomista francês Georges-Louis Leclerc (1707-1788), conde de Buffon, notara partes vestigiais em alguns animais, tais como os ossos de artelhos laterais inúteis no porco. Por que, indagou Buffon, teria Deus dado aos animais essas partes inúteis? Buffon achava mais provável que os animais com membros vestigiais tivessem descendido de uma espécie aparentada agora extinta para a qual os membros, agora inúteis, um dia tiveram alguma função.

Buffon foi contratado como diretor do Jardin du Roi, em Paris, e ali empregou e orientou o naturalista francês Jean-Baptiste Lamarck (1744-1829), que em 1809, cinquenta anos antes de a carta de Wallace chegar a Down House, publicou seu livro *Filosofia zoológica*, argumentando que todas as espécies evoluíam por meio de sua hereditariedade de características adquiridas. Seu exemplo famoso era um antílope que esticava o pescoço para alcançar as folhas mais altas de uma árvore e então passava a característica adquirida de seu pescoço esticado para sua prole, cujos esforços adicionais para comer essas folhas de difícil alcance seriam, por sua vez, transmitidos aos filhotes, até que, por fim, nascia uma girafa.

A maioria dos cientistas continuava cética, particularmente porque as características adquiridas não pareciam ser herdadas. Os ferreiros eram um contraexemplo famoso. Seus braços tendiam a ser muito assimétricos, sendo aquele que segurava o martelo muito mais musculoso do que o outro, que não manuseava a ferramenta. Ainda assim, os filhos de ferreiros não herdavam essa assimetria, a não ser que também se tornassem ferreiros. Entretanto, em meados do século XIX, ninguém surgira com uma teoria da origem das espécies melhor do que essa. Quando, em 1836, o astrônomo e filósofo inglês John Herschel escreveu para Charles Lyell perguntando sua opinião sobre "esse mistério dos mistérios, a substituição de espécies extintas por outras", Lyell retrucou que Deus tinha criado cada espécie para estar perfeitamente adaptada ao seu ambiente, mas em um processo de Criação contínua ao longo de períodos de tempo geológicos.[10] Lyell propôs uma espécie de Criação gradualista.

Essa questão da origem das espécies era, portanto, um tema polêmico, mesmo no relativo remanso científico de Wallace em Leicestershire. Assim, quando na década de 1840 Alfred e Henry faziam um intervalo na atividade de espetar besouros, frequentemente discutiam os achados e as ideias de Buffon, Lamarck, Humboldt, Lyell ou Darwin. Cresceu entre eles uma determinação de, juntos, buscarem a solução para o problema da origem das espécies.

Travessura amazônica

Em 1845 as ambições de Alfred foram colocadas em compasso de espera depois que ele recebeu a notícia de que seu irmão mais velho, William, havia morrido de pneumonia. Com cinco de seus irmãos agora mortos, Alfred foi obrigado a assumir o papel de chefe da família e principal provedor. Ele renunciou ao seu emprego de professor para assumir, mais uma vez, o trabalho mais bem remunerado como agrimensor.

Durante os dois anos seguintes, Alfred trabalhou com engenheiros e operários de construção ferroviária, mensurando os campos para encontrar terras adequadas para ferrovias. No entanto, continuou a se corresponder com Henry, discutindo as recentes descobertas em história natural ou a própria ambição de ambos de se tornarem naturalistas. Em 1847 Alfred conseguira poupar um valor que ele considerava uma pequena fortuna: 100 libras. Coincidentemente, no mesmo ano Charles Darwin herdou 40 mil libras, sua parte do patrimônio da família. No outono de 1847, Alfred escreveu a Henry com um plano: viajariam ao redor do mundo seguindo as pegadas de Humboldt e Charles Darwin, ganhando a vida como *fly-men*. Alfred é explícito quanto à sua ambição de "pegar alguma família [de plantas ou animais] para estudar meticulosamente, tendo em vista a teoria da origem das espécies".[11]

Os dois se encontraram em Londres para fazer os preparativos. Ao contrário de Humboldt, não tinham como custear sua expedição. Tampouco tinham, como Darwin ou Halley, conexões influentes que pudessem assegurar a eles uma viagem gratuita em um navio da Marinha Real. Em vez disso, visitaram o Museu Britânico e conheceram seu curador de borboletas, Edward Doubleday, que lhes aconselhou que o pouco explorado norte do Brasil provavelmente conteria espécimes raros e valiosos. Foram até Kew Gardens, onde se encontraram com o diretor, Sir Joseph Dalton Hooker, de quem obtiveram cartas de apresentação e uma lista de palmeiras raras. Ainda encontraram um agente, um colega entusiasta de história natural, Samuel Stevens, que fundara havia pouco a Agência de História Natural. Finalmente, juntaram seus recursos para comprar beliches na barcaça *Mischief* (Travessura) e, seguindo as pegadas de seu herói Alexander von Humboldt, partiram para a América do Sul.

Alfred nunca se esqueceu de sua primeira visão dos trópicos ao entrarem em Salinas, no Brasil, a estação-piloto para embarcações com destino ao Pará, o porto de entrada da bacia amazônica. Ele a descreveu como "uma longa linha de floresta, aparentemente saindo da água". Desembarcaram em 26 de maio de 1848 em uma cidade cuja população tinha "toda tonalidade de cor [...], de branco a amarelo, negros marrons e pretos, indígenas, brasileiros e europeus com toda e qualquer mistura intermediária". Comeram macaco frito como desjejum e depois caminharam pela cidade até entrar na floresta onde "finos cipós pendiam dos galhos em festões ou estavam suspensos na forma de cordas e fitas, enquanto, no alto, luxuriantes plantas trepavam por árvores, troncos, telhados e paredes ou pendiam de paliçadas em copiosa profusão de folhagens".

A dupla se apressou a embarcar em uma série de expedições rio acima até as corredeiras de Guaribas e mais longe, penetrando na floresta, onde encontraram jacarés, morcegos-vampiros, vespas e uma horda de insetos que picavam, forçando-os a embrulhar suas cabeças em redes presas a seus chapéus de aba larga. Em sua primeira expedição selva adentro, conseguiram matar, capturar com rede ou coletar 3.635 espécimes de insetos, aves e plantas, muitos ainda desconhecidos da ciência, que preservaram, empacotaram e despacharam de volta para Stevens, na Inglaterra.

Depois de nove meses trabalhando juntos, Alfred e Henry concluíram que seriam mais produtivos caso se separassem, com Alfred pegando o rio Negro, afluente do Amazonas, e chegando até o ponto mais meridional das viagens de Humboldt na Venezuela, enquanto Henry explorava o rio Solimões. Alfred continuou a coletar espécimes, bem como a aplicar seu treinamento de agrimensor para mapear essa região largamente inexplorada da bacia amazônica. Ao viajar de canoa rio acima, ele encontrou indígenas amazonenses que lhe contaram histórias da floresta sobre jaguares, pumas, porcos selvagens ferozes, homens selvagens com rabo e o assustador Curupira, o guardião das florestas. Seu encontro com os povos locais instilou nele um profundo e perene fascínio e respeito pela cultura e pelos costumes nativos. Ele desenvolveu o que descreveu como uma "vívida indignação contra a vida civilizada".

Em 1849 Alfred escreveu para sua família para sugerir que seu irmão mais novo, Herbert, se juntasse a ele. Herbert chegou com outro jovem explora-

FIGURA 29: "Aventura com tucanos de crista ondulada", frontispício do livro *The Naturalist on the River Amazons* (O naturalista no rio Amazonas), de Henry Walter Bates, publicado em 1863.

dor, o botânico Richard Spruce, e os três passaram os dois anos seguintes coletando em meio à flora e à fauna da região. Infelizmente, Herbert morreu de febre amarela no Pará, em 1851, e Alfred sofreu uma série de surtos de febre, provavelmente por malária. Ele se recuperou, mas sentia-se debilitado e deprimido. Embora Henry Bates tenha permanecido na região amazônica por mais seis anos, Alfred resolveu que era hora de voltar para a Inglaterra.

Em julho de 1852, Alfred retornou ao Pará e empacotou seus últimos espécimes em caixas que foram carregadas, junto com uma coleção viva de aves, macacos e um cão selvagem, na embarcação *Helen*, que partia para a Inglaterra. Dois dias depois, logo após o café da manhã, o capitão invadiu a cabine de Alfred e disse: "Receio que o navio esteja pegando fogo. Venha ver o que você acha." Alfred só conseguiu salvar seu diário e alguns desenhos a lápis de peixes amazônicos antes de ele e o restante da tripulação serem forçados a pular em pequenos botes e abandonar o navio. Dali Alfred assistiu horrorizado a todos os seus preciosos espécimes sucumbirem ao fogo e suas plantas e animais aterrorizados perecerem nas chamas ou se afogarem junto do navio que afundava. O único que conseguiu se salvar foi um papagaio, que caiu no mar e foi apanhado pelos marinheiros em um dos botes salva-vidas.

Depois de dez dias à deriva, o rosto e as mãos de Alfred estavam cheios de bolhas provocadas pelo sol e os suprimentos de comida e água nos barcos escasseavam perigosamente (não se sabe o que aconteceu com o papagaio). Felizmente, foram avistados pela tripulação de um brigue desajeitado, o *Jordeson*, navegando aos trancos e barrancos para a Inglaterra. O velho navio só conseguia fazer, em média, 2 ou 3 nós, porém, depois de mais 80 longos dias no mar, acabaram desembarcando em Deal, Kent, onde Alfred alegremente jantou com os dois capitães. Ele ficou ainda mais contente quando ouviu que Stevens tinha feito seguro da sua carga por 200 libras. Seu confiável agente também conseguiu que várias das cartas de Alfred em que descrevia suas observações fossem publicadas. Além disso, exibiu e vendeu muitos dos espécimes que Alfred havia despachado para a Inglaterra em remessas anteriores. Assim, quando Alfred chegou a Londres, descobriu, para sua surpresa e prazer, que tinha deixado a obscuridade para ser um colecionador moderadamente conhecido e um respeitado naturalista.

Com 200 libras no bolso, Alfred não perdeu tempo em fazer planos para seguir em uma nova expedição. Dessa vez, escolheu rumar para leste. Em março de 1854, Alfred partiu para o arquipélago malaio, chegando a Singapura em abril, quatro anos antes de postar a famosa carta para Darwin.

Delimitando a história da vida: a lei de Sarawak

Alfred passou os três primeiros meses explorando e coletando espécimes da fauna e da flora de Singapura, antes de chegar, em 1º de novembro de 1854, ao porto de Kuching, na província de Sarawak, em Bornéu, onde montou sua base. Lá contratou Ali, um jovem malaio de 15 anos, para cozinhar e ajudá-lo a aprender o idioma. O rapaz também se revelou um conhecedor e esfolador de pássaros, permanecendo ao lado de Alfred durante seus oito anos de viagens pelo arquipélago.

Da sua base, a bordo de uma canoa, a dupla remava rio acima pelo Sarawak e pelo Santubong. Uma vez desembarcados, passavam o dia caçando aves, montando armadilhas para pegar lagartos e capturando insetos com redes, antes de se recolherem a uma aldeia da etnia malaia dyak que ficava próxima. Lá eles geralmente dormiam em uma maloca de madeira e palha sob vigas decoradas com cabeças encolhidas. Apesar da ornamentação macabra, Wallace gostava do estilo de vida comunitário provido pela maloca dos dyak, onde conviviam mais de 200 moradores da aldeia. E o melhor de tudo, as aldeias dyak eram cercadas de florestas que se pareciam muito com sua contraparte amazônica, repletas de uma diversidade estonteante de pássaros e insetos que, no entanto, eram completamente diferentes das espécies amazônicas. Aos poucos, Alfred começou a discernir um padrão e o germe de uma ideia simples tomou forma em sua mente. Em 1855 expôs seus pensamentos em um artigo científico intitulado "On the Law which Has Regulated the Introduction of New Species". Ele mandou o artigo para seu agente, que o enviou à popular revista científica *Annals and Magazine of Natural History*, onde foi publicado mais tarde naquele ano.

Nesse artigo, que, a meu ver, deveria ser muito mais amplamente reconhecido como chave para o desenvolvimento da teoria da seleção natural, Wallace insiste que "durante um período imenso, mas desconhecido, a superfície da Terra passou por sucessivas mudanças". Ele estava essencialmente reafirmando as conclusões de *Principles of Geology*, de Lyell, para conseguir o tempo "imenso" de que necessitava para concluir sua história. Em seguida, evocou a evidência do registro fóssil para alegar que "a presente condição do mundo orgânico é claramente derivada de um processo natural de extinção e criação gradual de espécies". Note que, embora use o termo "criação", ele se refere ao processo de "extinção e criação" como algo "natural". Wallace estava claramente apostando em uma criação mecanicista de espécies. E prosseguia enumerando nove "fatos principais" da história natural que, segundo propunha, deveriam ser levados em conta por qualquer teoria da origem das espécies.

Quatro dos fatos de Wallace são geográficos. Os dois primeiros destacam que os grupos taxonômicos amplos, como borboletas ou mamíferos, têm uma abrangência bem maior que os grupos mais estritos, como famílias ou espécies. Por exemplo, borboletas são encontradas em todo o globo, mas a família daquelas com belas asas longas, ou helicônias, está restrita às Américas do Norte e do Sul, e espécies particulares de helicônias costumam ser encontradas em regiões de floresta. O terceiro fato é que espécies ou grupos de espécies proximamente relacionados tendem a habitar territórios vizinhos. O último fato geográfico de Wallace é que, quando climas similares são "separados por um grande mar ou altas montanhas", as famílias, os gêneros e as espécies encontrados, digamos, de um lado da cordilheira estarão intimamente alinhados com as famílias, os gêneros e as espécies do outro lado. Ele ilustra esse fato – algo que Darwin também tinha notado – com suas observações das ilhas de Malaca, Java, Sumatra e Bornéu, separadas apenas por um mar estreito e raso.

Wallace fornece, então, outros quatro fatos semelhantes, mas – e de maneira notória, pois isso era inteiramente novo – se refere à distância no tempo em vez de no espaço. A partir do registro fóssil, ele argumenta que grupos taxonômicos menores, tais como amonites, tendem a ter uma distribuição temporal mais estrita no registro fóssil do que grupos maiores, como os moluscos. Além disso, "espécies de um *genus*, ou gênero, de uma família ocorrendo no mesmo tempo geológico são mais intimamente ligadas do que aquelas separadas no tempo". Por exemplo, espécies mais proximamente relacionadas de amonites estão agrupadas em estratos adjacentes no registro geológico; já espécies mais remotamente relacionadas estão separadas por uma distância maior. Seu nono "fato", o "fato" final, é que nenhuma espécie ou grupo ocorre mais de uma vez no registro geológico. Em outras palavras, "nenhum grupo ou espécie veio a existir duas vezes".

Ainda mais revolucionário para a biologia, Wallace então conseguiu juntar todos os nove fatos em uma proposta simples única, ou "lei", uma das primeiras da biologia moderna. Na sua lei de Sarawak, como se tornou conhecida, Wallace propôs que "toda espécie veio a existir, por coincidência, tanto no espaço quanto no tempo com espécies proximamente aliadas". Esse princípio é tão familiar para nós hoje que é difícil apreciar sua originalidade no século XIX. Costumamos tomar como certo, por exemplo, que nós, humanos, e os chimpanzés somos "espécies aliadas" que existiram em tempos relativamente recentes na África, enquanto nós e as borboletas somos espécies menos aparentadas, que se separaram de um ancestral comum em um tempo e em um lugar mais distantes. No entanto, em 1855 a lei de Sarawak, de Wallace, teria chocado a maioria dos naturalistas, que acreditavam que chimpanzés, borboletas e todas as criaturas que habitam a Terra haviam sido criadas na mesma semana e no mesmo lugar, mais ou menos 6 mil anos antes.

Já discutimos a importância de leis, da lei de Buridan às de Kepler, Boyle ou Newton: elas são a descrição mais simples de uma ampla gama de fenômenos e atuam como máquinas de predição. A lei de Sarawak, de Wallace, não é exceção. Primeiro, é simples e econômica. Ela essencialmente condensa os nove fatos de Wallace e uma imensidão de observações sobre história natural em uma única sentença. Como aconteceu com simplificações anteriores, tais como a heliocentricidade, observações que eram anteriormente arbitrárias tornaram-se consequências da lei. Wallace argumenta que:

> [A lei de Sarawak] também reivindica uma superioridade sobre hipóteses anteriores, uma vez que não meramente explica, mais necessita do que existe. Dada a lei, muitos dos fatos mais importantes na Natureza não poderiam ter sido de outra maneira, mas são quase deduções necessárias dela, como são as órbitas elípticas da lei da gravitação.

Com a lei de Sarawak, de Wallace, a navalha de Ockham enfim havia encontrado utilidade na biologia e o mundo natural se tornou muito mais simples.

No entanto, quase ninguém notou.

Um negócio complicado

Depois de enviar por correio o artigo sobre Sarawak para seu agente, Wallace deu continuidade a um projeto mais substancial. Em uma carta a Henry Bates, revelou: "Esse artigo é obviamente um mero anúncio da teoria, não seu desenvolvimento. Preparei o plano e escrevi trechos de um trabalho extensivo, abrangendo o assunto em todos os seus aspectos e me empenhando em provar o que no artigo apenas indiquei."[12]

Por motivos esclarecidos adiante, o "trabalho extensivo" nunca foi concluído e, de modo geral, seu artigo sobre Sarawak foi em grande parte ignorado. Seu agente, Stevens, chegou a avisar que vários dos seus clientes acreditavam que Wallace deveria se ater a ser um *fly-man* e deixar as teorizações para os profissionais. Contudo, Charles Lyell, o mais famoso geólogo da Inglaterra, leu o artigo de Wallace e percebeu que ele minava sua teoria predileta da Criação contínua. Reagiu argumentando que "há inúmeras razões conectadas ao passado e ao futuro, bem como ao presente, que farão com que as novas espécies se pareçam com aquelas que existem ou que existiram ultimamente".[13] As "inúmeras razões" eram, é claro, a adição de complexidade. Lyell propôs que, quando Deus criava uma nova espécie, planejava seu futuro, e esses planos poderiam incluir, por exemplo, que uma única ilha fosse futuramente dividida em duas.

Ainda assim, concordando ou não com as conclusões, Lyell ficou claramente impressionado com o artigo de Wallace e o recomendou a seu amigo. Darwin parece ter demonstrado menos interesse, pois escreveu um comentário nas margens de seu exemplar dizendo que "com ele é tudo Criação", ignorando completamente a afirmação feita por Wallace de que tinha em mente "um processo natural de extinção e criação gradual de espécies". Darwin concluía que o trabalho continha "nada de muito novo". No entanto, essa avaliação cheia de desprezo contrastava com outra nota escrita junto ao argumento de Wallace de que espécies fósseis ocorrendo no mesmo tempo geológico são mais similares que aquelas separadas no tempo. Darwin indagou: "Isso pode ser verdade?"[14]

Um ano depois, em abril de 1856, Charles Lyell e sua esposa visitaram os Darwin em Down House. Eles discutiram o artigo sobre Sarawak, de Wallace, e Darwin confessou que Wallace lhe escrevera diretamente antes (a carta desde então se perdeu) pedindo sua opinião sobre o texto e reclamando que ficara decepcionado com o silêncio que acompanhara sua recepção. Receando que seu amigo pudesse ser passado para trás, Lyell instou Darwin a publicar sua teoria rapidamente. Mais tarde, comentou que discutiu com Darwin "a teoria do Sr. Wallace sobre a introdução de [novas] espécies, [que Wallace alega serem] mais aliadas daquelas imediatamente precedentes no Tempo, ou que [qualquer] espécie nova era, na maioria dos períodos [ou estratos] geológicos, semelhante aos [estratos] que imediatamente [a] precedem no Tempo, [o que, se verdadeiro,] parece explicado pela teoria da seleção natural".[15]

O interesse de Lyell impeliu Darwin a responder sobre o artigo de Wallace, assegurando-lhe que seu trabalho fora lido e admirado pelas pessoas que importavam, inclusive Lyell. Quanto à sua opinião, Darwin escreveu que concordava "com a verdade de quase toda palavra do seu artigo" e prosseguiu:

> Este verão se completará o 20º ano (!) desde que abri meu primeiro caderno de notas sobre a questão de como e de que forma as espécies e variedades diferem umas das outras. Estou agora preparando meu trabalho para publicação, mas acho o tema tão amplo que, embora tenha escrito muitos capítulos, suponho que não possa ser impresso antes de dois anos.

Estaria Darwin pedindo educadamente a Wallace que saísse do seu caminho? Se foi isso mesmo, Wallace o ignorou ou, mais provavelmente, não o entendeu. Darwin concluiu sua carta requisitando a Wallace que adquirisse espécimes para ele de quaisquer aves domesticadas com as quais pudesse "se deparar".

Nesse meio-tempo, no arquipélago malaio, Wallace navegou de Bornéu para o sul, até a ilha de Bali, e dali mais para leste, até a ilha de Lombok, cruzando o perigoso estreito de Lombok, famoso por suas fortes correntezas e súbitos redemoinhos. Ele fez a travessia em uma escuna pilotada por uma tripulação javanesa que alegava que "o mar está sempre faminto e devora qualquer coisa que possa capturar". Felizmente, o mar não estava com tanta fome naquele dia e, após uma viagem empolgante, Alfred desembarcou na praia de Lombok e saiu para explorar. Ele ficou surpreso ao descobrir que, embora estivesse apenas 30 quilômetros a leste de Bali, ainda visível de sua costa, a ilha abrigava um ecossistema totalmente diferente, com melífagos e cacatuas brancas, abelharucos e cucaburras, aves que ele sabia serem comuns na Austrália, mas desconhecidas no oeste do arquipélago. Por toda parte via espécies idênticas ou parecidas com aquelas que sabia serem peculiares da Austrália e de suas ilhas vizinhas. Wallace descobriu inadvertidamente o que hoje é conhecido como Linha Wallace, a descontinuidade que atravessa o arquipélago da Malásia entre a flora e (particularmente) a fauna, com as espécies asiáticas ao norte e a oeste, e as espécies australianas a leste e ao sul. Essa foi seguramente a mais surpreendente confirmação do seu quarto fato da história natural: que regiões "separadas por um largo mar ou elevadas montanhas" desenvolvem as próprias flora e fauna distintas.

De Lombok, Alfred embarcou em sua maior aventura até aquele momento, uma viagem por mar de aproximadamente 2.500 quilômetros até as ilhas Aru, perto da Papua-Nova Guiné, em uma proa nativa, um barco a vela semelhante a um junco chinês, acompanhado por peixes-voadores e golfinhos saltitantes. Ao chegar, ficou muito impressionado com os polinésios nativos com suas canoas minuciosamente entalhadas e enfeites de cabeça decorados com penas de casuares. Logo partiu, de rifle e rede, conseguindo capturar seu melhor prêmio até então: um espécime da magnífica ave-do-paraíso-real. Ele observou que esse pássaro raro, de penugem colorida e flamejante, é encontrado apenas nas profundezas das florestas, longe do homem – evidência, argumentou, que "certamente deve nos dizer que nem todos os seres vivos são feitos para o homem".

Antes de partir, ele enviou o primeiro de vários artigos científicos sobre história natural das ilhas Aru e velejou para Macáçar, em Celebes (Sulawesi), e para o norte nas ilhas Molucas, ou as lendárias ilhas das Especiarias. Em janeiro de 1858, atracou na ilha de Ternate, onde alugou uma casa perto da praia e à sombra de um vulcão fumegante. Esse seria seu lar e sua base pelos três anos seguintes.

Wallace imediatamente partiu para explorar os arredores, alugando um pequeno bote com tripulação e atracando na baía de Dodinga, que separa as metades norte e sul da vizinha ilha Maluku. Ali alugou uma choupana e, após uma breve mas produtiva caminhada, conseguiu capturar em sua rede diversos insetos desconhecidos. No entanto, logo foi tomado por uma febre, provavelmente malária, e forçado a se recolher à cabana, onde permaneceu por semanas. Confinado, Wallace voltou-se a refletir sobre a questão das espécies, que o vinha atormentando desde seus tempos de colecionador de besouros com Bates: como é gerada a fantástica diversidade das espécies? Sua lei de Sarawak havia fornecido a pista de que espécies relacionadas surgem próximas no tempo e no espaço, mas não propunha um mecanismo. Nesse sentido, estava mais perto das leis cinemáticas de Kepler do que das leis causais de Newton. A peça que faltava no quebra-cabeça era por que e como espécies similares surgem no mesmo lugar e ao mesmo tempo.

Talvez com a possibilidade de sua morte em mente – fazia apenas sete anos que seu irmão morrera em decorrência de uma febre tropical semelhante àquela que o acometia –, suas ideias voltaram-se para *Ensaio sobre o princípio da população*, de Thomas Malthus, e sua sinistra observação de que a reprodução sempre superaria os recursos disponíveis, produzindo um inevitável abate natural sobre o crescimento populacional. Então combinou esse conceito com a extensa variedade que ele e outros pesquisadores tinham descoberto dentro de qualquer espécie. No entanto, Wallace sabia, com base em experimentos notáveis que havia realizado na floresta, que a variedade natural dentro de uma espécie é hereditária. Em meio à febre, conseguiu resolver o quebra-cabeça. Espécies aliadas surgem no mesmo lugar e ao mesmo tempo porque derivam de um mesmo ancestral graças ao processo que hoje conhecemos como seleção natural, explicando, assim, sua lei de Sarawak. Dessa vez Wallace descobriu o equivalente biológico das leis causais do movimento de Newton.

Alfred esperou que a febre passasse antes de retornar à sua casa em Ternate. Em três dias, organizou suas ideias no artigo intitulado "On the Tendency of Species to Form Varieties; and on the Perpetuation of Varieties and Species by Natural Means of Selection" (Sobre a tendência das espécies de gerar variedades; e sobre a perpetuação de variedades e espécies por meios naturais de seleção). Mas a quem enviar? Seu primeiro pensamento provavelmente foi mandar para seu agente, Stevens, que o teria remetido a uma revista científica adequada. No entanto, Darwin lhe dissera que Charles Lyell tinha achado interessante seu artigo sobre Sarawak. Isso bastou para que ele pensasse mais alto e mandasse seu artigo escrito em Ternate para Darwin, pedindo-lhe que o entregasse ao grande homem da ciência britânica. Ele postou sua carta, aquela que chegou a Down House em 18 de junho de 1858, e partiu para a Papua-Nova Guiné para coletar mais espécimes.

Enquanto Wallace chegava lá, Darwin estava se recuperando do choque de descobrir que aquele desconhecido trabalhando na Malásia tinha chegado de modo independente à mesma ideia que ele próprio vinha alimentando havia pelo menos uma década. Também em junho de 1858, quando Darwin já havia encaminhado a Lyell o manuscrito de Ternate, prometeu responder a Wallace oferecendo-se para enviar seu artigo a uma revista científica. Darwin não respondeu, mas enviou outra carta a Lyell mais tarde na mesma semana, insistindo na sua alegação anterior para a teoria da seleção natural e afirmando que

> ficaria extremamente contente agora em publicar um esboço das minhas visões gerais em mais ou menos uma dúzia de páginas. Mas não consigo me convencer de que eu possa fazê-lo de maneira honrada. [...] Lamento aborrecer-te com esta trapalhada, mas não tenho palavras para expressar como ficarei grato pelo teu conselho.

O restante da história foi contado muitas vezes,[16] então não preciso repetir aqui. Lyell, Joseph Hooker e o eminente biólogo e anatomista Thomas Huxley conseguiram fazer com que o artigo de Wallace escrito em Ternate sobre seleção natural fosse apresentado em uma reunião da Sociedade Lineana em 1º de julho de 1858, mas só depois da leitura de duas "provas" da primazia de Darwin na teoria da seleção natural. A primeira "prova" foi o "esboço" inédito de Darwin da teoria, que ele havia escrito para o botânico americano Asa Gray em 1857, no qual delineou algumas de suas ideias.

Todos os três artigos foram publicados na ordem em que foram lidos, de acordo com os procedimentos da Sociedade Lineana, em setembro daquele ano. Wallace continuou trabalhando como *fly-man*, completamente alheio à tempestade intelectual que sua carta havia provocado. Charles Darwin abandonou seu "grande livro" para escrever um "resumo" de sua teoria, que acabou sendo sua obra-prima, *A origem das espécies*, publicado em novembro do ano seguinte. Quando Wallace soube do "delicado arranjo" após a publicação de Darwin, abandonou o plano de escrever o próprio "trabalho extensivo" sobre a origem das espécies.

Wallace passou mais quatro anos coletando espécimes no arquipélago, inclusive o maior prêmio de todas as suas viagens, uma espécie anteriormente desconhecida de ave-do-paraíso, hoje conhecida como asa-padrão de Wallace. Na verdade, foi seu assistente, Ali, quem primeiro localizou o animal, exclamando: "Olhe aqui, senhor, que pássaro curioso!" Wallace voltou para a Inglaterra em abril de 1862 levando na bagagem um par de aves-do-paraíso vivas. O fato mereceu uma menção no *Illustrated London News*. Ele foi eleito membro da Zoological Society e recebeu convites de Charles Darwin, Thomas Huxley e Charles Lyell. Wallace também renovou sua amizade com seu parceiro colecionador Henry Bates. No verão de 1862, fez uma visita a Down House, a residência de Darwin em Kent. Os dois naturalistas continuaram a se corresponder e cultivaram uma excelente relação pelo resto de suas vidas.

Wallace publicou sua obra-prima, *The Malay Archipelago* (O arquipélago malaio), em 1869. Além de descrever a história natural da região, exaltava as virtudes das culturas tradicionais, comparando-as com as da civilização ocidental, na qual, argumentava ele, "a riqueza, o conhecimento e a cultura de poucos não constituem civilização […] [cuja] organização moral permanece em estado de barbárie". Ele continuou socialista por toda a vida e foi um ferrenho defensor tanto da nacionalização da terra quanto dos direitos das mulheres. Ao contrário de muitos de seus colegas naturalistas, opunha-se fortemente à eugenia.

Darwin morreu em 1882 e foi enterrado na Abadia de Westminster. Wallace foi um dos que carregaram seu caixão. Aos 70 anos, Wallace foi finalmente eleito membro da Royal Society, com 40 anos a mais do que Darwin tinha quando recebeu a mesma honra. Ele declarou que teria apreciado melhor o convite se isso tivesse ocorrido enquanto ainda tinha forças para participar das reuniões. Em 1908, na comemoração do quinquagésimo aniversário da leitura dos artigos de Wallace-Darwin na Sociedade Lineana, Wallace descreveu como a seleção natural ocorreu a ele "em um súbito clarão de inspiração". Hooker acompanhou Wallace e acrescentou uma nova peça ao quebra-cabeça, destacando que não havia mais nenhuma "evidência documental" de qualquer uma das cartas que Darwin recebera durante a troca de correspondência sobre o artigo de Ternate. Darwin tinha o hábito de conservar quase todas as suas cartas. No entanto, as que recebeu de Wallace, Hooker, Huxley ou Lyell durante aquele ano crucial de 1858, inclusive o manuscrito original do artigo de Ternate, foram perdidas.

Alfred Russel Wallace continuou a escrever artigos sobre vários tópicos científicos e sociais. Em seu livro *Man's Place in the Universe* (O lugar do homem no Universo), publicado em 1903, ele introduziu o conceito de astrobiologia, analisando as condições físicas requeridas para a vida orgânica em ecossistemas terrestres e concluindo que a Terra é o único planeta habitável do sistema solar. Em 1906 publicou um artigo intitulado "Is Mars Habitable?" (Marte é habitável?), no qual refuta solidamente as alegações do astrônomo Percival Lowell de que Marte é "habitado por uma raça de seres altamente inteligentes".[17]

Wallace morreu tranquilamente em 7 de novembro de 1913. Foi enterrado em Broadstone, em Dorset, onde passou seus últimos anos. Mais tarde seu túmulo foi enfeitado com um tronco de árvore fossilizado encontrado em uma praia de Dorset. No entanto, talvez o mais cativante tributo à memória de um dos maiores naturalistas do mundo e codescobridor da teoria que o filósofo Daniel Dennett chamou de "a melhor ideia que alguém já teve"[18] foi um breve episódio envolvendo o biólogo americano Thomas Barbour. Em 1907, quando coletava espécimes em Ternate, Barbour encontrou, por acaso, um "velho e enrugado homem malaio [...] com um fez azul desbotado na cabeça". Em inglês perfeito, o velho disse a Barbour: "Eu sou Ali Wallace."[19]

Qualquer que seja sua origem, a seleção natural é provavelmente a redução mais ockhamista de uma profusão de fatos arbitrários a uma lei simples. Ela depende do mecanismo mais simples possível: uma fonte ilimitada de variações hereditárias combinadas com sobrevivência e replicação diferenciadas. Tanto

FIGURA 30: Lápide do túmulo de Alfred Russel Wallace em Broadstone, Dorset.

Darwin quanto Wallace tinham fartas evidências para a sobrevivência e a replicação diferenciadas, mas, menos de uma década depois da publicação de *A origem das espécies*, o político, cientista e escritor George John Douglas Campbell (1823-1900), o oitavo duque de Argyll, revelou um problema com aquele outro ingrediente: uma fonte ilimitada de variação hereditária. Em *Reign of Law* (Reinado da lei), publicado em 1867, Campbell mostrou que, apesar do título imponente do livro, "a teoria do Sr. Darwin não é absolutamente uma teoria da origem das espécies, mas somente uma teoria sobre as causas que levaram ao relativo sucesso e fracasso de novas formas que podem nascer no mundo". Campbell destacou corretamente que a obra-prima de Darwin descreve a seleção natural atuando em variações preexistentes, como os diferentes formatos dos bicos dos pintassilgos ou as cores das asas das borboletas. Ainda assim, esse processo não é criativo; ele pode apenas selecionar variantes que já existem dentro de uma população. Por si só, não pode criar variantes nem espécies.

O passo seguinte na revelação do maior segredo da biologia foi descobrir uma fonte simples de novas variações.

15
De ervilhas, prímulas, moscas e roedores cegos

> Não há prova mais convincente de uma teoria do que seu poder de absorver e encontrar espaço para fatos novos.
> ALFRED RUSSEL WALLACE, 1867[1]

Mais ou menos na mesma época em que George Campbell apontou a ausência de uma forma de gerar variação na teoria da seleção natural, Fleeming Jenkin, professor régio de engenharia na Universidade de Edimburgo e inventor do bonde a cabo, revelou outro problema, potencialmente mais sério. Em sua resenha de *A origem das espécies*, de Darwin, Jenkin mostrou que a hereditariedade tendia a misturar características. Mães altas e pais baixos geralmente têm filhos de altura mediana. Essa inclinação no sentido da média, insistia Jenkin, remove a variação da qual depende a seleção natural. Além disso, ele argumentou que "a vantagem" de qualquer nova variação rara seria "totalmente superada pela [sua] inferioridade numérica". Para cravar esse ponto, e com o racismo naturalizado, típico da segunda metade do século XIX, ele citou o exemplo de "um branco altamente favorecido [que] não pode tornar branca uma nação de negros".[2]

A raiz do problema destacado por Campbell e Jenkin era que, no século XIX, ninguém conseguia responder a uma pergunta comumente feita pelas crianças.

Por que eu me pareço com o papai?

Charles Darwin teve dez filhos, dos quais oito sobreviveram, e Alfred Russel Wallace, três, sendo dois sobreviventes. Não encontrei nenhuma foto dos jovens Wallace, mas há muitas fotografias dos filhos de Darwin e é fácil ver uma semelhança familiar tanto com Charles quanto com sua esposa, Emma.

Entre os muitos desafios impostos à nossa compreensão do mundo, a hereditariedade é seguramente o maior. Semelhante gera semelhante, bolotas dão origem a carvalhos e ovos viram galinhas. Uma bolota ou um ovo não lembram um carvalho ou uma galinha, mas, de algum modo, o segredo para fabricá-los está contido na bolota e no ovo. Como esses segredos estão codificados? Como é aberta a mensagem para criar um carvalho ou uma galinha? A maioria dos cientistas no século XIX recaía na velha explicação da intervenção divina, transformando a hereditariedade no último refúgio do vitalismo. Desesperado, Darwin recorreu à desacreditada teoria lamarckiana da herança adquirida, que ele chamava de pangênese. Em seu livro de 1868, *The Variation of Animals and Plants under Domestication* (A variação de animais e plantas sob domesticação), ele propôs que características adquiridas durante a vida de um animal são transmitidas do corpo para os gametas (células do óvulo e do espermatozoide) por meio de partículas que denominou "gêmulas". A teoria estava sujeita às mesmas críticas (lembre-se do braço musculoso do ferreiro) feitas a Lamarck e fracassou em convencer seus avaliadores. Até mesmo Wallace acabou se posicionando contra ela. Nas últimas décadas do século XIX, a teoria da seleção natural quase teve o mesmo destino de muitas das criaturas que ela descrevia: a extinção.

No entanto, dois anos antes de Jenkin publicar seu desafio à teoria da seleção natural, a solução para o problema da mistura da hereditariedade já havia sido revelada por um frade agostiniano pouco conhecido.

A mensagem em uma vagem de ervilhas

Johann Mendel (1822-1884) nasceu em uma família de camponeses agricultores em Hynčice, uma pequena aldeia na Silésia, agora República Tcheca. Naquela época, a maioria dos agricultores gerava agricultores, e esse teria sido o destino de Johann se um professor local não tivesse percebido os talentos do garoto e persuadido a família a usar seus parcos e sofridos recursos para mandá-lo cursar o ensino médio na aldeia vizinha de Troppau (Opava). Johann se graduou seis anos depois com muito esforço, pois, ao longo da vida, sofreu crises do que hoje chamamos de depressão clínica.[3]

Em seguida, Johann se matriculou na Universidade de Olomouc, na Morávia, para estudar filosofia e física. Sua irmã Theresia pagava seus estudos com seu dote e Johann ganhava dinheiro para suas refeições e alojamento trabalhando como tutor de alunos mais novos. Foi provavelmente em Olomouc que começou a se interessar pela hereditariedade, já que seu mestre de ciências naturais, Johann Nestler, havia realizado os próprios experimentos com animais e plantas. O dote de Theresia, porém, era limitado, de modo que, para continuar sua educação, Mendel ingressou na Abadia de São Tomás, em Brno, em 1843, como noviço. Lá adotou o nome Gregor. Conforme escreveu mais tarde, "minhas circunstâncias decidiram minha escolha vocacional".

Gregor Mendel recebeu treinamento para se ordenar padre e assumiu uma paróquia, mas, em uma carta de 1849 para o bispo local, o abade Cyril Napp admitiu que "ele [Mendel] é muito diligente no estudo de ciências, mas menos adequado para o trabalho como padre de uma paróquia". O abade mandou o frade de mentalidade científica para a Universidade de Viena, onde estudou física com Christian Doppler, famoso pela descoberta do efeito Doppler. Mendel também estudou botânica com Franz Unger, um microscopista que havia proposto a própria teoria da evolução pré-darwiniana. Em 1853, regressou a Brno.

Não há evidência de por que Mendel resolveu estudar ervilhas. A escolha, porém, foi consistente com os princípios da ciência experimental estabelecidos por Galileu, Boyle e outros, no sentido de manter os sistemas experimentais tão simples quanto possível. Ervilhas são fáceis de cultivar, têm um tempo curto de germinação e possuem variedades facilmente reconhecíveis e hereditárias, que podem ser distintas, por exemplo, pelo seu fruto (redondo ou enrugado, verde ou amarelo), pela altura ou pela cor de suas flores (brancas ou roxas). Como Galileu limando bolinhas de ferro para que ficassem perfeitamente esféricas e rolassem suavemente, Mendel desenvolveu seu modelo experimental de ervilhas cruzando cada variedade por diversas gerações até que seu caráter permanecesse estável. Para remover qualquer fonte de variação, ele cruzou grãos individuais de modo a conhecer exatamente os "pais" em cada cruzamento. Conforme escreveu: "Experimentos com espécies de sementes dão o resultado da maneira mais simples e mais certa."[4] Àquela altura, Mendel não precisava citar nem Aristóteles nem Ockham para justificar sua preferência pela simplicidade. Isso havia se tornado tão natural que a maioria dos cientistas nem tinha mais consciência de trabalhar dessa maneira.

Em um artigo escrito por volta de 1865, Mendel descreveu sua intenção de lançar luz sobre o processo de "fertilização artificial em plantas ornamentais para obter novas variedades de cor".[5] Graças a seus estudos em Olomouc e Viena, estava muito consciente dos debates que ecoavam pelos corredores da história natural no século XIX. Ele possuía, e claramente lera, uma tradução alemã de *A origem das espécies*, de Darwin, de modo que, em seu artigo revolucionário, Mendel escreveu que seus experimentos para investigar a hereditariedade são "o único meio pelo qual podemos finalmente chegar à solução de uma questão cuja importância não pode ser superestimada em conexão com a história da evolução das formas orgânicas".

Para descobrir como são herdadas as características das ervilhas, tais como superfície enrugada ou flores roxas, Mendel cruzou plantas com traços diferentes – por exemplo, aquelas que produziam flores roxas com outras que produziam flores brancas. Ele esperava que a geração seguinte de ervilhas fosse, talvez, de um lilás clarinho. Em vez disso, o traço branco desapareceu como se todas as ervilhas tivessem flores roxas. Em seguida, Mendel permitiu que sua primeira geração de ervilhas se autofertilizasse e plantou sementes para cultivar uma segunda geração. Ao examinar as flores, observou, estarrecido, que o traço branco havia retornado, embora apenas em 25% das vagens. Em vez da mistura esperada, Mendel obteve razões de números inteiros entre ervilhas roxas e brancas, aproximadamente de três para um.

Mendel realizou cerca de 15 mil cruzamentos com muitos pares de diferentes características ao longo de um período de oito anos, sempre medindo e registrando meticulosamente as características da descendência ao longo de várias gerações. Todos os pares de traços complementares examinados forneceram proporções de números aproximadamente inteiros da característica na prole, por exemplo, três vezes o número de ervilhas lisas *versus* enrugadas (3:1) ou números iguais (1:1) ou apenas ervilhas lisas (1:0). Ele também notou que, para cada característica binária (lisa ou enrugada, roxa ou branca), uma variante, como o aspecto liso, tendia a ser *dominante* na primeira geração após um cruzamento, ao passo que a variante alternativa, *recessiva* (enrugada), ficava oculta até a segunda geração.

Da perspectiva da teoria evolucionária, o resultado mais importante obtido pelos experimentos de Mendel foi observar que as características, ao contrário do que insistia o dogma da hereditariedade do século XIX, não se misturavam. Fossem dominantes ou recessivas, eram transmitidas intactas por dezenas de gerações. Em 1863, quando Mendel concluiu seus experimentos, uma ervilha enrugada de uma vagem aberta era tão enrugada quanto a primeira descendência de seus cruzamentos feitos oito anos antes, apesar de sua característica ter atravessado dezenas de gerações de pés de ervilhas lisas. A hereditariedade podia escolher, mas não se misturava. Os determinantes das características imutáveis que eram passadas adiante de geração em geração foram chamados por Mendel de *elementos*, mas hoje os conhecemos como genes.

Ao contrário de Kepler, Mendel nunca mencionou as angústias mentais que ele provavelmente sofreu ao tentar dar sentido a dados que tanto contradiziam os dogmas. Sua primeira conclusão foi que as regularidades de números inteiros observadas nos padrões de hereditariedade deviam refletir o fato, bastante surpreendente, de que a hereditariedade é discreta, e não contínua. Hoje diríamos digital, e não analógica. Com seu passado em ciências físicas, essa propriedade deve ter surpreendido Mendel, pois ele certamente sabia que ela separava a hereditariedade de todos os outros parâmetros físicos, como velocidade, massa, impulso, pressão, temperatura e aceleração, que variam continuamente. Contudo, os genes pareciam conhecer apenas números inteiros: um, dois ou três.

Mendel leu seu artigo sobre hereditariedade em uma reunião da Sociedade de História Natural de Brno, em 8 de fevereiro de 1865, e o publicou no ano seguinte, apenas sete anos depois de *A origem das espécies*, de Darwin, e bem no meio da batalha travada entre os apoiadores e os detratores da seleção natural. O artigo poderia ter respondido a pelo menos algumas das críticas. Uma referência a ele apareceu no *Guide to the Literature of Botany*

(Guia para a literatura da botânica), de Benjamin Daydon Jackson, que se encontrava nas prateleiras da biblioteca da Sociedade Lineana, onde a teoria da seleção natural foi revelada. No entanto, ninguém envolvido na briga parece tê-lo lido.

Quando Cyril Napp morreu, em 1867, Mendel foi eleito abade. Ele abandonou sua estufa e se dedicou a deveres administrativos. Morreu em 6 de janeiro de 1884, aos 61 anos, sem sequer imaginar que se tornaria o pai da genética. Sua estufa foi desmontada, e todos os seus artigos, queimados no jardim da abadia.

Os experimentos de Mendel respondiam à crítica de Fleeming Jenkin acerca da teoria da seleção natural. Contudo, ainda deixavam sem resposta a fonte do novo problema da variação natural, a objeção de Campbell. A origem de uma espécie nova ainda permanecia um mistério.

Prímulas e moscas

Hugo de Vries (1848-1935) nasceu em Haarlem, nos Países Baixos, em 1848. Cresceu em uma região rica em vida vegetal, que o inspirou a assumir o estudo da botânica na Universidade de Leiden em 1866. Ali ele leu *A origem das espécies*, de Darwin, mas não ficou convencido, por todas as razões já mencionadas. Em 1886, dois anos após a morte de Mendel, enquanto caminhava perto de Hilversum, notou uma dispersão de prímulas noturnas, incluindo diversas variedades anômalas que não haviam sido descritas anteriormente. Ele levou as sementes para o seu laboratório e demonstrou que as características anômalas não só eram hereditárias como também mostravam razões de números inteiros de caracteres dominantes e recessivos na descendência. De Vries chamou as novas variações de *mutações* e alegou que elas forneciam as informações necessárias para estabelecer novas espécies. Buscando estudos semelhantes na literatura, ele redescobriu o trabalho de Mendel. Em 1901, apresentou sua teoria de que mutações fornecem a fonte de variação que gera novas espécies.

Alguns anos depois, em 1907, o cientista americano Thomas Hunt Morgan (1866-1945) iniciou um programa para criar extensivamente a mosca-das-frutas. Depois de observar milhares de moscas de olhos vermelhos, ele notou algumas de olhos brancos. Assim, demonstrou que a característica dos olhos brancos, uma mutação, era herdada em um padrão de razões de números inteiros. De maneira semelhante, ele redescobriu o trabalho de Mendel e seguiu adiante, mostrando que mutações dão origem a animais além da gama normal de variação dentro de uma espécie. A subsequente fusão da seleção natural com a genética mendeliana tornou-se conhecida como *síntese moderna*, ou *síntese neodarwiniana*. Ela continua sendo a pedra angular da genética – ou melhor, da biologia. Como insistiu o biólogo evolutivo Theodosius Dobzhansky: "Nada na biologia faz sentido, exceto à luz da evolução."[6]

No entanto, nas primeiras décadas do século XX, embora os genes viessem a ser aceitos como as unidades da hereditariedade e os condutores da evolução, ninguém sabia de que eram feitos nem como funcionavam. O mistério tornou-se o último refúgio do princípio vitalista da vida e até mesmo da mão de Deus. Assim, por exemplo, em 1911 o filósofo francês Henri Bergson (1859-1941) publicou *A evolução criadora*, argumentando que hereditariedade e evolução eram guiadas por um *élan vital* ou *ímpeto vital* peculiar aos seres vivos.[7] A busca subsequente para excluir o último vestígio de teologia científica da ciência moderna revelaria os segredos da molécula mais extraordinária do universo conhecido.

Os decifradores do código

Na próxima parte da nossa história, mais uma vez passarei por cima de muitas descobertas cruciais para ressaltar apenas aquelas que são importantes para a nossa compreensão do papel da simplicidade na biologia. O primeiro passo para exorcizar dos genes as forças vitais foi mostrar que eles são feitos de substâncias químicas comuns. Isso, na verdade, já tinha sido provado mais ou menos na época em que Mendel descobriu os genes, em 1868, pelo químico suíço Friedrich Miescher (1844-1895). Quando trabalhava na universidade de Kepler, em Tübingen, Miescher isolou das células brancas do sangue uma substância bioquímica que ele chamou de "ácido nucleico" e mostrou que ela era composta de hidrogênio, oxigênio, nitrogênio e fósforo. Miescher nunca descobriu o que essa nova substância bioquímica fazia, mas, em 1944, o cientista canadense-americano Oswald Avery (1877-1955) demonstrou que os genes são feitos de *ácido desoxirribonucleico*, o que hoje conhecemos como DNA.

Ainda assim, até mesmo a identificação da natureza química dos genes feita por Avery não ajudou muito, pois ninguém tinha ideia de como o formato da ervilha, o olho da mosca-das-frutas ou a cor dos nossos olhos, todas características hereditárias, podiam ser determinados por uma substância química com apenas átomos de carbono, oxigênio, nitrogênio, hidrogênio e fósforo. Mais ainda, essas características tinham que ser transmitidas fielmente através de gerações, obedecendo às regras de Mendel, mas, ocasionalmente, gerando novas variantes. Essa é uma ordem muito sofisticada para uma substância química que pode ser purificada a partir de células vivas e secada até se tornar algo parecido com uma porção de fibras de papel.

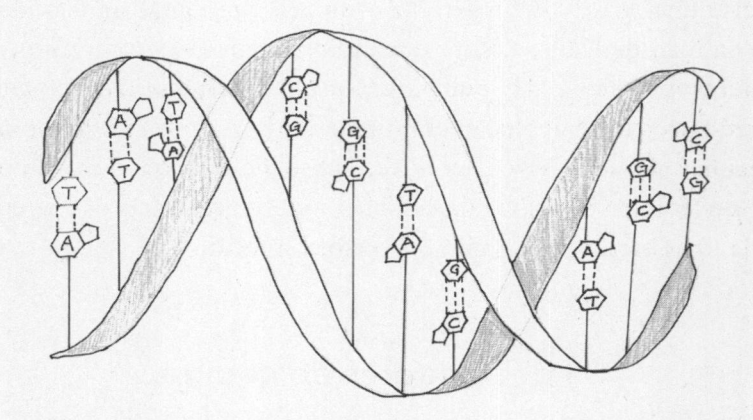

FIGURA 31: Estrutura de dupla hélice do DNA.

O quebra-cabeça foi resolvido em 1953 por dois cientistas de Cambridge, James Watson e Francis Crick, por meio da utilização de dados de cristalografia de raios X fornecidos por sua colega da King's College, baseada em Londres, Rosalind Franklin. Sua descoberta da estrutura de dupla hélice do DNA e de sua capacidade de codificar informações genéticas é provavelmente a mais assombrosa de toda a história da ciência. A história foi contada muitas vezes,[8] então ressalto aqui apenas o fato de que, apesar da simplicidade extraordinária da molécula, ela ainda assim é capaz de solucionar o complexo quebra-cabeça da hereditariedade.

Mais importante entre suas características simples é sua estrutura química (Figura 31). Ela é composta de sequências de apenas quatro grupos químicos, chamados bases do DNA e rotulados A, T, G e C, encaixados em um eixo helicoidal, como contas em um colar. Cada tira da hélice é emparelhada com uma espécie de imagem espelhada de si mesma, uma tira complementar com uma regra simples: A forma par com T; G forma par com C. Watson e Crick reconheceram que essas letras de genes eram códigos para formar proteínas. O DNA para o princípio de codificação de proteínas também é simples. Três letras de DNA codificam cada um dos vinte aminoácidos que entram nas proteínas. Assim, por exemplo, GGC é o código para o aminoácido glicina e CAA codifica a glutamina. Proteínas formam enzimas, e enzimas criam todas as outras biomoléculas dentro das nossas células e de qualquer animal, planta e micróbio que já viveu no planeta. Então a biosfera inteira é escrita em um código de quatro letras – 22 dígitos a menos que o código usado para escrever este livro. Seguramente não há demonstração mais vívida da capacidade que regras simples têm de gerar complexidade extraordinária. De fato, há quem argumente, com base em princípios da mecânica quântica, que o código genético não poderia ser mais simples.[9]

Nas décadas seguintes à descoberta de Watson e Crick, ficou provado que também as mutações eram entidades materiais. As bases químicas do DNA podem ser danificadas por calor, radiação, forte luz solar ou simplesmente pela idade. Esse dano pode modificar uma letra genética de modo que, ao ser replicada, essa letra errada seja incorporada em um gene, causando uma mutação. A maior parte das mutações é benigna, mas é possível surgir uma característica variante, tal como flores brancas em vez de amarelas em uma prímula. Se essa variação oferecer alguma vantagem, então a seleção natural se encarregará de fazer com que os descendentes que portam essa nova variante vantajosa tornem-se mais numerosos. Se isso ocorrer em uma população isolada, então teremos uma nova espécie. No entanto, se a nova variação tornar a criatura menos apta, o gene acabará sendo menos numeroso, até que a mutação se perca e desapareça da população. Considerando a natureza dos genes e a inevitabilidade da seleção natural, a evolução torna-se tão previsível quanto uma maçã cair de uma árvore.

Mais uma vez, como em toda a ciência, o mecanismo genético é um modelo. Como todos os modelos úteis, ele é simples, mas tem um incrível poder de predição. A ciência da biologia molecular dominou o modelo simples do gene para proporcionar incontáveis benefícios para a saúde, inclusive novos medicamentos, terapias e culturas agrícolas que alimentam uma população que cresce rapidamente, bem como vacinas, como as que protegeram a população mundial contra a Covid-19. Contudo, os genes desempenham outro papel, talvez paradoxal, no meu argumento de que a vida é simples, dessa vez envolvendo um roedor bastante feio e algumas abelhas.

O destino de genes indesejados

Insetos eussociais (um grupo que inclui abelhas e formigas) caracterizam-se por estruturas sociais complexas, incluindo divisão de trabalho, abrigos altamente complexos, um sistema em que uma única rainha reprodutora é servida por operárias estéreis, além de sofisticadas formas de comunicação, tais como a dança das abelhas em formato de oito. Operárias estéreis, à primeira vista, parecem contradizer o princípio de "garras e dentes afiados" da seleção natural, que deveria favorecer indivíduos que colocam seus interesses em primeiro lugar. Por que uma formiga operária deixaria de se reproduzir em favor de ajudar sua irmã? A pergunta atinge o cerne de um enigma em biologia, especialmente em relação à nossa espécie: altruísmo. Ao contrário do que se poderia esperar do princípio da sobrevivência do mais apto, muitos animais, como os insetos eussociais, compartilham recursos e defesas, mas por quê?

O biólogo evolucionista inglês William D. Hamilton (1936-2000) propôs uma solução possível. A maioria dos insetos eussociais compartilha um sistema de herança peculiar chamado haplodiploidismo, no qual machos têm apenas uma cópia de todos os seus genes e fêmeas possuem as duas cópias normais. A aplicação de regras mendelianas a esse padrão de hereditariedade assegura que as irmãs compartilhem 75% de seus genes em vez dos 50% habituais típicos das ervilhas, dos humanos ou de outros animais e plantas. Hamilton fez as contas e descobriu que uma fêmea frequentemente tem uma chance melhor de passar adiante seus genes ajudando sua irmã, a rainha, a reproduzir em vez de produzir a própria cria. Segundo essa teoria, embora formigas e abelhas operárias possam parecer altruístas, são seus genes que, na verdade, estão no comando. Tanto as operárias quanto sua rainha são escravas da genética.

O mais extraordinário em relação a essa teoria é que uma única distorção no simples padrão mendeliano de reprodução e hereditariedade pode gerar criaturas muito diferentes. Essa é, obviamente, uma característica de qualquer sistema simples. Enquanto estruturas interconectadas altamente complexas tendem a ser resistentes a perturbações, modificar as regras de um sistema simples, como a hereditariedade, terá impacto em todo o sistema, gerando grandes efeitos. Hamilton publicou sua teoria de seleção de parentesco em 1964 e, embora ela tenha sido ignorada no início, acabou por deflagrar uma revolução na biologia evolutiva, que veio a ser conhecida como sociobiologia nos anos 1970, particularmente depois da publicação do clássico de Richard Dawkins, *O gene egoísta*,[10] em 1976.

Dick Alexander (1929-2018), curador do Museu de Zoologia da Universidade de Michigan, não se deixou convencer pela teoria de Hamilton. Como entomologista e perito em insetos eussociais, destacou que a maioria das espécies com adultos de cópia única de genes, inclusive muitos besouros, ácaros, moscas-brancas e outros artrópodes, não são eussociais, ao passo que cupins, cujos adultos, como nós, têm pares de cópias de cada gene, o são. Tanto as formigas quanto os cupins e as abelhas compartilham, porém, o hábito de construir abrigos comunitários fortes e defensáveis. Em uma palestra na Universidade do Arizona em 1976, ele apresentou uma teoria alternativa para a eussocialidade: ela seria causada por fatores ambientais, e não genéticos. É uma teoria simples e, como todas as teorias simples, faz uma predição rígida, segundo a qual a eussocialidade surgiria, mesmo em mamíferos, sempre que houvesse "locais de abrigo ricos em alimento, duradouros, seguros ou defensáveis". Hamilton sugeriu roedores em tocas como possíveis candidatos, sendo os trópicos uma localização provável, uma vez que eles estariam bem protegidos contra invasores sob um terreno torrado pelo sol, porém com alimento disponível na forma de tubérculos, que armazenam nutrientes abaixo do chão para sobreviver a incêndios florestais.

Após sua palestra, Alexander ficou perplexo ao descobrir que sua teoria já havia sido involuntariamente verificada. Depois que ele desceu do púlpito, um membro da plateia, um zoólogo chamado Terry Vaughan, se aproximou para contar que "seu hipotético mamífero eussocial é uma descrição perfeita do rato-toupeira-pelado da África".[11] Alexander nunca tinha visto nem ouvido falar do rato-toupeira-pelado, mas Vaughan mostrou-lhe um espécime seco que havia coletado durante um ano sabático no Quênia. Embora descoberto um século antes, até onde Vaughan sabia, a única pessoa que trabalhara com o obscuro roedor era uma zoóloga chamada Jennifer Jarvis, da Universidade da Cidade do Cabo.

O rato-toupeira-pelado não é, na verdade, um rato. Ele pertence a uma família de roedores africanos conhecidos pelo nome genérico de ratos-toupeiras (Bathyergidae), que habitam um nicho ecológico semelhante ao dos geomídeos da América do Norte. Jarvis vinha estudando esses animais desde seu projeto de tese em 1967. Nos anos 1970, ela tentou estabelecer uma colônia cativa em seu laboratório na Cidade do Cabo, mas, até então, só tinha conseguido que uma única fêmea da colônia desse cria. A ficha finalmente caiu quando, em 1976, Jarvis recebeu uma carta de Dick Alexander perguntando sobre os animais e falando sobre sua teoria do mamífero eussocial. Ela então confirmou que o rato-toupeira-pelado era, de fato, exatamente o tipo de animal cuja existência ele havia previsto.

FIGURA 32: Rato-toupeira-pelado.

Os ratos-toupeiras-pelados são disseminados na África Oriental, onde, às vezes, são conhecidos como *sand puppies* (filhotes de areia). Mais ou menos do tamanho de um pequeno camundongo, são completamente pelados e têm pele mole e dentes em forma de presas, úteis para cavar tocas. Eles permanecem sob a terra por toda a vida, em galerias subterrâneas escuras, de modo que, embora tenham pequenos olhos, são quase cegos. Além de ser do interesse dos biólogos evolutivos, a espécie chamou a atenção de pesquisadores em medicina, uma vez que os ratos-toupeiras nunca desenvolvem câncer e podem ter uma vida extraordinariamente longa, de 30 anos ou mais. Esses traços fisiológicos inspiraram a publicação do genoma do rato-toupeira-pelado em 2011.[12] Os dados forneceram pistas sobre genes que influenciam longevidade e câncer, mas o que nos interessa de maneira particular é o que acontece com os genes do rato-toupeira-pelado que caem em desuso.

Os pesquisadores descobriram que aproximadamente 250 dos genes do rato-toupeira sofreram tantas mutações que deixaram de ser funcionais. Em certo sentido, são genes mortos. Apesar de não funcionais, esses *pseudogenes*, como são chamados, ainda podem ser reconhecidos por meio da assinatura de sequências de DNA que identifica sua antiga função. Dezenove estão envolvidos na visão, por exemplo; um é formalmente codificado para uma proteína de lente ocular, outro para um pigmento da retina e um terceiro atua na transmissão de sinais luminosos para o cérebro.

Esse padrão de mutilação genética, na forma de repetidas mutações, para genes que caíram em desuso é, talvez de maneira surpreendente, o que prevê a teoria da síntese neodarwiniana da seleção natural e mutação. Como descobriram De Vries e outros cientistas, genes inevitavelmente adquirem mutações. No entanto, a seleção natural prevê que a prole com mutações debilitantes tenderá a deixar menos descendentes que a prole mais apta; assim, genes defeituosos tenderão a desaparecer de uma população. Por exemplo, um gene de visão defeituoso em um rato provavelmente acabará na barriga de um gato ou de uma coruja em vez de ser transmitido a seus descendentes. Esse processo, conhecido como seleção purificadora, tende a remover da população mutações que danifiquem genes.

Entretanto, se uma mutação é ou não prejudicial depende do ambiente do animal. Imaginemos que um deslizamento de terra soterre a entrada da toca que serve de abrigo para uma família de roedores. Felizmente, a toca é bem provida de um inesgotável suprimento de tubérculos crescendo para baixo a partir de seus caules sobre a terra, de modo que os animais que habitam as galerias subterrâneas não só sobrevivem, mas prosperam. Em sua toca sem luz, todos são cegos, de modo que precisam se amparar em outros sentidos, como a audição e o olfato. No escuro, a seleção natural em si estará cega a mutações que danifiquem a visão, então a seleção purificadora deixará de funcionar. Sem seleção purificadora, mutações prejudiciais vão se acumulando até que os genes envolvidos na visão se tornam pseudogenes não funcionais. O roedor que enxerga evoluirá para o rato-toupeira-pelado, agora tão cego que jamais sobreviveria acima do solo.

Use ou perca: a sobrevivência do mais simples

A trajetória evolutiva do rato-toupeira-pelado demonstra uma das consequências menos apreciadas da seleção natural: use ou perca. Se uma função, tal como a visão, torna-se inútil, mutações inevitavelmente se acumularão em seus genes até que essa função se perca. Um declínio similar de genes tem sido observado em muitas outras trajetórias evolutivas. Quando as barbatanas das baleias se tornaram uma espécie de filtro de alimentos, elas desistiram de morder, então os genes necessários para fabricar o esmalte dentário tornaram-se pseudogenes.[13] Quando os pandas-gigantes deixaram de ser carnívoros e passaram a mastigar bambu, perderam a habilidade de sentir o gosto umami, o quinto elemento do paladar que proporciona aos seus ancestrais e a nós o sabor de carne. Sua mudança dietética foi seguida pela pseudogenização do gene codificador do seu receptor para o gosto umami.[14] Nós, humanos, perdemos similarmente um grande número de receptores olfativos para odores que não temos mais necessidade de cheirar. Sabe por que o seu gato não gosta de bolo? É porque, depois de se tornar carnívoro, o receptor dele para o gosto doce foi pseudogenizado.[15]

A consequência desse processo de acumulação mutacional na ausência de seleção purificadora é que funções biológicas que estejam além da necessidade, tais como a visão no rato-toupeira-pelado, acabam sendo removidas por uma espécie de navalha de Ockham evolutiva. O corolário da navalha evolutiva é que nós, e qualquer outra criatura viva hoje, somos, em termos de função, quase tão geneticamente simples quanto é possível ser. A expressão "quase tão" é necessária porque a evolução pode não ter atuado de modo a remover toda a complexidade supérflua, tal como o apêndice humano.

Além disso, às vezes pode não ser possível para a evolução remover uma função redundante, como os mamilos no homem, sem uma remodelagem extensiva das trajetórias do desenvolvimento. A vida é, de fato, simples, mas nem sempre tão simples quanto poderia ser.

A frase "Use ou perca" vale tanto para a evolução quanto para o condicionamento físico, mas pode haver um lado mais sinistro nessa história.

Uma simplicidade mortal

Enquanto escrevo este livro, no fim de 2020, como centenas de milhões de pessoas em todo o mundo, estou em quarentena por causa da chegada de uma esfera de 100 nanômetros, cerca de 10 milhões de vezes menor que uma bola de futebol: o vírus da Covid-19. Essa minúscula partícula, inerte fora de uma célula viva, praticamente pôs de joelhos quase toda a humanidade.

Embora seja discutível se vírus são seres vivos, já que, na verdade, não são capazes de se autorreplicar, eles são os organismos replicadores mais simples. Em vez de se replicarem, eles optaram por dispensar quase todo o maquinário celular e passaram a executar uma única tarefa com eficiência mortal: injetar seus genomas nas nossas células, convencendo nosso maquinário celular a produzir mais proteínas virais. Essas proteínas então se juntam espontaneamente em novas partículas de vírus que explodem para fora de nossas células, infectando outras células a serem tossidas pelos nossos pulmões, liberadas por meio do nosso trato gastrointestinal ou expostas por erupções em lesões de pele – na verdade, qualquer superfície externa que os conduza a um novo hospedeiro.

Em 1977 os biólogos Jean e Peter Medawar descreveram um vírus como "um pedaço de má notícia embrulhado em uma proteína". A má notícia é seu genoma, e a proteína é o material da cápsula viral. Seu genoma conta com aproximadamente apenas 30 mil letras genéticas, que, quando mensuradas em *bits*, codificam tanta informação quanto um capítulo deste livro. Essa informação tem somente uma meta: replicar-se. Contudo, quando expressa nessa forma mais simples, essa tendência de se autorreplicar, aprimorada pela lei mais simples do nosso Universo (a seleção natural), fez evoluir a capacidade de passar por cima de todos os nossos planos, esperanças, amores, ódios, pensamentos, criatividade, ambições ou temores, para nos transformar em meras fábricas de vírus. A lógica simples da seleção natural assegura que, enquanto o vírus puder fazer isso mais depressa do que nós podemos exterminá-lo, seremos esmagados por ele.

Ninguém sabe como os vírus apareceram. Eles são muito diferentes até mesmo dos verdadeiros autorreplicadores mais simples, as bactérias, então não é possível rastrear sua linhagem evolutiva. Uma teoria possível é que eles simplesmente surgiram por meio de uma junção casual de proteínas e ácidos nucleicos dentro das células. Um cenário mais provável, na minha opinião, é que vírus são o ponto final do trajeto da navalha de Ockham biológica, primeiro criando pseudogenes a partir de genes, depois eliminando toda informação genética supérflua, exceto o núcleo mínimo necessário para a autorreplicação, o vírus. Qualquer que seja sua origem, eles são a demonstração definitiva de que a vida, às vezes, é diabolicamente simples.

PARTE IV

A navalha cósmica

16
O melhor de todos os mundos possíveis?

HEISENBERG: A natureza nos conduz a formas matemáticas de grande simplicidade e beleza [...]. Você também deve ter sentido isto: a simplicidade e a totalidade quase assustadoras das relações que a natureza subitamente nos apresenta [...].

EINSTEIN: [...] É por isso que estou tão interessado nos seus comentários sobre simplicidade. Ainda assim, eu jamais alegaria ter compreendido por completo a simplicidade de uma lei natural.
WERNER HEISENBERG
em conversa com ALBERT EINSTEIN, 1926[1]

Quando deixamos a física para explorar a biologia no Capítulo 13, os cientistas do século XIX já tinham feito enormes progressos em sua aplicação de leis simples tanto ao movimento terrestre quanto ao celeste. Na realidade, os físicos alegavam que a física estava, em sua maior parte, completa. No entanto, em uma reunião da Associação Britânica pelo Progresso da Ciência no fim do século XIX, o físico norte-irlandês lorde Kelvin (1824-1907) advertiu que esse róseo panorama era contestado por "duas pequenas nuvens" no horizonte, dois problemas que a física ainda precisava resolver. A resolução dessas "nuvens" provocou duas revoluções que viraram de cabeça para baixo a maioria das certezas da física do século XIX.

As duas nuvens de Kelvin diziam respeito à natureza da luz. Quase um século antes, Thomas Young (1773-1829) demonstrara que a luz se comporta como uma onda, semelhante, em princípio, às ondas de água ou de som. As ondas necessitam de um meio como a água ou o ar através do qual possam se mover. Young havia demonstrado que, para chegar até nós, a luz, seja do Sol, seja de outra estrela distante, viaja através de um vácuo. O que poderia estar se movendo no vácuo para transmitir ondas de luz?

Ninguém tinha a menor ideia. Desesperados, os cientistas ressuscitaram o éter celeste de Aristóteles. Para fazer funcionar sua teoria do movimento, segundo a qual "tudo que é movido é movido por alguma coisa", o filósofo grego preencheu os espaços entre objetos com um *plenum* que, no Universo, era composto de éter. Embora abandonados em grande parte depois de Boyle demonstrar que a natureza não despreza o vácuo, os experimentos de Young reviveram a ideia aristotélica do *plenum* de éter como uma entidade para preencher o vazio a fim de prover um meio para ondas luminosas. Além disso, o éter tinha a vantagem adicional de preencher a lacuna explicativa na física newtoniana, oferecendo um referencial no qual a velocidade ou a aceleração de um objeto sempre podia ser medida. Newton se contentou em permitir que o olho de Deus fornecesse esse referencial, mas, no fim do século XIX, os físicos estavam mais à vontade com o éter secular.

O primeiro quebra-cabeça que lorde Kelvin precisou resolver tinha a ver com a natureza do tal éter. Se é um tipo de substrato invisível para as ondas de luz que preenche todo o espaço, então deveria ser possível medir a velocidade de um objeto em relação ao éter, da mesma maneira que se pode medir a velocidade de um barco em relação à água do mar. A tarefa, obviamente, é muito mais desafiadora, uma vez que as ondas luminosas se movem a cerca de 300 milhões de metros por segundo, muito mais rápido que qualquer objeto na Terra. No entanto, em 1887 os cientistas americanos Albert Michelson e Edward Morley tiveram a inteligente ideia de medir a velocidade da luz em relação ao objeto mais rápido da Terra, que, em relação ao Sol, é a própria Terra. Nosso planeta gira em torno de seu eixo a aproximadamente 447 metros por segundo, além de orbitar o Sol a cerca de 30 mil metros por segundo. A equipe percebeu que, mais ou menos como o efeito Doppler, a velocidade da luz deveria ser diferente se medida na direção do movimento terrestre, isto é, através do éter, ou perpendicular a essa direção.

Contudo, isso não ocorria. Apesar dos seus melhores esforços, Michelson e Morley sempre detectavam exatamente a mesma velocidade para a luz, independentemente de a Terra estar se movendo a favor ou contra o sentido das ondas luminosas. Isso não fazia sentido com uma teoria ondulatória da luz envolvendo o éter, algo que lorde Kelvin considerou inquietante.

A segunda "nuvem" de Kelvin era o problema com a teoria termodinâmica clássica. Mais cedo no século XIX, Maxwell e Boltzmann haviam combinado a teoria da transferência de calor de Carnot com a mecânica newtoniana para deduzir a moderna teoria da termodinâmica ou mecânica estatística. Esta visualiza a matéria composta de trilhões de átomos, cujo movimento aleatório dá origem ao calor. Quando a luz interage com a matéria, ela pode ser absorvida de modo a aumentar a energia térmica – velocidade – dos átomos. Alternativamente, o movimento dos átomos pode ser desacelerado pela emissão de energia luminosa. A termodinâmica clássica funcionava muito bem para explicar os dados, mas fracassava em explicar o espectro da radiação emitida por um objeto conhecido como corpo negro, que absorve toda a luz que incide sobre ele. Um buraco na parede de um quarto bem escuro é uma boa aproximação de um corpo negro, porém é mais fácil obter uma sensação do problema passando para o mais familiar reino do som.

Imagine que você tem um grande piano. Agora, imagine-se pegando uma marreta e acertando-o com um golpe poderoso (nenhum piano de cauda real será danificado nesse experimento mental). O piano está cheio de cordas e o impacto fará com que todas comecem a vibrar em todas as frequências possíveis, de modo a gerar uma cacofonia que lentamente vai morrendo até se tornar um leve zumbido. Quando corpos negros são aquecidos – o equivalente molecular de absorver um golpe forte de marreta –, em vez de emitir luz em todas as frequências possíveis, eles emitem luz em uma faixa estreita que depende apenas da temperatura do corpo negro. É como se, ao golpear um piano de cauda, ele só emitisse a nota dó e ela mudasse para ré ou mi se você fizesse esse mesmo experimento em uma sala mais quente. Kelvin notou que isso, assim como a constância da velocidade da luz, era muito estranho.

Simplicidade relativa

A história da resolução das "pequenas nuvens" de Kelvin foi contada em muitos livros maravilhosos,[2] então destacarei apenas o papel da simplicidade e o trabalho de um extraordinário funcionário de um escritório de patentes em Berna.

Albert Einstein nasceu em 1879 em Ulm, Alemanha, filho de Hermann Einstein, vendedor e engenheiro elétrico, e Pauline Koch. Após uma educação difícil, estudou física e matemática em Zurique, mas, depois de se graduar, não conseguiu garantir nem mesmo um emprego como professor universitário. Felizmente, em 1902 um amigo de seu pai lhe ofereceu um posto de perito técnico no Escritório Suíço de Patentes. Embora o trabalho fosse só rotina, Einstein ficou muito contente com o emprego. Mais tarde declarou que foi naquele "claustro mundano que concebi as minhas mais belas ideias". Uma de suas mais belas ideias foi a possível resolução da velocidade da luz através da nuvem de éter mencionada por Kelvin. No entanto, seu interesse no problema não teve origem nos experimentos de Michelson e Morley. Na verdade, ele parece nem ter conhecido o trabalho de ambos. Einstein estava preocupado com outro fato estranho que Kelvin não havia notado e dizia respeito a máquinas elétricas.

A origem do problema residia no trabalho do físico escocês James Clerk Maxwell, que, em 1865, descobriu um conjunto de equações simples que descreviam o comportamento tanto da eletricidade quanto do magnetismo em termos de *campos*. Em física, a palavra é usada para descrever volumes de espaço que fazem os objetos se moverem. Assim, o movimento de uma maçã caindo de uma árvore é causado pelo campo gravitacional da Terra; a atração da agulha de uma bússola para o Polo Norte é causada pelo campo magnético da Terra; e o movimento de um fio de algodão na direção do âmbar tem como causa seu campo elétrico. Maxwell encontrou um conjunto único de equações para descrever a eletricidade e o magnetismo em termos de campos demonstrando que ambos são aspectos de um campo unificado *eletromagnético*. Na verdade, o que parece ser uma força elétrica para um observador em movimento é vivenciado como força magnética por um observador parado e vice-versa. Ao escrever suas equações, Maxwell, portanto, reuniu a força da magnetita com a força do âmbar como *eletromagnetismo* para conseguir a primeira grande unificação e, portanto, simplificação da física clássica.

As equações de Maxwell realizaram, desse modo, a unificação mais importante de toda a física, tornando o mundo mais simples. No entanto, essa unificação ocorreu décadas antes das reflexões de Einstein no Escritório de Patentes. O que intrigava Einstein era uma simplificação mais surpreendente, à espreita nas equações de Maxwell. Elas prediziam que o campo em torno de um objeto eletricamente carregado oscilando no espaço gera uma variação no campo eletromagnético circundante, que se irradiará, afastando-se do objeto a uma velocidade de 300 milhões de metros por segundo. Maxwell reconheceu essa velocidade. Era a velocidade da luz no vácuo. Sua impressionante conclusão foi que a luz era uma ondulação no campo eletromagnético gerada por cargas oscilantes, que agora conhecemos como elétrons, dentro da matéria.* A unificação de Maxwell englobou não só a eletricidade e o magnetismo como também a luz que ilumina o Universo. A luz era um aspecto da força eletromagnética unificada.

Entre uma e outra inspeção de requisições de patente no escritório em Berna, Einstein considerou a relação entre luz e eletricidade. Ambas eram extremamente importantes. A Revolução Industrial, àquela altura, tinha trocado o vapor por energia elétrica, e o pai e o irmão de Einstein – Hermann e Jakob, respectivamente – haviam fundado a Einstein & Cia., uma empresa de energia elétrica sediada em Munique. Na época, o escritório de Einstein era iluminado por lâmpadas elétricas incandescentes, comercializadas havia apenas duas décadas por Edison e Swan. Muitas das invenções submetidas a pedidos de patente no escritório de Berna eram máquinas elétricas. A questão sobre a qual Einstein ponderava enquanto percorria as solicitações era: se ele tivesse que projetar uma máquina elétrica baseada nas equações de Maxwell, que valor deveria usar para a velocidade da luz?

Recordemos o navio de Galileu, onde pássaros, peixes ou marinheiros na cabine poderiam estar totalmente inconscientes de que estivessem se movendo. Se tivessem levado uma máquina elétrica a bordo, então, ao calcular seu funcionamento, usariam a velocidade da luz relativa às paredes da

---

* Agora sabemos que as cargas oscilantes que geram a luz são elétrons saltando entre órbitas atômicas.

cabine ou a velocidade da luz relativa à costa que se afastava do navio? Se a velocidade da luz, como qualquer outra, é relativa, as leis da física seriam diferentes para diferentes observadores, dependendo de como se movessem. Einstein achou essa ideia inquietante.

Reconstruindo a física

Guilherme de Ockham despiu a filosofia escolástica medieval, e sua ciência teológica, a uma simples premissa de que Deus é onipotente e então examinou as consequências. Séculos depois, René Descartes desmontou e então reconstruiu a filosofia ocidental a partir de sua convicção simples de que "penso, logo existo". Einstein adotou uma abordagem semelhante para a ciência da física. Ele estava convencido da validade universal das leis de Maxwell e raciocinou que, para torná-las universais, a velocidade da luz tinha que ser a mesma para todos os observadores em movimento uniforme.* Ao contrário de qualquer outro objeto no Universo, a luz, concluiu ele, não pode obedecer à relatividade de Galileu.

Parece uma afirmação simples, mas suas implicações são surpreendentes. Para ter uma noção de quão estranho é, vamos fazer o que Einstein chamou de experimento mental, ou *Gedanken*, imaginando que as ondas do mar se comportam como ondas de luz. Imagine que você está prestes a embarcar em uma lancha ancorada em um cais no extremo oeste do porto veneziano de San Marco, não muito longe da cidade universitária de Pádua, de Galileu. Lá, por causa de uma bizarra corrente no mar Adriático, as ondas correm paralelas para a costa, de leste a oeste, ao longo da proa do seu barco.

Enquanto você e uma amiga, chamada Alice, estão parados ao lado do seu barco no cais de San Marco, você observa as ondas se movendo e levando dois segundos para percorrer a distância da popa à proa. Você sabe que seu barco tem 10 metros de comprimento, de modo que pode facilmente calcular que a velocidade das ondas é de 5 metros por segundo. Esse será seu equivalente aquático à velocidade da luz, que precisa ser o mesmo para

---

* A primeira teoria da relatividade de Einstein exclui objetos em aceleração, e é isso que a torna "especial".

todos os observadores. Você sobe a bordo e, como Galileu, leva consigo uma gaiola de pássaros contendo diversos periquitos barulhentos, uma grande bacia onde nadam peixes dourados e também um pequeno cachorro, Pad, apelidado com o nome da universidade favorita de Galileu.

Pad gosta de correr pelo convés no mesmo ritmo das ondas. Ele é um cachorrinho muito agitado, capaz de acompanhar as ondas velozes, levando também apenas dois segundos para percorrer toda a extensão do barco. Alice, observando do cais, também cronometra dois segundos para a corrida de Pad. Você se despede dela com um aceno, dá a partida no motor e fixa a velocidade do barco em 2 metros por segundo, afastando-se do cais na mesma direção das ondas. Você ouve o motor do barco rugir e vê o jato espumoso se afastando da popa. Ao alcançar uma velocidade constante, você verifica seu equipamento e confirma que, assim como predisse o grande cientista italiano, os pássaros voam e os peixes nadam, sem serem perturbados pelo movimento do barco em relação à costa. Como insistia Galileu, seu movimento relativo ao barco é tudo que importa. A velocidade é relativa.

Viajando a 2 metros por segundo no mesmo sentido das ondas, deveríamos esperar que a velocidade relativa das ondas em relação à proa fosse de apenas 3 metros por segundo (5 – 2). Pad deveria ser consideravelmente menos exigido em sua brincadeira de correr atrás delas. No entanto, quando você o solta na popa, ele mais uma vez se esforça ao máximo para acompanhar as ondas até a proa. Será que Pad reduziu sua velocidade? Para lhe dar um descanso, você empurra a alavanca de aceleração para a frente até atingir 4 metros por segundo. A essa velocidade, quando o barco está quase acompanhando as ondas, você espera que a velocidade relativa das ondas contra sua proa seja de apenas 1 metro por segundo. O ritmo de caminhada de Pad deveria ser mais que suficiente. No entanto, ele ainda está sofrendo para acompanhar as ondas, que continuam a viajar da popa à proa a uma velocidade de 5 metros por segundo. Perplexo, você olha para a costa e pode ver a torre da igreja de San Marco desaparecendo ao longe, como era de esperar. Sim, da sua perspectiva contra as ondas, você é inteiramente estacionário, como no cais, e San Marco está se afastando rapidamente a uma velocidade de 4 metros por segundo. Perplexo, você empurra a alavanca mais um pouco para atingir a velocidade de 5 metros por segundo, a mesma das ondas. Nesse momento, você deve estar acompanhando essas ondas regulares. Contudo,

Pad ainda precisa correr na sua velocidade máxima, pois elas teimosamente passam pela sua popa a 5 metros por segundo. Uma vez em mar aberto, longe da terra visível, você pode empurrar a alavanca um pouco ou ao máximo, mas não faz diferença para o seu progresso através das ondas. Pelo rugido do motor e o jato de água saindo da popa, você está viajando na velocidade máxima, e, no entanto, da perspectiva do seu movimento em relação às ondas, está completamente estacionário, abandonado em um mar monótono que continua passando pela sua proa a 5 metros por segundo. O movimento dessas ondas semelhantes à luz se recusa a obedecer à relatividade de Galileu.

A situação é ainda mais estranha para quem observa da costa. Alice trouxe uma réplica do telescópio mais potente de Galileu, de modo que pode observar o progresso do barco no cais. Ela vê Pad correndo pelo convés, mas nota algo curioso. À medida que o barco acelera de 0 a 2 e depois de 2 a 4 metros por segundo, o avanço de Pad pelo convés parece desacelerar. Em vez de levar apenas 2 segundos para percorrer o comprimento do barco, ele agora leva quase 4 segundos e parece estar correndo em câmera lenta. Quando o barco atinge a velocidade de 5 metros por segundo, tanto você quanto Pad parecem estacionários, congelados em um instante de tempo. O que está acontecendo?

A resposta é que as ondas do seu experimento mental estão agora se comportando como ondas de luz, que têm a mesma velocidade para todos os observadores. Como a corrida de Pad pelo convés visa acompanhar essas ondas, tanto você no barco quanto Alice parada no cais podem usar o movimento do cachorro para medir a velocidade da luz e os dois devem chegar à mesma resposta para que as equações de Maxwell sejam iguais para ambos. Na costa, isso não era problemático, mas, uma vez havendo um movimento relativo entre vocês, tudo muda.

Considere o momento em que você está se afastando de Alice a 4 metros por segundo. Da sua perspectiva (*a*, na Figura 33), nada mudou em relação à situação em que o barco estava ancorado no cais. Pad corre os 10 metros ao longo do barco, viajando a uma velocidade semelhante à da luz, de 5 metros por segundo, levando 2 segundos para chegar à proa. No entanto, da perspectiva de Alice (*b*, na Figura 33), a distância que Pad percorre tem, agora, dois componentes. Primeiro, Pad corre 10 metros ao longo do convés. No entanto, nesse tempo, o barco também percorreu 8 metros, afastando-se do cais. Da perspectiva de Alice, Pad percorreu um total de 10 + 8 metros, ou seja, 18 metros. Se Alice estivesse vivenciando o mesmo tempo que você, então Pad teria corrido esses 18 metros em apenas 2 segundos, a uma velocidade média de 9 metros por segundo, portanto mais rápido que o nosso representante da velocidade da luz. Para manter-se fiel à insistência de Einstein de que a velocidade da luz é a mesma para todos os observadores, alguma coisa precisa ser mudada. Só pode ser o tempo.

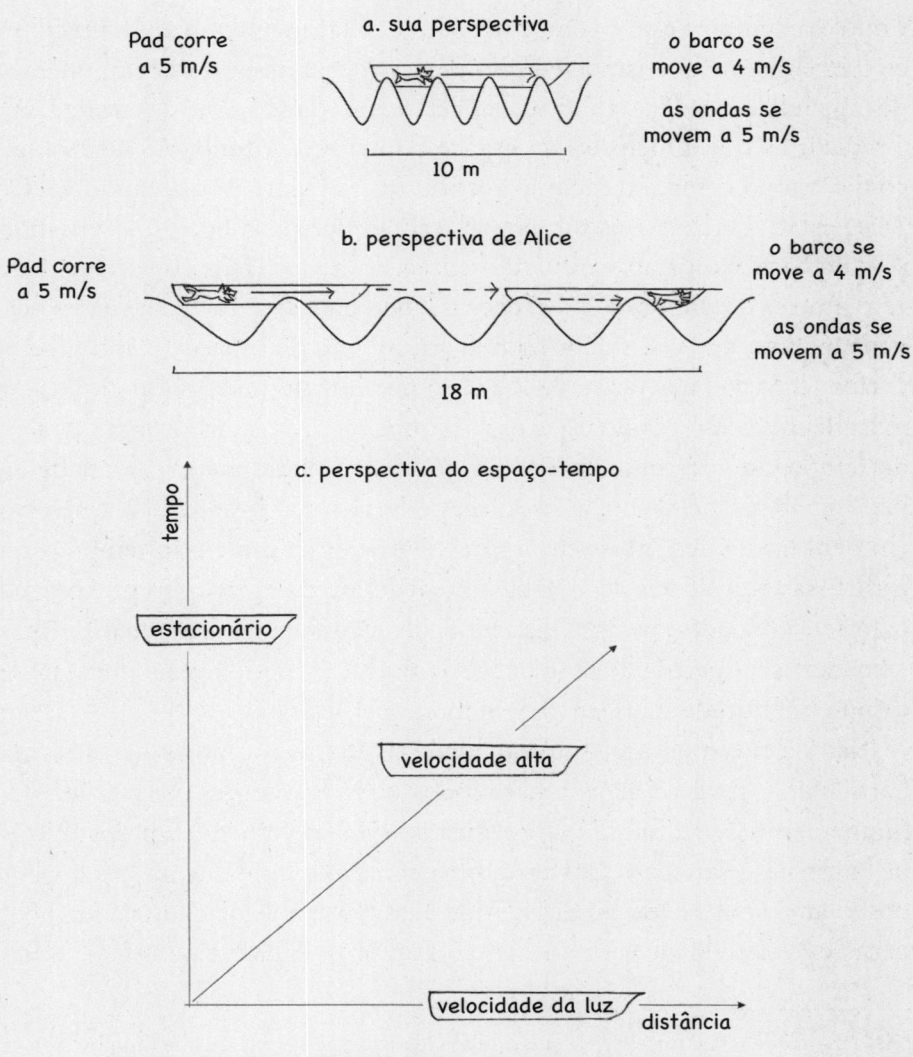

FIGURA 33: Relatividade especial em um barco.

Como Pad está acompanhando a velocidade da luz, então, da perspectiva de Alice, ele deve levar 3,6 (18 ÷ 5) segundos para percorrer todos os 18 metros da popa à proa. O evento, que para você levou apenas 2 segundos, deve levar 3,6 segundos na experiência de Alice. Você está agora vivenciando o mesmo evento, mas com diferentes referenciais de tempo. Quando você se afasta acelerando à velocidade total da luz, então, do referencial de Alice, o seu tempo fica parado.

Einstein resolveu esse enigma na sua teoria da *relatividade especial*, insistindo que tempo e espaço têm entre si uma relação recíproca. Assim como eletricidade e magnetismo, tempo e espaço tornaram-se dois componentes de uma única entidade, chamada *espaço-tempo*. Uma forma de encarar isso é reduzir as três dimensões do espaço a uma única dimensão horizontal, com o tempo como a dimensão vertical (c, na Figura 33). Quando você e Alice estão estacionários um em relação ao outro, ambos estão viajando à velocidade da luz através da dimensão do tempo, mas com velocidade zero através da dimensão do espaço. À medida que aumenta a sua velocidade relativa, sua velocidade combinada através do espaço-tempo precisa permanecer na velocidade da luz (o comprimento da seta em c). Para ir mais depressa através do espaço, você precisa viajar mais devagar através do tempo. Se você pudesse dar um jeito de acelerar até a velocidade da luz,* então, da perspectiva de Alice, poderia viajar cruzando o Universo em nenhum tempo, pois seu progresso através da dimensão tempo seria zero. Essa equivalência de tempo e espaço dentro do espaço-tempo é central para a relatividade especial. Duas entidades aparentemente muito diferentes tornaram-se aspectos de uma entidade única. O mundo mais uma vez se tornou um bocado mais simples, embora mais estranho.

Não há razão para que a velocidade da luz se comporte dessa forma particular – sendo a mesma para todos os observadores. Não existe nenhuma lei mais profunda que prediga isso. É, na verdade, um dos blocos de construção do nosso Universo, uma constante fundamental, cujo valor observamos em vez de predizer. Ainda assim, se a velocidade da luz obedecesse à relatividade galileana, então, conforme Einstein percebeu, as leis

---

* Isso, na realidade, é impossível, pois a relatividade especial impede que um objeto com massa acelere até a velocidade da luz.

da física seriam de fato diferentes para observadores distintos, criando um Universo muito mais complexo que o nosso. Essa estranhíssima constância da velocidade da luz revela como o Universo se mantém simples.

O artigo científico de Einstein sobre a relatividade especial foi um dos quatro que ele publicou em seu *annus mirabilis* de 1905. Esses artigos estabeleceram sua reputação como um dos maiores físicos de sua época e lhe valeram diversas ofertas de emprego, levando-o a deixar o Escritório de Patentes, em Berna, para sucessivas nomeações nas universidades de Berna, Zurique e Praga e na Universidade Humboldt, em Berlim. Não obstante, ao longo das duas décadas seguintes, duas limitações da relatividade especial o incomodavam: a teoria fracassava quando se tratava de objetos em aceleração ou sujeitos à gravidade. Além disso, assim como nós (Capítulo 11), ele achou curioso como, ao usar as leis de Newton para calcular a aceleração gravitacional experimentada por um objeto em queda, é preciso, primeiro, multiplicar pela massa do objeto e então dividir por essa mesma massa.

A navalha de Einstein

A natureza é a realização das ideias matemáticas concebíveis da maneira mais simples.
ALBERT EINSTEIN, 1933[3]

Por uma década, Einstein lutou para incorporar a aceleração e a gravidade na sua teoria da relatividade. Outro físico alemão, Max Abraham, também buscava isso, mas Einstein fazia pouco da abordagem de Abraham, que era procurar soluções simples ou elegantes: "Eu fui totalmente 'blefado' pela beleza e pela simplicidade das equações dele [de Abraham]." Einstein foi mais longe: jogou a culpa de seus fracassos naquilo "que acontece quando alguém opera formalmente [procurando soluções matemáticas elegantes], sem pensar fisicamente".

A abordagem do próprio Einstein foi construir equações compatíveis com o maior número de observações que conseguisse, por mais complexas que elas ficassem. Só mais tarde ele verificava se as equações que havia construído eram matematicamente consistentes. E continuava varrendo uma equação complexa depois de outra, e todas as vezes, ao chegar ao estágio de conferir a validade matemática de sua teoria, as equações falhavam, uma após outra.

Nesse estágio da sua carreira, Einstein abandonou a navalha de Ockham em favor do que chamou de *completude*: a incorporação da quantidade máxima de informações disponíveis em um modelo. Você talvez se lembre de que essa foi a mesma questão que esteve na raiz do debate entre mim e Hans Westerhoff acerca do papel da navalha de Ockham em biologia. Hans, como Einstein nesse período, argumentava em favor da completude. Ainda assim, à medida que modelos se tornam mais complexos, a quantidade de alternativas cresce exponencialmente: considere quantas formas você pode fazer com 6, 60 ou 600 peças de Lego. Depois de anos de busca infrutífera através do vasto espaço de modelos possíveis, Einstein acabou mudando de rumo e adotando a abordagem pela qual havia sonoramente condenado Abraham, por primeiro "operar formalmente, sem pensar fisicamente". Ele abraçou a navalha de Ockham para aceitar apenas as equações mais simples e mais elegantes, e só mais tarde as testou contra fatos físicos. E dessa vez encontrou ouro. Em 1915 apresentou "uma teoria de incomparável beleza": sua teoria da relatividade geral.

O insight que levou à gênese da teoria da relatividade geral foi a percepção que Einstein teve de que gravidade e aceleração são indistinguíveis. Sua equivalência, agora conhecida como *princípio da equivalência*, é algo de que tomamos consciência sempre que, por exemplo, decolamos em um avião e sentimos nosso peso se transferindo das nádegas para as costas. Einstein percebeu que as duas, gravidade e aceleração, proporcionam a mesma sensação porque são a mesma coisa, portanto deveriam ser descritas por um único conjunto de equações. Essa percepção o conduziu à sua teoria da relatividade geral e à sua agora familiar descrição de deformações do espaço-tempo provocadas por objetos massivos, tais como estrelas e planetas. A gravidade se tornou uma aceleração aparente, que é experimentada como percorrer uma elipse ou parábola no espaço, mas uma linha reta no espaço-tempo. Como algo distinto das curvas do espaço-tempo, a gravidade tornou-se uma entidade além da necessidade e o Universo tornou-se um pouco mais simples.

Einstein também notou que sua nova concepção de gravidade solucionava o quebra-cabeça de por que a massa entra na equação de Newton apenas para ser cancelada quando se trata de calcular a aceleração em razão da gravidade. Na teoria da relatividade geral de Einstein, a gravidade é uma aceleração fornecida pela deformação do espaço-tempo, e não uma força. A massa de um objeto em queda não entra, portanto, no cálculo da variação de sua queda. Na teoria geral, a gravidade é conhecida como uma *força ficcional*, e não como uma força newtoniana.

O sucesso da teoria da relatividade geral levou Einstein a mudar de opinião sobre simplicidade e elegância. Depois disso, ele insistia que a busca da simplicidade matemática é fundamental: "Uma teoria pode ser testada pela experiência, mas não há meio de construir uma teoria a partir da experiência." Aqui Einstein está essencialmente afirmando o problema inverso: é fácil partir de um sistema simples (equação) para calcular seus resultados completos, mas o inverso é impossível. Ele segue argumentando que "equações de tal complexidade [...] podem ser encontradas apenas por meio da descoberta de uma condição matemática logicamente simples que determine as equações por completo ou quase completamente".[4] Castigado pela sua experiência, daí em diante ele sempre depositou sua confiança na simplicidade.

Afinal, Ptolomeu estava certo?

Antes de deixar a teoria da relatividade, revisitaremos nosso amigo de Alexandria, Ptolomeu, para dar mais uma olhada em seu notável sistema geocêntrico de epiciclos, excêntricos e equantes. Como já observamos, apesar das complexidades bizantinas, ele funcionava surpreendentemente bem, o que nos leva de volta à questão com que nos deparamos diversas vezes em modelos de Ptolomeu, Copérnico ou na teoria do flogístico: como pode um modelo errado acertar tanto?

A resposta é que Ptolomeu não estava errado; estava apenas complicando a questão ainda mais. Na relatividade geral, é perfeitamente legítimo tomar qualquer ponto no Universo como centro do seu sistema e fazer os cálculos de acordo com isso. No entanto, alguns pontos de vista são mais complicados que outros. Sabemos que o Sol é, de longe, o objeto mais massivo existente no nosso sistema solar e sua influência supera todas as outras influências gravitacionais. Colocá-lo no centro do sistema é o equivalente a saltar da costa para o convés do navio imaginário de Galileu, para simplificar os movimentos observados de todos os objetos a bordo. É perfeitamente legítimo saltar, de maneira figurada, de volta para a costa para colocar a Terra como centro do nosso sistema, mas você precisará desenhar mais um monte de círculos (Figura 34). De fato, Ptolomeu não estava errado, e é um tributo ao seu gênio que tenha conseguido criar um sistema que funcionava. No entanto, a aplicação da navalha de Ockham levou a soluções mais simples.

FIGURA 34: Perspectiva heliocêntrica (esquerda) *versus* geocêntrica (direita) da órbita de Vênus ao longo de um período de 32 anos. Com o Sol no centro, a órbita de Vênus é o círculo perfeito na figura à esquerda.

Grande parte da física – na verdade, da ciência – envolve descobrir a perspectiva certa para tornar o mundo mais simples. A relatividade especial conseguiu isso, unificando espaço e tempo e eliminando a primeira das nuvens de lorde Kelvin. Outra mudança de perspectiva soprou para longe a segunda nuvem, revelando um Universo mais simples e, no entanto, ainda mais estranho.

17
Um *quantum* de simplicidade

[...] o homem é um *quantum* [...].
GUILHERME DE OCKHAM, c.1320[1]

Em 1874 um jovem estudante chamado Max Planck (1858-1947) visitou a Universidade de Munique para discutir a possibilidade de uma carreira em física. O professor Philipp von Jolly (1809-1884) o desencorajou, afirmando que não havia nada mais a descobrir nessa área e sugerindo que escolhesse outra disciplina. Mas Planck não desistiu. Matriculou-se na universidade e, em 1877, mudou-se para Berlim para cursar o doutorado na Universidade Wilhelm Friedrich, onde se interessou por termodinâmica. Depois de ser nomeado professor de física teórica em termodinâmica na Universidade de Berlim em 1900, Planck decidiu atacar uma das nuvens de Kelvin – o fracasso da teoria termodinâmica em explicar o espectro da luz emitida pelos átomos dentro de corpos negros. Ele descobriu uma equação que predizia corretamente o espectro observado, mas suas implicações foram surpreendentes. A termodinâmica se baseia no princípio de que átomos se movem aleatoriamente em uma gama de velocidades, de modo que, ao desacelerar, deveriam emitir luz em uma faixa contínua de frequências. No entanto, a equação de Planck implicava que a energia luminosa de corpos negros era liberada em minúsculos pacotes de energia em frequências discretas. Planck chamou esses pacotes de energia luminosa de *quanta*, palavra latina para "porção" ou "quantidade".

Mais uma vez, muitos grandes livros foram escritos sobre a mecânica quântica, e é impossível fazer justiça a esse alicerce da física do século XX em apenas um punhado de páginas. Então vou me concentrar apenas nos aspectos da mecânica quântica que ilustram o papel da simplicidade.

Uma boa maneira de começar é abordando essa estranha ciência a partir da perspectiva do companheiro da navalha de Ockham: o nominalismo. O princípio central do nominalismo de Ockham é que noções abstratas, como paternidade, existem apenas como palavras ou ideias na nossa mente, ou *ficta*, não como coisas que de fato existem no mundo. Por essa razão, Ockham insistia que elas deveriam ser eliminadas da filosofia e da ciência.

Mas o que é real e o que é abstrato em ciência? Já discutimos como conceitos, tais como movimento, são relativos, de modo que um objeto que se move em um referencial pode estar parado em outro. Sob esse argumento, Ockham insistia que o movimento, ou ímpeto, não pode ser uma "coisa". De maneira similar, até mesmo a gravidade é apenas uma força ficcional na relatividade geral. Então, o que é real?

Imagine que você esteja parado na borda de uma pista de patinação no gelo e deseje medir precisamente a localização da sua amiga patinadora, Alice, que está parada sobre o gelo. Para dificultar a tarefa, as luzes foram apagadas, então você não pode vê-la. Felizmente, você trouxe uma sacola com bolas luminosas saltitantes. Para localizar Alice, você atira aleatoriamente as bolas no meio da escuridão. A maioria delas sai quicando pela pista sem qualquer barreira para impedi-las, mas, de vez em quando, você consegue captar algumas que batem e voltam, presumivelmente depois de atingir Alice. Então anota a posição e a direção do lançamento e da captura da bola e, aplicando o princípio da triangulação, pode localizar a posição exata de Alice no escuro.

No entanto, conforme insistia Newton, toda ação tem uma reação igual e contrária. Quando a bola atinge Alice, uma quantidade (*quantum*) de impulso é transmitida ao corpo dela, empurrando-a para trás. Sua posição após a medição não será a mesma de antes. No mundo macroscópico, a solução para esse enigma é óbvia: acender as luzes para localizar Alice.

O físico alemão Werner Heisenberg (1901-1976) percebeu que, se Alice fosse uma partícula fundamental, tal como um elétron, então até mesmo o mais leve toque de uma partícula de luz, ou fóton, transmitiria uma pequena quantidade de movimento e, dessa forma, mudaria sua posição.* Essa com-

---

* O princípio se aplica à incerteza combinada de pares de medições complementares, tais como posição e quantidade de movimento, ou energia e tempo.

preensão levou Heisenberg a formular seu famoso princípio da incerteza, segundo o qual a incerteza na quantidade de movimento de uma partícula multiplicada pela incerteza em sua posição sempre será maior ou igual à metade do valor de outra constante fundamental (como a velocidade da luz), conhecida como constante de Planck. Essa constante tem um valor muito baixo* e pode ser ignorada para objetos macroscópicos, tais como patinadoras, mas impõe um limite fundamental sobre a precisão com que podemos chegar a conhecer o mundo microscópico.

É claro que se poderia imaginar que, apesar da falta de conhecimento, a posição precisa de um elétron é tão real quanto a posição de Alice no escuro. Entretanto, diferentemente do mundo macroscópico, não existe nada parecido com "acender as luzes" no mundo quântico, uma vez que a luz é feita de fótons e estes causarão impacto sobre qualquer coisa que desejarmos mensurar. Isso provoca uma pergunta similar àquela que Guilherme de Ockham formulou sobre a realidade das Formas de Platão, dos universais de Aristóteles ou do próprio movimento: quão real pode ser a posição ou a quantidade de movimento se ela nunca pode ser medida?

Coisas reais devem ter um impacto sobre o mundo. Esse deve ser seguramente o nosso critério mínimo de real. Coisas irreais, como Formas, universais, fantasmas ou demônios, não têm impacto. É assim que sabemos que não são objetos físicos, mas objetos mentais, ou *ficta*, como Ockham os teria descrito. Se a posição precisa da partícula não influencia o mundo (se influenciasse, seria mensurável), então Guilherme de Ockham teria insistido que ela não é mais real que um triângulo platônico, a essência de "paternidade" ou o "espírito sapiente" de Henry More. Da perspectiva do seu nominalismo, "posição precisa" é apenas o nome que se dá a uma abstração que existe na nossa mente e nos nossos modelos, uma ficção que corresponde a nada existente aí fora no mundo. Portanto, é uma entidade além da necessidade e deveria ser eliminada da ciência.

A mecânica quântica faz exatamente isso. Diferenças entre estados distintos de energia pequenas demais para serem medidas simplesmente não são consideradas reais. Então a energia só pode ser emitida em minúsculos pacotes mensuravelmente diferentes entre si: *quanta*. De maneira similar,

---

* $6{,}626 \times 10^{-34}$ m² kg/s.

a termodinâmica permite que as partículas vibrem em uma faixa contínua de frequências; já a mecânica quântica insiste que são permitidas apenas frequências mensuráveis. É essa *quantização* que leva às peculiaridades da radiação do corpo negro e da equação de Planck.

No entanto, a estranheza da mecânica quântica não se limita à quantização da energia. Incertezas de nível quântico se materializam como propriedades contraintuitivas de partículas que existem em múltiplos lugares ao mesmo tempo, atravessam barreiras classicamente intransponíveis ou giram em dois sentidos diferentes ao mesmo tempo, simplesmente porque não é possível provar que não o fazem. Do mesmo modo, partículas podem possuir conexões-fantasma que atravessam tempo e espaço, só porque o princípio da incerteza de Heisenberg afirma que não podemos provar que elas não possuem tais conexões.

A prova dos nove está, como sempre, na utilidade da ciência. A mecânica quântica fez algumas das predições mais acuradas em toda a história da ciência, além de produzir novas tecnologias, de lasers a chips de computadores, GPS, equipamentos de imagem por ressonância magnética e telefones celulares. Provavelmente, em um futuro não muito distante, teremos tecnologias mais transformadoras, como computadores quânticos super-rápidos ou teletransporte quântico. Talvez, de maneira ainda mais surpreendente, a vida também tenha habilidade em explorar esse estranho e contraintuitivo reino, como ressaltei em um de meus livros[2] e em outra obra posterior que escrevi com Jim Al-Khalili.[3]

Um dos maiores sucessos da mecânica quântica está em revelar o estranho reino das partículas subatômicas. Ainda assim, quando descoberto, ele revelou não simplicidade, mas uma selva.

Vasculhando o átomo com mecânica quântica

Embora a ideia de átomos remonte, pelo menos, até a Grécia antiga, nos primeiros anos do século XX os cientistas ainda debatiam se eles eram uma abstração útil ou real. Um dos quatro artigos publicados por Einstein em 1905 resolvera razoavelmente a questão, demonstrando que o movimento errático (browniano) de partículas em suspensão na água, tais como grãos microscópicos de pólen, só faz sentido se as partículas estiverem sendo empurradas pela colisão com átomos invisíveis de água.

Quando Demócrito surgiu com a ideia de átomos, ele os concebeu como minúsculas partículas invisíveis de matéria. Essa noção sobreviveu às idas e vindas entre a teoria do *plenum* e o atomismo no mundo antigo, medieval e moderno, até o fim do século XIX e começo do século XX. Então, na época em que Einstein estava escrevendo seu artigo sobre a realidade do átomo, Henri Becquerel (1852-1908) e, de maneira independente, Marie (1867-1934) e Pierre Curie (1859-1906) descobriram o decaimento radiativo de átomos em partes menores. Experimentos adicionais feitos por Ernest Rutherford (1871-1937) demonstraram que os átomos eram constituídos de pequenos núcleos carregados positivamente, cercados, a uma distância 100 mil vezes maior que o diâmetro do núcleo, por uma nuvem de elétrons negativamente carregada. Experimentos posteriores estabeleceram que núcleos atômicos são compostos de prótons de carga positiva e de nêutrons eletricamente neutros, formando a imagem familiar e relativamente simples do átomo.

Essa imagem simples não durou muito. Vários físicos notaram que o decaimento beta radiativo não fechava – faltava alguma coisa. Em uma carta endereçada "às senhoras e aos senhores radiativos", escrita em 1930 para seus colegas no Instituto Federal Suíço de Tecnologia, o físico quântico Wolfgang Pauli (1900-1958) predizia a existência de outra partícula fundamental, com carga nula, como o nêutron, mas possuindo menos massa. Seu colega italiano Enrico Fermi (1901-1954) apelidou as novas partículas de *neutrinos*, que quer dizer "pequenos nêutrons", elevando a contagem das partículas fundamentais para quatro. Em 1928 o físico inglês Paul Dirac (1902-1984) conseguiu fundir a mecânica quântica com a teoria da relatividade especial, mas as equações exigiam que cada partícula fosse acompanhada de uma *antipartícula*, um tipo de imagem espelhada da partícula, com carga contrária. Não demorou muito para que fosse descoberto o irmão positivamente carregado do elétron, o *pósitron*, como um rastro de vapor em uma câmara de nuvens.*

---

* Caixa transparente preenchida com um vapor que se condensa em torno de rastros de partículas, tornando-as visíveis.

Câmaras de nuvens se tornaram a ferramenta favorita dos físicos de partículas, que trataram de transportá-las montanhas acima para captar raios cósmicos que, de outra forma, seriam absorvidos pela atmosfera terrestre. Seus experimentos revelaram chuviscos de novas partículas deflagradas do espaço profundo. Em 1936 foi descoberto o *múon*, com a mesma carga que o elétron, mas com cerca de 100 vezes sua massa. Sua descoberta levou o físico americano Isidor Isaac Rabi (1898-1988) a gracejar: "Quem encomendou isso?" A contagem de partículas fundamentais logo disparou para dois dígitos, à medida que novas partículas continuavam a deixar trilhas em câmaras de nuvens. A situação só piorou quando aceleradores de partículas entraram em operação na década de 1950 e uma série de novas partículas com nomes exóticos, tais como píons, káons e bárions, surgiram de colisões de partículas de alta energia. Testemunhando o zoológico de partículas supostamente fundamentais, Pauli exclamou: "Se eu tivesse previsto isso, teria ido trabalhar em botânica."

Para físicos como Pauli, não era o número de partículas que tanto impressionava, e sim o fato de nenhuma teoria ter predito sua existência. A maioria parecia desempenhar um papel pequeno, ou nenhum, no processo de formação de estrelas, planetas ou pessoas. Dúzias de partículas fundamentais supérfluas também pareciam zombar da navalha de Ockham.

Felizmente, uma das mais influentes cientistas do século XX, embora pouco conhecida, descobriu um caminho simples para sair do zoológico de partículas.

Uma simetria assustadora

Emmy Noether (1882-1935) nasceu em Erlangen, Alemanha, em 6 de março de 1882, filha do matemático Max Noether e de Ida Amalia Kaufmann. Ela frequentou a escola em sua cidade natal, estudando alemão, inglês, francês e aritmética, na expectativa de se tornar professora de idiomas, uma das poucas profissões abertas para mulheres instruídas. Emmy, porém, não tinha interesse em lecionar línguas e estava determinada a seguir carreira em matemática. Logo percebeu que seria um desafio, uma vez que mulheres não podiam se matricular na Universidade de Erlangen.

No entanto, como seu pai lecionava lá, ela obteve permissão para assistir às aulas como ouvinte, o que lhe possibilitou a aprovação no exame de admissão da universidade em 1903, aos 21 anos, abrindo-lhe as portas para a prestigiosa Universidade de Göttingen.

Em 1903 a Universidade de Göttingen era o centro do universo matemático. Emmy assistiu a aulas de gigantes da matemática como David Hilbert, Hermann Minkowski e Felix Klein. Porém, mais uma vez, não conseguiu permissão para se matricular formalmente. Depois de um semestre, adoeceu e voltou para Erlangen, onde as regras que impediam a matrícula de mulheres passaram a ser mais flexíveis.

FIGURA 35: Emmy Noether.

De volta à cidade natal, e sob a orientação de um amigo e colega de seu pai, Paul Gordan, Emmy conseguiu completar sua graduação. Seguiu depois para o doutorado, conquistando as maiores honras e se tornando a segunda mulher na Alemanha a obter um PhD em matemática. Foi-lhe então permitido lecionar no Instituto de Matemática de Erlangen, mas como tutora não remunerada, sem integrar a equipe formalmente reconhecida. Foi em Erlangen que seus interesses se voltaram para alguns dos mais prementes problemas da matemática do início do século XX, envolvendo a álgebra abstrata. Esse é um método no qual são manipuladas operações matemáticas inteiras, não só números ou símbolos. Ela publicou alguns artigos altamente inovadores, chamando a atenção de seus ex-professores em Göttingen.

Eram tempos inebriantes na Universidade de Göttingen. Einstein tinha acabado de publicar os artigos da sua teoria da relatividade geral e grande parte do corpo docente de matemática estava cativada pela nova teoria e pelo desafio de desvendar suas implicações. Hilbert convidou Einstein para dar aulas em Göttingen em junho e julho de 1915. As aulas de Einstein convenceram Hilbert da veracidade da relatividade geral, mas os dois cientistas também descobriram um problema, pois a teoria parecia violar um dos princípios fundamentais da ciência: a conservação da energia, ou seja, o princípio de que a energia não pode ser criada nem destruída. Então Hilbert achou que conhecia uma mulher que poderia ajudar.

Em 1915 Hilbert e Klein convidaram Emmy Noether a retornar a Göttingen. Ela aceitou, mas os esforços de Hilbert para lhe garantir uma posição, embora com o apoio das faculdades de ciências e matemática, foram consistentemente bloqueados pelos professores de humanidades, incapazes de digerir a ideia de ter uma mulher no corpo docente. A irritação de Hilbert com essa intransigência o levou à famosa explosão em que exclamou: "Eu não vejo como o sexo da candidata possa ser um argumento contra sua admissão [...]. Afinal, somos uma universidade, não uma casa de banhos!" Mesmo assim, os preconceitos do século XIX prevaleceram, de modo que as aulas de Emmy precisaram ser listadas sob o nome de Hilbert, mas com "auxílio da Fräulein Doctor Emmy Noether". Ela continuou sem remuneração.

O estilo das aulas de Noether era pouco convencional. Emmy tinha fama de ser desleixada e sua aparência era constantemente descrita como a de uma lavadeira, com os cabelos se soltando das fivelas enquanto conduzia entusiasticamente seus alunos através dos mais profundos recessos da teoria matemática. Ela também adotava o estilo aristotélico de ensino peripatético,* muitas vezes ministrando suas aulas enquanto passeavam pelos campos. Seu entusiasmo, sua alegria e sua percepção matemática lhe garantiram um público leal entre alguns estudantes, que ficaram conhecidos como "os rapazes de Noether". Um de seus colegas, o matemático Hermann Weyl (1885-1955), descreveu Emmy como "quente como um pãozinho".[4] Weyl foi nomeado professor, mas Emmy continuou como tutora não remunerada. Ele declarou que "tinha vergonha de ocupar tal posição, pois sei que Emmy é superior a mim".

David Hilbert recrutou os talentos de Emmy Noether para desvendar a problemática questão da aparente falta de conservação da energia na teoria da relatividade geral de Einstein. Além da energia, a física teórica versa acerca de outras leis de conservação universais, incluindo conservação da quantidade de movimento, do momento angular e da carga elétrica. Nenhuma

---

* Não sabemos se Aristóteles levava seus alunos a passeios, pois o termo se refere aos *peripatoi*, ou calçadas cobertas, de seu Liceu. Mas aposto que ele o fez.

é provada na física clássica; eram meramente assumidas como verdadeiras porque não se encontraram exceções. Como a constância da velocidade da luz, elas parecem estar entre os blocos de construção fundamentais do nosso Universo. Quando Emmy Noether aplicou sua percepção matemática ao problema da conservação da energia na relatividade geral, revelou uma relação mais profunda e mais ampla entre as leis da conservação e as leis fundamentais da física. Essa relação, muitas vezes descrita como "a mais bela ideia na física", é conhecida como teorema de Noether.

O teorema baseia-se na noção de simetria. Segundo ele, sempre que há uma simetria nas leis da física, existe uma lei de conservação correspondente.

FIGURA 36: Simetria esférica, simetria bilateral, simetria pentagonal e assimetria.

As três primeiras imagens da Figura 36* (as duas do alto e a de baixo à esquerda) demonstram diferentes tipos de simetria. O ovo de lula é aproximadamente esférico; pode ser girado em qualquer ângulo em qualquer plano e sua aparência será (bastante) semelhante. O molusco siba é bilateralmente simétrico, de modo que pode ser dividido ao longo de um plano único em duas metades que são imagens espelhadas uma da outra. O ouriço-do-mar exibe uma simetria pentagonal, ao passo que a última imagem

---

* Todas de Sulawesi (a ilha Celebes de Alfred Russel Wallace) ou das águas que a cercam.

à direita, de um coral, carece de qualquer simetria. Objetos simétricos são mais simples que suas contrapartes assimétricas, pois podem ser descritos com menos parâmetros. Por exemplo, uma vez que você conheça metade de uma borboleta, então também conhece a outra. Por outro lado, não há como reconstruir um objeto assimétrico em seu todo, como um coral, a partir de qualquer uma de suas partes. A descoberta de simetrias é, portanto, o reconhecimento de uma simplicidade subjacente.

As simetrias de Noether eram mais sutis, e podemos ver como elas funcionam imaginando que você esteja admirando as habilidades de malabarismo da sua amiga Alice em uma praça local. Ela possui simetria rotacional, não importando se está de frente para o norte, o leste, o sul ou o oeste. Se não há essa diferença e Alice caminhar 100 metros em uma ou outra direção, então pode-se dizer que ela também possui simetria de translação. Se não importa se ela faz malabarismos hoje, amanhã ou em qualquer outro momento, então Alice é simétrica em relação ao tempo. Se as bolas de malabares fossem eletricamente carregadas, então a simetria de carga revelaria que Alice não se importa de trocar bolas de carga positiva por bolas de carga negativa.

Em essência, essas simetrias são uma extensão do raciocínio de Einstein de que as leis da física precisam ser as mesmas para todos os observadores. Emmy Noether provou que, sempre que há simetrias presentes, uma correspondente lei de conservação se aplica. Assim, a simetria temporal implica conservação de energia; a simetria translacional implica conservação de quantidade de movimento; e a terceira lei de Newton, que afirma que toda ação tem uma reação igual e contrária, é uma consequência da simetria rotacional.

Noether aplicou seu novo teorema ao problema que havia perturbado Einstein e Hilbert e mostrou que estaria resolvido se considerassem as simetrias. Ao ler seu artigo, Einstein escreveu a Hilbert: "Ontem recebi da Srta. Noether um artigo muito interessante sobre formas invariantes. Estou impressionado que se possa compreender essas questões a partir de um ponto de vista tão genérico."[5] O revolucionário teorema de Noether e seus progressos em álgebra abstrata a elevaram da obscuridade para a aristocracia da matemática. Ela foi convidada a apresentar palestras em conferências prestigiosas por toda a Europa e tornou-se membro de várias sociedades eruditas. Apesar de tudo isso, ainda não tinha emprego.

Em 1928 ela aceitou um convite para assumir um posto como professora visitante na Universidade de Moscou. Seu retorno à Alemanha coincidiu com a ascensão dos nazistas ao poder. Como judia e simpatizante comunista, Noether foi expulsa da Universidade de Göttingen em 1933, mas continuou lecionando em sua casa, recebendo animadamente até mesmo alunos ligados à SA, as tropas de choque da Alemanha Nazista, em suas salas de aula improvisadas.

A ascensão do nazismo levou Albert Einstein e Hermann Weyl a deixar a Alemanha. A ambos foram oferecidas, e eles aceitaram, posições no prestigioso Instituto de Estudos Avançados, em Princeton, nos Estados Unidos. Weyl usou sua influência para pressionar, sem êxito, que Noether fosse admitida em Princeton. Acabaram lhe oferecendo, e ela aceitou, uma posição na vizinha Bryn Mawr Women's College, na Pensilvânia, para onde ela se mudou em 1933.

Bryn Mawr ofereceu a Emmy um refúgio longe dos horrores que se desenrolavam na Europa e ela pôde continuar o trabalho que amava, ensinando e supervisionando estudantes de pesquisa. Infelizmente, sua felicidade durou pouco. Em 1935 ela morreu, aos 53 anos, após uma cirurgia para retirada de um tumor na pélvis. No domingo, 5 de maio de 1935, o *The New York Times* publicou uma "Carta ao Editor", assinada por Albert Einstein, intitulada "Professor Einstein escreve em apreço a uma colega matemática". Na verdade, embora Einstein tenha assinado a carta, ela foi redigida por Hermann Weyl, que escreveu: "No julgamento dos mais competentes matemáticos, Fräulein Noether foi o gênio matemático mais significativo e criativo até agora produzido desde que a educação das mulheres teve início." Muitos matemáticos e físicos não mencionariam hoje a qualificação de gênero. Weyl leu a homenagem no funeral, dizendo que "você não era de barro, harmoniosamente moldada pela mão artística de Deus, mas um pedaço da rocha humana primordial na qual ele soprou o gênio criativo".

Domando o zoológico de partículas

Depois da morte da amiga, Hermann Weyl estendeu as percepções de Noether para desenvolver uma abordagem revolucionária à física de partículas, conhecida como teoria de gauge, ou teoria de calibre. Esta forneceu uma simplificação radical do zoológico de partículas e é fundamental para esse moderno ramo da física.

O ponto de partida de Weyl foi insistir que as leis da física não devem ser apenas independentes de as partículas estarem aqui ou ali, girando ou não girando, como argumentou Noether, mas também devem ser independentes de como as rotulamos ou as categorizamos. Isso poderá lembrar a insistência nominalista de Guilherme de Ockham de que as palavras para noções abstratas, tais como paternidade, referem-se a entidades mentais, e não reais, e, portanto, não deveriam ser usadas em ciência. A teoria de calibre assume uma abordagem nominalista semelhante para a física de partículas,[6] a fim de encontrar leis que sejam cegas para a forma como rotulamos ou descrevemos partículas ou forças. Leis que possuem essa simetria são descritas como invariantes de calibre.

Quando Hermann Weyl e seus colegas procuraram leis invariantes de calibre para partículas eletricamente carregadas, obtiveram as leis do eletromagnetismo, de Maxwell. Esse foi um resultado notável, pois demonstrava que essas leis imensamente importantes, que haviam inspirado a descoberta da relatividade especial de Einstein, eram reflexo de uma simetria mais profunda e, por conseguinte, da simplicidade na natureza. A teoria de calibre também predizia a existência de uma partícula neutra sem massa, capaz de transferir forças entre partículas carregadas. Imagine Alice e Bob parados sobre patins em uma pista de gelo, arremessando uma bola de basquete um para o outro. Quando Alice joga a bola para Bob, segundo a terceira lei de Newton, ela é propelida para trás por seu arremesso. Quando Bob agarra a bola, o impacto o afasta de Alice. O efeito final é que, sem se tocar e sem patinar, os patinadores saem dos lugares iniciais. Weyl e seus colegas perceberam que é exatamente isso que acontece quando um elétron encontra outro. Um fóton, como a bola de basquete, é passado entre eles e faz com que ambos se afastem um do outro, como uma repulsão entre elétrons carregados.

Assim como as equações de Maxwell unificaram eletricidade e magnetismo, a teoria de calibre revelou simetrias anteriormente ocultas que unificaram o eletromagnetismo com uma das duas forças que mantêm os núcleos atômicos unidos: a força nuclear fraca. Mais uma vez, entidades consideradas diferentes foram entendidas como sendo as mesmas e o mundo ficou mais simples. Quando aplicada à força nuclear responsável por manter os núcleos unidos, a teoria de calibre gerou a eletrodinâmica quântica e o reconhecimento de que os prótons e os nêutrons que compõem os núcleos atômicos são, na verdade, compostos por trios de partículas mais fundamentais, chamadas *quarks*, que aparecem em seis diferentes variedades: *up*, *down*, *charm*, *strange*, *top* e *bottom*. Por exemplo, os prótons consistem em dois *quarks up* e um *quark down*; já os nêutrons são compostos de dois *quarks down* e um *quark up*.

A teoria de calibre acabou por reduzir o zoológico de partículas para o modelo-padrão da física de partículas, que concebe três gerações de partículas de matéria (Figura 37). As gerações I, II e III diferem apenas em massa. Por exemplo, o múon e o tau são versões mais massivas do elétron. E há a geração única de bósons, que transportam forças, incluindo o fóton e o estranhíssimo bóson de Higgs. O bóson de Higgs é meio que um ponto fora da curva, mas é essencial para a nossa existência, pois sua interação com outras partículas lhes confere massa. Na verdade, é o grau diferente de interação com o bóson de Higgs que dota as partículas das gerações II e III com mais massa que suas contrapartes da geração I. Se o bóson de Higgs não existisse, todas seriam idênticas.

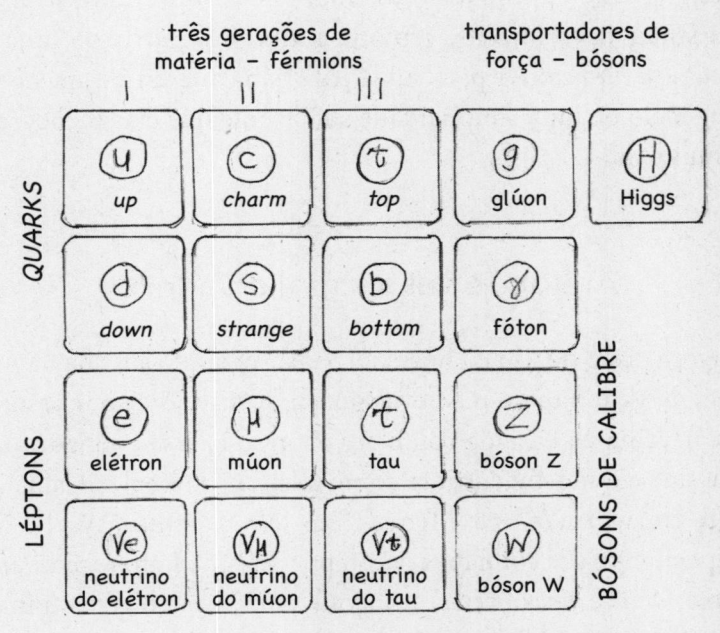

FIGURA 37: Modelo-padrão da física de partículas.

O modelo-padrão é outra teoria científica maravilhosamente elegante e simples. No entanto, a maioria dos físicos acredita em um mundo ainda mais simples. Teorias da grande unificação (GUTs, sigla em inglês para *grand unified theories*) concebem que, em altas energias, as forças eletrofraca e eletroforte sejam unificadas e que os léptons (em sua maioria, elétrons e neutrinos) e *quarks* sejam revelados como aspectos diferentes das mesmas partículas.

Imagine uma pista de gelo cheia de patinadores, cada um fazendo piruetas muito rápidas sobre um lago congelado, com um intenso vento norte soprando sobre a superfície. Quando os patinadores estão girando em alta velocidade, equivalente a alta temperatura ou energia, são idênticos e rotacionalmente simétricos. No entanto, quando reduzem a velocidade e perdem energia, e o vento começa a morder, os patinadores acabam parando com os ombros alinhados na direção do vento – orientação que minimiza a resistência do ar. Uma vez estacionários, cerca da metade estará virada para leste e a outra metade, para oeste. Sua simetria rotacional será quebrada, e o que era um tipo único de patinador será agora uma mistura de dois tipos de patinador. As GUTs propõem que, logo depois do Big Bang, quando o Universo esfriou, houve um evento similar que rompeu a simetria e congelou léptons e *quarks* a partir de uma única partícula *quark*-lépton. As partículas pareciam diferentes, mas estavam unidas por meio de uma simplicidade subjacente que elas recuperam em energias muito altas.

Até onde vai a simplicidade?

Estamos agora perto do fim da nossa jornada, seguindo a trilha da navalha de Ockham desde o mundo medieval até o moderno. Até aqui, assumimos o valor da navalha na base da confiança. Contudo, essa confiança não foi mal empregada. Grandes cientistas, como Copérnico, Kepler, Galileu, Boyle, Newton, Darwin, Wallace, Mendel, Einstein, Noether, Weyl e muitos outros, depositaram sua confiança na simplicidade e foram recompensados com surpreendentes descobertas, avanços e um Universo mais simples que o anteriormente imaginado. Mas a navalha não garante isso.

Como enfatizei, o Universo pode ser muito complexo, mas a navalha sempre será útil. Sua cláusula de "nada além da necessidade" nos autoriza a adicionar qualquer nível de complexidade, contanto que não seja além da necessidade. Não obstante, soluções propostas pelos grandes cientistas invariavelmente revelaram um mundo mais simples. As mesmas leis não precisariam ser aplicadas tanto no céu quanto na Terra. A eletricidade e o magnetismo poderiam ter sido forças inteiramente diferentes, e a luz poderia não ter nada a ver com nenhum dos dois. A simplicidade não foi dada de bandeja – ela precisou ser descoberta ou revelada. A navalha não garante que o mundo será simples, mas quase sempre esse é o caso. Por quê?

Em 1960 Eugene Wigner (1902-1995), físico teórico nascido na Hungria e laureado com o Prêmio Nobel, publicou um influente artigo intitulado "A irrazoável efetividade da matemática nas ciências naturais",[7] no qual comentou como é intrigante a extraordinária capacidade da matemática de dar sentido ao mundo. Um caso análogo pode ser apresentado para a busca da simplicidade em ciência, que pode ser chamada de irrazoável efetividade da navalha de Ockham. Na realidade, Wigner dá um argumento semelhante em seu ensaio quando afirma que os matemáticos buscam sempre descobrir teoremas que "apelem para nosso senso estético tanto como operações quanto em seus resultados de grande generalidade e simplicidade". A estranheza de Wigner em relação à "extraordinária efetividade da matemática" é, portanto, também um reflexo da extraordinária efetividade da simplicidade. Por que ela funciona tão bem?

Wigner não soube explicar por que a matemática funciona tão bem, mas concluiu que "a adequação da linguagem matemática para a formulação das leis da física é uma dádiva maravilhosa que não entendemos nem merecemos". Como sabemos, a matemática também é a ferramenta pela qual descobrimos a simplicidade; então a fonte real da "dádiva maravilhosa" de Wigner é, creio eu, a simplicidade.

No capítulo final deste livro explorarei uma teoria extraordinária que talvez possa prover uma razão para a "irrazoável efetividade" da navalha de Ockham. Antes de chegarmos lá, precisamos ver mais de perto como a navalha de Ockham funciona e, para isso, recuaremos alguns séculos a fim de conhecer um ministro protestante com interesse em jogos de azar.

18
Abrindo a navalha

> A máxima que inspira todo o filosofar científico [...] [é] "a navalha de Ockham": entidades não devem ser multiplicadas além da necessidade.
>
> BERTRAND RUSSELL, 1914[1]

Em abril de 1761, 34 anos depois da morte de Isaac Newton e 118 anos antes do nascimento de Albert Einstein, Richard Price (1723-1791), ministro protestante não conformista, filósofo moral e matemático, examinou os trabalhos não publicados de seu amigo recentemente falecido, o matemático Thomas Bayes (1702-1761), um cientista de modesto sucesso. Trinta anos antes, ele correu em defesa do método matemático de Isaac Newton, conhecido como cálculo, que havia sido atacado em um artigo endereçado a "um matemático infiel" pelo filósofo irlandês e bispo católico George Berkeley, que temia que a ciência mecanicista de Newton solapasse a fé religiosa. Em resposta, no seu "Uma introdução à doutrina de fluxões", escrito em 1736, Bayes não só forneceu uma defesa para Newton, mas também atacou os motivos de Berkeley, argumentando que "era altamente errado introduzir a religião na controvérsia". Apesar de ser ministro presbiteriano, Bayes foi mais longe, insistindo que "haverei agora de considerar meu tema despido de toda relação que tenha com a religião e meramente como matéria de ciência humana". A separação das ciências físicas da religião que Guilherme de Ockham havia iniciado quatro séculos antes estava, nessa época, quase completa.

Entre os escritos de Bayes estava um que Price achou ao mesmo tempo intrigante e curioso. Era um artigo intitulado "Um ensaio no sentido de solucionar um problema na doutrina do acaso". Acaso, ou probabilidade, era um tópico polêmico no século XVIII, uma vez que o negócio de seguros na Inglaterra e na Escócia havia amealhado uma fortuna com sua habilidade de colocar um preço no risco de morte, naufrágio, danos, doença, lesão ou qualquer outra desgraça. Vários familiares de Price eram atuários e, uma década depois, ele escreveria seu livro sobre abordagens estatísticas a cálculos atuariais. No entanto, em 1761 ele nunca tinha visto algo parecido com as estatísticas descritas no artigo de Bayes.

Thomas Bayes é um dos mais indescritíveis heróis da nossa história. Sabemos dele tão pouco quanto conhecemos Guilherme de Ockham. Há um retrato amplamente usado de um homem muito severo de cabelos escuros em vestes e colarinho clericais frequentemente atribuído a Bayes; contudo, essa atribuição é, no mínimo, duvidosa.[2] Ele nasceu em 1702, provavelmente em Hertfordshire, filho de outro ministro não conformista, Joshua Bayes. Depois de estudar teologia e lógica na Universidade de Edimburgo, tornou-se ministro na Mount Sion Chapel, em Tunbridge Wells, Kent. Essa estância termal tinha se tornado um balneário popular durante a Restauração, depois que o rei Carlos II e sua rainha a visitaram para "tomar as águas" em 1663. No entanto, depois de um tempo, a cidade adquiriu uma reputação meio lasciva e, no seu livro *The Debt to Pleasure*[3] (A dívida com o prazer), publicado em 1685, John Wilmot, duque de Rochester, a descreveu como "O ponto de encontro de tolos, bufões e tagarelas/ Cornos, putas, cidadãos, suas esposas e filhas".*

O reverendo Thomas Bayes não era um pregador particularmente popular no "ponto de encontro de tolos", mas estabeleceu, sim, uma reputação como erudito, sendo até mesmo convidado para demonstrar a fusão do gelo para "três nativos das Índias Orientais" que visitaram a cidade em 1740. Provavelmente por defender o cálculo de Newton, Bayes foi eleito para a Royal Society em 1742, mas não publicou nenhum outro trabalho matemático antes de sua morte, em 1761. O artigo de Bayes sobre probabilidade foi, portanto, uma completa surpresa para seu amigo Richard Price. Ele fez com que o artigo fosse lido em uma reunião da Royal Society dois anos após a morte de Bayes e, então, publicado.

---

* No original, "The Rendevouz of Fooles, Buffoones, and Praters/ Cuckolds, Whores, Citizens, their Wives and Daughters". (*N. do T.*)

A navalha da probabilidade

Acredita-se que Bayes tenha começado a se interessar por probabilidade depois de ler o *Tratado da natureza humana*, do filósofo escocês David Hume. Hume apresentou o que veio a ser conhecido como o "problema da indução" como uma crítica ao método científico dominante desde o Iluminismo. Conforme mencionado no Capítulo 10, a indução foi introduzida com pioneirismo por Francis Bacon como meio de alcançar conclusões cientificamente válidas a partir de diversas observações. Por exemplo, a partir da observação de que o sol tem nascido toda manhã na história da humanidade, podemos usar o método da indução para argumentar que ele sempre nasce. Hume destacou que isso não se baseava em nenhum raciocínio sólido. A proposição "O sol sempre nasceu de manhã e vai nascer amanhã também" não é mais comprovada do que a proposição "O sol sempre nasceu de manhã e amanhã não vai nascer". Ambas são compatíveis com toda a evidência existente e não podem ser distintas em bases lógicas nem empíricas. Hume insistia que esse método de raciocínio indutivo apenas transmite probabilidade, não certeza.

Bayes aceitou o argumento de Hume de que a indução não pode transmitir certeza, mas estava seguro de que transmite probabilidades que, mesmo assim, podem ser úteis. Ele se propôs a inserir sua intuição dentro de um sólido arcabouço matemático. Como ministro religioso, provavelmente estava envolvido em eventos de levantamento de fundos, como bingos, rifas e loterias, de modo que começa seu artigo pedindo que imaginemos "uma pessoa presente em um sorteio de loteria que não conheça nada de seu esquema ou da proporção entre prêmios e não prêmios nela". A essa altura, será mais fácil apreciar o papel da navalha de Ockham em estatística bayesiana se substituirmos a cartela por dados. Imaginemos que o amigo de Bayes, Sr. Price, tenha dois dados. O primeiro é um dado simples convencional de seis faces e o segundo é um dado não convencional e mais complexo com 60 faces. Vamos imaginar também que o Sr. Price tenha persuadido o reverendo a jogar um jogo no qual, atrás de uma tela, ele lança apenas um dos dados e anuncia o número. Então ele pede ao reverendo Bayes para adivinhar qual dos dados ele lançou.

A primeira intuição do reverendo poderia ser que o Sr. Price tivesse igual probabilidade de jogar qualquer um dos dois dados. Em termos da

FIGURA 38: Dados.

estatística descrita no artigo postumamente publicado de Bayes, ele atribuiria, então, uma *probabilidade a priori* – a probabilidade antes de o Sr. Price lançar os dados – de 0,5 (meio) para a hipótese do dado de seis faces e a mesma probabilidade para a hipótese do dado de 60 faces. Digamos que o primeiro número anunciado por Price seja 29. Bayes seguramente diria "É o seu dado de 60 faces", e Price concordaria. Todavia, é provável que a mente matemática de Bayes também executasse um cálculo simples de acordo com os princípios descritos em seu artigo. Para a hipótese do dado de 60 faces, ele multiplicaria o *a priori* de 0,5 por um valor chamado *possibilidade* (*likelihood*), que é a probabilidade de um dado de 60 faces dar 29. Como há 60 números possíveis, cada um, incluindo o número 29, tem uma possibilidade de 1/60, ou 0,016. Multiplicando esse valor pelo *a priori* de 0,5, Bayes obteria uma *probabilidade a posteriori* (a probabilidade depois da chegada dos dados) de 0,008 para a hipótese do dado de 60 faces.*

Bayes também realizaria o mesmo cálculo para a hipótese do dado de seis faces, multiplicando sua probabilidade *a priori* de 0,5 por sua possibilidade de lançar o número 29. Essa obviamente é zero, uma vez que nenhuma das seis faces do dado tem o número 29. O produto entre qualquer número e zero é zero, de modo que a probabilidade *a posteriori* de o dado de seis faces dar 29 é zero. Comparando as duas probabilidades *a posteriori*, ele

---

* O teorema de Bayes para calcular a probabilidade *a posteriori* é escrito mais corretamente como o produto entre a probabilidade *a priori* e a possibilidade, dividido pela probabilidade da observação, independentemente da teoria. Deixei de fora o passo da divisão, pois ele serve apenas para normalizar o valor das probabilidades *a posteriori* de modo que elas sempre somem um. Estamos considerando que as hipóteses de ambos os dados são igualmente prováveis, por isso o passo da divisão não é necessário.

dividiria a probabilidade *a posteriori* de 0,008 para o dado de 60 faces pela probabilidade *a posteriori* de zero para o dado de seis faces. Dividir qualquer número por zero dá infinito, de modo que a probabilidade relativa de ter sido lançado o dado de 60 faces para dar 29, em comparação com o dado de seis faces, é infinita. Então é infinitamente mais provável que Price tenha lançado o dado de 60 faces. Um ponto para Bayes.

Pode parecer que o teorema de Bayes esteja fazendo muito barulho por uma intuição simples, mas o jogo fica mais interessante na segunda rodada, quando Price escolhe de novo, em segredo, um dos dois dados. Ele o lança e anuncia o número 5. Agora a situação é incerta, pois o número 5 poderia ser resultado de qualquer um dos dois dados. Será que os dois são igualmente prováveis? O reverendo Bayes achou que não e concebeu seus métodos estatísticos para lidar precisamente com esse tipo de problema, em que duas, várias ou até mesmo infinitas hipóteses ou modelos se encaixam nos dados. Como escolher entre elas?

O fator-chave em estatística bayesiana é a possibilidade bayesiana, que, como foi ressaltado primeiro pelo estatístico Harold Jeffreys em seu livro-texto sobre probabilidade publicado em 1989[4] e elaborado com mais profundidade por sucessivos estatísticos bayesianos,[5] incorpora automaticamente a navalha de Ockham, favorecendo teorias simples e castigando as complexas. Podemos entender melhor isso se repetirmos a transformação bayesiana de probabilidades *a priori* em *a posteriori* para a segunda rodada do jogo de lançamento de dados. Bayes mais uma vez atribuiria uma probabilidade *a priori* de 0,5 para as hipóteses de ambos os dados. A possibilidade de o dado de 60 faces dar 5 é a mesma de dar 29, ou seja, 1/60, ou 0,016. Quando esse valor é multiplicado pelo *a priori* de Bayes, obtemos, mais uma vez, uma probabilidade *a posteriori* de 0,008.

No entanto, quando essa operação é repetida para a hipótese do dado de seis faces, a possibilidade de dar 5 é muito mais alta: 1/6, ou 0,16. Isso ocorre, é claro, porque o dado de seis faces é mais simples: há menos números para serem apresentados como resultado. Bayes multiplica a probabilidade *a priori* do dado de seis faces, que é 0,5, por 0,16 para obter uma probabilidade *a posteriori* de 0,08. Esta é 10 vezes maior que a probabilidade *a posteriori* para o dado mais complexo, de 60 faces. Logo, é 10 vezes mais provável que o número 5 tenha sido lançado pelo dado de seis faces, e não pelo de 60.

Com base na sua estatística inovadora, Bayes anunciaria "É o dado de seis faces" e, nesse caso, voltaria a ganhar.

A possibilidade provê a estatística bayesiana com sua navalha embutida, que favorece automaticamente hipóteses mais simples porque elas têm probabilidade mais alta de gerar os resultados. Outra forma de visualizar isso é considerar o espaço paramétrico, que é a gama de valores possíveis para cada modelo ou hipótese ou, igualmente, a gama de observações que cada um pode gerar. Dê uma olhada na espiral de números na Figura 39. Aqueles que podem ser resultado do lançamento de um dado de seis faces estão na pequena região central. A bolha maior representa o espaço paramétrico de um dado de 60 faces e o espaço em volta é preenchido por números que não podem ser resultado do lançamento de nenhum dos dois dados, estendendo-se até o infinito. Note que o espaço do dado de 60 faces inclui o espaço paramétrico menor alcançável pelo dado simples. O número 5 (englobado pela bolha menor) está dentro dos dois espaços, pois pode ser resultado de qualquer um dos dados. Também poderia ser resultado de um dado de 70 faces, se o Sr. Price tivesse um, ou de um dado de 80 faces, ou, na verdade, de um dado com números infinitos que pudessem gerar a mesma observação. Este é o problema central da ciência que encontramos ao longo deste livro: seleção de modelos. Quando se tem uma profusão de modelos possíveis que expliquem algum fenômeno, como escolher entre eles? A essência da

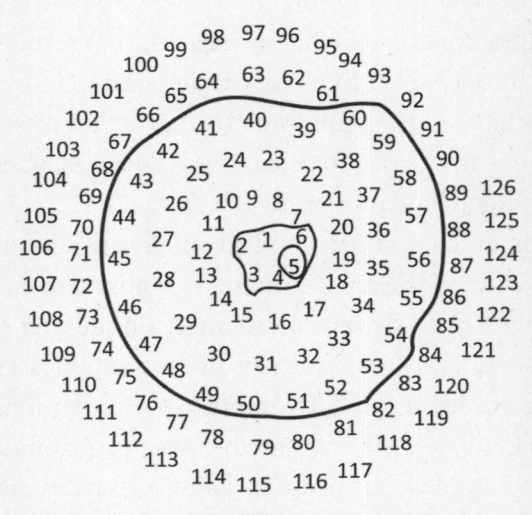

FIGURA 39: Espaço paramétrico de um dado de 60 faces.

navalha bayesiana é que ela opta pela teoria, hipótese ou modelo em que o espaço do resultado (o número 5 no exemplo anterior) ocupe a maior fração do espaço paramétrico do modelo (o dado de seis faces) e, portanto, seja mais provável de ter gerado esse resultado. Invariavelmente, o modelo mais simples é o da navalha de Ockham.

A navalha de Ockham bayesiana é como a ciência lida com a multiplicidade de modelos que igualmente se encaixam num mesmo conjunto de dados. Considere o enunciado da lei de Newton: "Para toda ação existe uma reação igual e contrária." Assim, quando você chuta uma bola de futebol, a força da sua chuteira (a ação) sobre a bola encontra a força da bola (a reação) sobre o dedão do seu pé. Essa lei simples é compatível com todo chute dado em todo jogo de futebol. No entanto, existe outra lei igualmente compatível com todos esses dados. "Para toda ação existe uma reação igual e contrária, além de um pequeno demônio invisível que também está empurrando a bola para pressioná-la contra seu pé." E há uma terceira hipótese com dois demônios, e uma quarta com talvez dois demônios e um anjo fornecendo diferentes componentes da reação da bola à força da sua chuteira, e assim por diante, até incluir um número infinito de hipóteses ou modelos.

Esse exemplo é trivial, mas não inteiramente. O éter, os epiciclos de Ptolomeu, o flogístico, o princípio vital, o "princípio sapiente" de Henry More, o conceito de um Criador divino, magnetismo e eletricidade, espaço e tempo, gravidade e aceleração, quantidades de energia menores do que se pode medir, todas essas são maneiras complexas de fazer girar a roda do mundo. Nenhuma pode ser eliminada com base somente na lógica, porém, insistem os cientistas, se houver um modelo mais simples, este deve ser adotado. A estatística bayesiana provê a sustentação estatística dessa preferência e subscreve a navalha de Ockham.

Todos os revolucionários avanços científicos feitos por Copérnico, Newton, Mendel, Darwin e outros – aquilo que o filósofo da ciência americano Thomas Kuhn denominou "mudanças de paradigma" – envolveram a dispensa de um modelo mais complexo em favor de um mais simples. Sua preferência por modelos simples veio de princípios místicos, teológicos, estéticos ou de mera intuição. No entanto, embora a navalha de Ockham tenha muitas manifestações e justificativas diferentes,[6] acredito que a navalha bayesiana exprime sua essência quando aplicada à ciência. A navalha favorece as teorias simples não porque sejam mais bonitas, embora frequentemente o sejam; tampouco porque sejam mais fáceis de entender, embora geralmente isso ocorra; nem porque façam menos pressuposições, embora geralmente o façam; e tampouco porque façam predições mais precisas, embora isso sempre aconteça – a navalha favorece as teorias simples porque há maior probabilidade de que sejam verdadeiras.

Não obstante, é importante lembrar que a nossa preferência por soluções simples é, em sua maior parte, um desenvolvimento moderno. Antes de Guilherme de Ockham, a resposta padrão a um problema era jogar nele entidades adicionais. Guilherme de Ockham foi o primeiro a insistir em escavar até chegar a soluções mais simples, um princípio que, desde então, veio a se tornar o alicerce da ciência e a marca da modernidade.

Simples verdade?

A forma bayesiana da navalha de Ockham fornece uma compreensão esclarecedora do motivo que levou cientistas como Copérnico, Brahe, Galileu e Newton a estarem tão convencidos de que a Terra gira em torno do Sol, apesar de não terem nenhuma evidência convincente. O fato de os gigantes dos primórdios da ciência moderna estarem tão convencidos da heliocentricidade, apesar da falta de evidência confirmatória, tem sido extensivamente citado por historiadores e filósofos da ciência, tais como Thomas Kuhn[7] e Arthur Koestler,[8] como prova de que, ao contrário da alegação de outros cientistas, a ciência não é guiada primariamente pela razão, mas por um viés irracional, pessoal ou cultural. Por exemplo, Kuhn escreve: "A julgar por bases puramente práticas, o novo sistema planetário de Copérnico foi um fracasso; não era nem mais acurado nem significativamente mais simples que seus predecessores ptolomaicos." Do mesmo modo, Koestler argumenta que ambos os modelos, ptolomaico e copernicano, incluíam cerca de 30 a 80 ciclos ou epiciclos, dependendo de como fossem contados. Com essa base, Kuhn e Koestler argumentam que era falso o critério da simplicidade sobre o qual esses grandes cientistas se apoiavam.

Os filósofos e historiadores pós-modernos e relativistas do século XX se apegaram ansiosamente a essa alegação para sustentar suas afirmações de que a ciência não tem um argumento mais forte sobre a verdade objetiva do que qualquer outro sistema de pensamento. Um exemplo disso é o filósofo da ciência Paul Feyerabend (1924-1994), que argumenta: "Para aqueles que olham o rico material fornecido pela história [da ciência,] [...] fica claro que existe apenas um princípio que pode ser defendido sob todas as circunstâncias e em todos os estágios do desenvolvimento humano. É o princípio: qualquer coisa vale."[9] Segundo os pós-modernos, a ciência meramente assume seu lugar ao lado de outros sistemas de crença, tais como religião, misticismo, bruxaria, crendices populares, astrologia, homeopatia ou paranormalidade. Cada um tem, alegam eles, as próprias verdades e nenhum pode reivindicar qualquer monopólio da verdade. Feyerabend ainda afirmou que, na educação pública, nas salas de aula, a ciência não podia ter status privilegiado sobre o misticismo, a magia ou a religião.

Guilherme de Ockham, com toda a certeza, teria discordado. Ele insistia que havia uma diferença gritante entre ciência e religião, pois a ciência se baseia na razão e a religião se baseia na fé. Ainda assim, os pós-modernos discordam. Muitos de seus argumentos foram fortemente influenciados pelo filósofo austro-britânico Ludwig Wittgenstein (1889-1951). Embora treinado como engenheiro, Wittgenstein se deixou fascinar por matemática e depois por filosofia em Cambridge, influenciado por Bertrand Russell, que em 1903 escrevera *Principia mathematica*, argumentando que matemática e lógica são idênticas. Em 1921 Wittgenstein publicou seu altamente influente *Tractatus logico-philosophicus*, no qual examinava as relações entre linguagem e realidade. Nesse estágio de sua carreira, parecia aceitar (filósofos ainda discutem acerca do significado de grande parte das afirmações filosóficas de Wittgenstein) que a ciência podia fazer afirmações comprovadamente verdadeiras sobre o mundo. Trinta anos depois, em *Investigações filosóficas*, Wittgenstein parece desistir de descobrir como a linguagem representa o mundo e, em vez disso, argumenta que existem apenas maneiras diferentes de usar a linguagem, ou "jogos de linguagem", cujo significado deriva somente do seu uso. Esse argumento parece ter muito em comum com a insistência nominalista de Guilherme de Ockham quando afirma que palavras se referem a ideias nas nossas cabeças, e não a universais ou essências que existem no mundo. Sete séculos antes, Ockham usou a analogia do dono de uma estalagem que pendura uma argola de barril na porta de seu estabelecimento para dar a entender que ali se podia encontrar vinho.[10] A argola não tem relação direta com uma caneca de vinho, mas representa uma convenção reconhecida, por exemplo, por apreciadores de vinho, ajudando-os a se orientar pelo mundo. Da mesma forma, toda linguagem, defende Ockham, adquire seu significado a partir da utilidade que seus termos têm para seus usuários.

Wittgenstein, porém, foi mais longe que Ockham e argumentou que cada jogo de linguagem é incomensurável, no sentido aristotélico de um círculo ser incomensurável com uma reta porque pertence a uma categoria diferente de ser. Ockham desbancou essa noção no século XIV, desenrolando sua corda metafórica e demonstrando que ela poderia ser um círculo ou uma reta, mas os erros de incomensurabilidade e categoria têm se apegado a isso por meio dos círculos filosóficos. O exemplo predileto do filósofo britânico Gilbert Ryle (1900-1976) tem como cenário um visitante de Oxford que percorre suas muitas bibliotecas e faculdades e então pergunta: "Mas onde está a universidade?" O erro do visitante é presumir que a universidade pertence à categoria dos objetos materiais, tais como o edifício de uma faculdade, em vez de uma instituição que existe causalmente apenas na cabeça dos estudantes, do corpo docente e dos visitantes. De maneira similar, Kuhn argumenta que a "tradição científica que emerge de uma Revolução Científica não é só incompatível, mas muitas vezes, de fato, incomensurável com aquilo que sucedeu antes".[11] Da mesma maneira, o filósofo americano pós-moderno Richard Rorty insiste: "Não penso que haja [...] quaisquer verdades independentes da linguagem."[12]

Apesar da sua postura anticientífica, tenho simpatia por muitos dos pontos apresentados por pós-modernos e relativistas, particularmente sua oposição à noção de que os valores culturais ocidentais, que geralmente se referem aos valores de ocidentais educados, brancos e ricos, são universais. Eles ressaltam de maneira correta que não há motivos objetivos para atribuir valores mais elevados, por exemplo, a *Hamlet*, de Shakespeare, em comparação com as histórias do Homem-Aranha, da Marvel, ou com os contos populares axânti sobre a aranha Anansi. A ciência também é produto da linguagem e da cultura. Como observou Niels Bohr, fundador da mecânica quântica: "Estamos presos pela linguagem em tal grau que toda tentativa de formular uma percepção é um jogo de palavras."[13] É aí que eu me distancio dos pós-modernos. Sua percepção relativista não pode ser transferida para a ciência porque, diferentemente da cultura, as leis científicas são escritas na linguagem universal da matemática. A relação do quadrado da hipotenusa com os quadrados dos dois catetos é conhecida há milênios pelos antigos babilônios e egípcios e por pessoas ao redor do mundo todo, independentemente de sua linguagem e cultura. Ela não tem relação com nada.

É por isso que o fato de Guilherme de Ockham ter libertado a matemática dos grilhões da incomensurabilidade e das proibições de metabase (Capítulo 5) foi tão importante. Séculos depois, essa libertação permitiu a Galileu e Newton reunir os movimentos terrestres e celestes no mesmo conjunto de regras numéricas simples que teriam sido compreensíveis a um cobrador de impostos da Babilônia antiga, um astrólogo maia ou um comerciante africano. A matemática leva a razão ao conjunto de leis mais simples possível, portanto eleva a posição da ciência, que deixa de ser apenas mais um jogo para tornar-se uma linguagem universal.

Há, porém, outra percepção pós-moderna que é, ao mesmo tempo, verdadeira e crucial para o papel da navalha de Ockham, embora a navalha em si não tenha determinado o caminho trilhado pelos pós-modernos. A verdade é, conforme eles argumentam, incognoscível. Isso é algo chocante até mesmo para cientistas que ensinavam que a ciência é uma marcha inexorável rumo à verdade.

Imagine que a ciência um dia fosse capaz de conseguir um estado bem-aventurado de saber tudo, isto é, "a verdade". Como saberíamos? Conhecer a verdade absoluta pressupõe algum meio de espiar atrás da cortina de evidência proporcionada por nossos sentidos ou instrumentos científicos para ver o mundo "real" em vez daquele enxergado por nossos sentidos ou instrumentos científicos. Supõe que exista um mundo completo, cognoscível e perfeito, um mundo de Formas platônicas idealizadas, a própria visão de mundo que Ockham refutou tantos séculos atrás. Se, como Ockham, rejeitarmos essa visão de mundo, teremos que nos apoiar, em vez disso, nas nossas informações sensoriais e em uma variedade infinita de modelos do cosmo que possam se encaixar nos dados e explicar nosso lugar no mundo.

Ainda assim, isso não significa, como os pós-modernos argumentam, que todos os modelos sejam iguais. Ao desenhar um mapa astral, os astrólogos de hoje não consultam relatos de humor do deus Marte ou os lascivos hábitos de Júpiter. Em vez disso, voltam-se para tabelas planetárias baseadas no modelo simples de sistema solar projetado por Kepler. Aqueles que acreditam em paranormalidade organizam suas reuniões por telefone e e-mail, não por telepatia; e, se as reuniões forem no exterior, viajam de avião, não por teletransporte. A ciência pode ser um jogo de linguagem ou modelo, mas, ao contrário da vasta maioria de modelos – como a alquimia, o *feng shui*, a homeopatia e os indecifráveis tratados pós-modernos que desprezam a ciência –, os modelos científicos realmente funcionam porque são simples e, por conseguinte, transmitem predições acuradas.

Ciência é simplicidade

Quase toda a ciência – na verdade, quase todo o nosso conhecimento do mundo – baseia-se no raciocínio bayesiano aplicado a induções. Como insistem os pós-modernos, a evidência de mil observações do sol nascendo não oferece nenhuma certeza, e sim uma alta probabilidade de que a hipótese simples – de que ele nascerá também amanhã – acabará por se revelar verdadeira. A probabilidade, e não a certeza, é suficiente para a ciência e é a essência da ciência moderna. Alquimistas experimentam, astrólogos calculam, mas nem eles nem mil outros místicos, filósofos ou sacerdotes insistem em aceitar apenas as soluções mais simples por serem também as mais prováveis.

É claro que a ciência não é uma questão apenas de simplicidade. Empirismo, lógica, matemática, replicabilidade, verificação e falseabilidade são todos aspectos que desempenham papéis vitais. O último deles, falseabilidade, foi defendido pelo filósofo Karl Popper (1902-1994) e é provavelmente o critério mais citado para fazer a distinção entre ciência e pseudociência. No entanto, não garante a ciência, porque provar que uma teoria é falsa é tão impossível quanto provar que é verdadeira. Nenhum experimentalista, quando realiza um experimento que gera um resultado contrário à sua predição, sai correndo para declarar que sua teoria foi falseada. Em vez disso, confabula com colegas em busca de motivos pelos quais tenha observado dados contrários adicionando complexidades. Vimos esse processo em ação no Capítulo 12, quando os adeptos do flogístico ou calórico inventaram novas entidades, tais como peso negativo, em vez de abandonar suas teorias. Criacionistas são mestres em inventar complicações disparatadas, mas não falseáveis, que explicariam fatos como o registro fóssil.

A incapacidade dos dados em refutar uma teoria também é visível na observação de que teorias mortas, aparentemente contraditadas por evidência sólida, são ressuscitadas. Por exemplo, a hereditariedade lamarckiana fora supostamente refutada por evidência observacional e experimental em relação a características adquiridas, tais como o braço musculoso do ferreiro que manuseia o martelo. Contudo, evidências de que diversas características adquiridas vinham sendo limitadamente herdadas, tais como uma preferência alimentar, surgiram nos anos 1990 para reviver uma forma de hereditariedade lamarckiana conhecida como epigenética.[14] No século XX, Einstein inventou um fator chamado *constante cosmológica* para que sua teoria da relatividade geral fosse consistente com a ideia de um Universo estático. Ele logo a abandonou quando viu que o Universo se expandia. No século XXI, a constante cosmológica foi ressuscitada para explicar a energia escura do próprio espaço. Da mesma forma, como discutimos no capítulo anterior, ninguém jamais refutou o geocentrismo, pois ele não está errado. Ele apenas não funciona tão bem quanto sua alternativa. Os pós-modernos estão certos, em última análise, quando afirmam que nenhuma teoria jamais poderá ser provada certa ou errada. Isso não nos impede de escolher a mais simples que prediga corretamente os fatos. Simplicidade, e não falseabilidade, é o que está no coração da ciência.

A navalha de bolso

É óbvio que não precisamos consultar Bayes para reconhecer, por exemplo, que o modelo heliocêntrico oferece uma explicação muito mais simples da trajetória dos planetas pelo céu do que a confusão geocêntrica de rodas dentro de rodas. Nossa mente parece ter uma preferência natural pela simplicidade e, como argumenta o psicólogo cognitivo Nick Chater,[15] automaticamente atribui probabilidades mais altas a modelos mais simples. Mas como reconhecer o que é mais simples? Uma característica facilmente avaliável é o comprimento de uma explicação. Shakespeare reconhecia que "a concisão é a alma da perspicácia", mas é também a assinatura da simplicidade. Histórias mirabolantes tendem a ser longas. O filósofo Nelson Goodman concebeu um teste bastante complexo de simplicidade textual,[16] mas uma regra prática muito mais simples que funciona bem é a que eu chamaria de navalha de Ockham de bolso. Ela conta o número de palavras significativas (excluindo artigos, conjunções, etc.) requeridas para explicações ou modelos rivais e pune as mais longas reduzindo à metade sua probabilidade para cada palavra significativa a mais.

Se aplicarmos a navalha aos dois modelos de trajetórias planetárias, então a explicação das trajetórias tendo o Sol no centro exigiria, digamos, 50 palavras. Explicar as mesmas trajetórias tendo a Terra no centro e erguendo todos aqueles epiciclos no céu exigiria, em uma estimativa conservadora, pelo menos uma centena de palavras. Segundo minha calculadora, nossa navalha de bolso sugere que o modelo heliocêntrico é 2^{70} vezes mais provável que o modelo geocêntrico.

Tente aplicar a navalha de Ockham de bolso a outras disputas que encontramos neste livro, tais como criacionismo *versus* seleção natural para explicar fósseis ou "pedras figuradas". Também é instrutivo testar o fio da navalha em terapias de pseudociência, tais como homeopatia ou cura por cristais, comparando as explicações de como funcionam com as explicações rivais de que não funcionam. O aquecimento global e suas prováveis causas também são um interessante tema para afiar a sua navalha de bolso.

Finalmente, quero lembrar que a navalha de Ockham em si não faz alegação de simplicidade ou complexidade do Universo. Em vez disso, ela nos convida a optar pelos modelos mais simples capazes de predizer os dados. É o que podemos chamar de navalha de Ockham branda. No entanto, muitos cientistas, em especial os físicos, aceitam o que poderíamos chamar de navalha de Ockham forte, que alega que o Universo é tão simples quanto pode ser, dada a nossa existência.

19
O mais simples de todos os mundos possíveis?

> Toda ação executada na natureza é executada do modo mais curto.
> LEONARDO DA VINCI, cadernos de anotações[1]

É verão de 1753 e, na capital alemã, o carrasco da cidade está queimando livros por ordem de Frederico, o Grande. As palavras impressas nas páginas em chamas eram de Voltaire (1694-1778), o gigante do Iluminismo francês, que naquela época residia em Berlim. Seu livreto *Diatribe du Docteur Akakia* é uma perversa sátira da vida e da obra de outro francês morador da cidade e presidente da Academia de Berlim, Pierre Louis Moreau de Maupertuis (1698-1759). Maupertuis nasceu em 1698, quatro anos antes de Thomas Bayes, em Saint-Malo, um porto da costa francesa da Bretanha. Estudou matemática em Paris e, em 1723, foi admitido na Académie des Sciences, onde se tornou um defensor das leis mecanicistas que Isaac Newton havia descoberto do outro lado do canal da Mancha. Na década de 1730, Maupertuis se envolveu em um debate sobre se a Terra seria achatada no equador (prolata) ou nos polos (oblata). Ele usou a mecânica newtoniana para predizer que a Terra era oblata, em oposição ao eminente astrônomo francês Jacques Cassini (1677-1756). Em 1736 o rei Luís XV, da França, nomeou Maupertuis para comandar uma expedição à Lapônia, com o objetivo de resolver a disputa. As medições feitas por Maupertuis da curvatura da Terra em sua extremidade norte demonstraram que o planeta é, de fato, achatado perto dos polos. O trabalho impressionou tanto Frederico, o Grande, que tinha acabado de fundar a

Academia de Berlim, que ele ofereceu o posto de diretor a Maupertuis. Em 1745 o francês aceitou.

Mais ou menos nessa época, Maupertuis se interessou por um projeto ainda mais imponente: pensava ser capaz de provar o que Aquino havia tentado 500 anos antes: a existência de Deus. A luz, que o teólogo medieval Robert Grosseteste acreditava ser uma emanação divina, forneceu a pista. Um século antes, o matemático francês Pierre de Fermat (1607-1665) quebrara a cabeça para descobrir por que os raios de luz se dobram quando passam de um meio para outro. Esse fenômeno, que chamamos de *refração*, é responsável por fazer com que uma vara reta (ou um lápis) pareça dobrada quando parcialmente submersa na água. À primeira vista, o fenômeno contradiz o princípio da simplicidade, uma vez que uma linha reta dobrada é um bocado mais complexa que uma linha torta. No entanto, Pierre de Fermat já havia proposto que, em vez de minimizar o número de dobras em seus trajetos, a luz minimiza o tempo que leva para chegar a seu destino. Ele combinou isso com a conjectura de que a luz viaja mais devagar na água para explicar a trajetória dobrada, propondo que a luz percorre o trajeto mais curto através do meio mais lento para minimizar o tempo total viajado (Figura 40). Em 1744 Maupertuis demonstrou um *princípio da mínima ação* mais genérico, que se aplicava tanto à refração quanto à reflexão, propondo que ambos os fenômenos minimizam não o tempo, mas o produto entre tempo e energia, o que é chamado "ação".

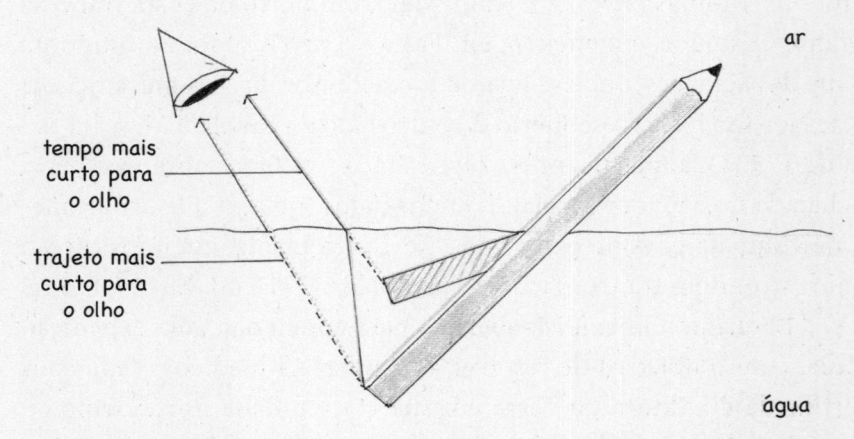

FIGURA 40: O princípio da mínima ação explica a aparente dobradura de um lápis parcialmente submerso.

Para captar bem o princípio, será proveitoso retornar brevemente ao antigo problema de compreender o voo de uma flecha depois que ela deixou o arco do arqueiro. O problema incomodara Aristóteles, levando Jean Buridan a criar o conceito de ímpeto como um tipo de combustível que alimentava a flecha. Qualquer arqueiro sabe que, para acertar um alvo distante, a flecha precisa ser apontada para o alto, de modo que sua queda termine no alvo. Cada trajetória é determinada exclusivamente pelo ângulo e pela velocidade com que a flecha sai do arco. Um arqueiro experiente saberá a trajetória correta, mas como a flecha *sabe* qual trajetória, entre tantas alternativas, ela deve percorrer (Figura 41)? Uma resposta possível é que as leis de Newton predizem a trajetória parabólica correta, e única, do arco até o alvo. Mesmo assim, os cálculos incluíam um valor para esse conceito circular de "força". Maupertuis descobriu que poderia obter a mesma trajetória se dispensasse a força e, em vez dela, assumisse que, ao longo de todo o percurso, o movimento da flecha minimizaria sua *ação*.

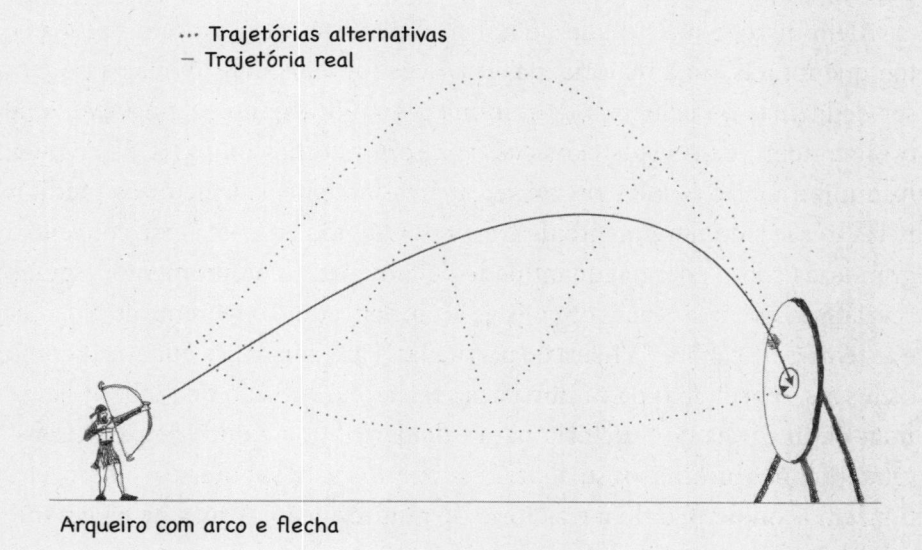

FIGURA 41: O princípio da mínima ação explica a trajetória parabólica de projéteis como flechas.

Imaginemos substituir o arco do arqueiro por um rotor movido a combustível na haste da flecha que alimente seu voo do arco até o alvo. Vamos imaginar mais: que a velocidade e a direção do rotor da flecha sejam controladas por um minúsculo computador de bordo que ajuste a velocidade e a trajetória a um trajeto que minimize o consumo de combustível para todo o percurso. Incrivelmente, o trajeto percorrido pela nossa flecha computadorizada será o mesmo da flecha real, porque ambos minimizam a ação.

O princípio da mínima ação afirma que o movimento de qualquer corpo, tal como o de uma flecha durante o voo, adotará a trajetória que minimize sua ação total. Esta é, em cada ponto do percurso, a soma da sua energia cinética, em razão do movimento, subtraindo sua energia potencial, em razão de sua posição em um campo energético tal como o campo gravitacional da Terra. Para locomoção alimentada por combustíveis, a ação corresponderá, aproximadamente, à quantidade de combustível consumida durante o percurso. O princípio da mínima ação estabelece que, para movimento natural, essa ação é minimizada. Ela governa a trajetória de flechas, foguetes, planetas, elétrons, fótons ou qualquer outro tipo de partícula e até mesmo ondas.

Além disso, e mais digno de nota, os cientistas descobriram desde então que muitas, ou a maioria, das leis mais fundamentais da física podem ser deduzidas do princípio da mínima ação. Por exemplo, considerar que o movimento de objetos clássicos, tais como flechas ou balas de canhão, minimiza a ação resulta em fornecer precisamente as trajetórias preditas pelas três leis do movimento de Newton. Quando se aplica esse conceito a grandezas como energia, quantidade de movimento ou momento angular, revelam-se as leis clássicas da conservação, bem como o teorema de Noether e as teorias de calibre da física de partículas. Para partículas quânticas como os fótons, o princípio da mínima ação fornece o método de Richard Feynman de integrais de trajetória para calcular o movimento de partículas.*
Quando raios luminosos se dobram entre uma vara submersa e o olho, eles o fazem acompanhando a trajetória de mínima ação. A mesma lei garante

---

* No Capítulo 19 do volume 2 de *Lectures on Physics* (Palestras de Física), publicado em 1964, Feynman conta que, depois que o seu professor do ensino médio lhe falou do princípio, ele descobriu que aquilo era "absolutamente fascinante". E foi adiante, escrevendo sua tese de doutorado na Universidade de Princeton sobre a aplicação do princípio da mínima ação em mecânica quântica.

que estrelas, planetas ou até mesmo buracos negros sigam sua trajetória de mínima ação através de campos gravitacionais, as mesmas preditas pela teoria da relatividade geral de Einstein.

A extraordinária generalidade do princípio da mínima ação e a sua capacidade de fornecer tantas leis "fundamentais" sugerem que seja um princípio muito profundo que, segundo a física sul-africana Jennifer Coppersmith, mostra que habitamos um "Universo preguiçoso". No século XVIII, Maupertuis alegou que sua descoberta de que a "natureza é parcimoniosa em todas as suas ações" provava a existência de Deus.[2] Em seu "Derivation of the Laws of Motion and Rest as a Result of a Metaphysical Principle" (Dedução das leis do movimento e repouso como resultado de um princípio metafísico), publicado em 1748, ele argumenta que "estas leis, tão belas e tão simples, talvez sejam as únicas que o Criador e Organizador das coisas tenha estabelecido na matéria para efetivar todos os fenômenos do mundo visível".

Em vez de aclamarem sua expectativa, intelectuais de toda a Europa ridicularizaram a ideia. Para piorar, sua reivindicação de primazia da descoberta do princípio da mínima ação foi questionada por diversos cientistas, sendo o mais famoso deles o matemático alemão Johann Samuel König (1712-1757). A alegação de König foi defendida por Voltaire. Quando, por influência de Maupertuis, o jovem König foi forçado a deixar a Academia de Berlim, Voltaire se sentiu provocado a redigir seu *Diatribe du Docteur Akakia*. Frederico, o Grande, saiu em apoio ao diretor de sua academia, ordenando a queima dos livros de Voltaire. Mesmo assim, Maupertuis sentiu-se humilhado. Renunciou à Academia de Berlim e retornou a Paris; encontrando ali pouco apoio, mudou-se para a Basileia, na Suíça, onde morreu em 1759.

A história foi mais gentil com Maupertuis e geralmente é creditada a ele a descoberta do princípio da mínima ação, um dos mais profundos da ciência. Assim como a velocidade da luz é a mesma para todos os observadores, o princípio de Maupertuis não é predito por nenhuma lei mais fundamental, mas, em vez disso, parece ser parte do leito rochoso do nosso Universo. É a navalha de Ockham *forte* insistindo que, para o Universo, a *ação* não deve ser multiplicada além da necessidade.

Não obstante, apesar desse princípio, nosso Universo permanece altamente complexo, com montes de *coisas* que parecem existir além da necessidade. Por exemplo, os neutrinos, aquelas partículas que Enrico Fermi predisse em 1931, são extraordinariamente numerosos e, no entanto, dificilmente interagem com qualquer outra partícula, de modo que trilhões passam através do nosso corpo a cada segundo. O Universo não seria mais simples sem eles? Além disso, como descobrimos, embora o modelo-padrão tenha apenas 17 partículas, poderia ser ainda mais simples. Qual é o sentido da maioria dos *quarks* e léptons nos grupos de calibre II e III que não contribuem para a matéria comum? Você provavelmente já ouviu sobre duas outras entidades que aparecem descaradamente além da necessidade: a matéria escura e a energia escura, que compõem a maior parte do Universo. Por que o Universo, talvez sob influência do princípio da mínima ação, não minimizou todas as coisas escuras?

Para justificar minha afirmação de que o Universo está perto de ser tão simples quanto poderia, primeiro tenho que encontrar funções para diversas entidades que parecem existir além da necessidade. Vamos começar a nossa busca no local de uma antiga catástrofe.

O inverno está chegando

No período que conhecemos como Cretáceo Superior (entre 100 e 66 milhões de anos atrás), o clima e os oceanos eram muito mais quentes que hoje, gerando uma fauna diversificada e abundante em terra e no mar. Nos oceanos, os espinhosos foraminíferos (um tipo de ameba, mas com conchas), que se alimentavam de micróbios fotossintéticos e algas, viviam, morriam e eram fossilizados para se tornar as lisas colinas de calcário de North Downs, em Surrey, onde o jovem Guilherme de Ockham talvez tenha andado quando criança. Artrópodes, moluscos, vermes, anêmonas, esponjas, águas-vivas, equinodermos e as belemnites de aspecto líquido e suas primas cefalópodes, as amonites de conchas espirais, passaram raspando pelos foraminíferos até que suas conchas afundaram no leito do mar para se tornar, após milhões de anos, as pedras figuradas que intrigaram os naturalistas do século XVIII, que ponderavam sobre a origem das espécies. No topo da cadeia alimentar oceânica estavam os peixes e répteis marinhos, tais como os plesiossauros de pescoço comprido e os mosassauros gigantes, cujos esqueletos fossilizados Mary Anning extraiu dos penhascos de Dorset. Em terra, dinossauros herbívoros, como os hadrossauros com seus bicos de pato e os tricerátopos bicudos, vagavam pelas florestas coníferas ou vadeavam os pântanos em meio ao zumbido de enxames de insetos que polinizavam as plantas em flor. Ali por perto ouviam-se os rugidos dos grandes predadores terrestres, como o tiranossauro rex, enquanto lagartos voadores, incluindo vários pterossauros, caçavam no ar.

Ainda assim, todas essas criaturas estavam em vias de extinção. Uma rocha de 10 quilômetros de largura, que vinha se movendo inofensivamente por bilhões de anos nas bordas do nosso sistema solar, fora desviada de sua órbita por uma curvatura do espaço-tempo causada pela massa da Terra. Essa curvatura, que conhecemos como gravidade, transformou a trajetória em um percurso parabólico que Galileu teria admirado, mas que se intersectava com a fina superfície terrestre do nosso planeta. Nos últimos segundos antes do impacto, a rocha foi acelerada para uma velocidade de 10 quilômetros por segundo, cerca de 20 vezes mais rápida que uma bala.

Qualquer dinossauro que olhasse para cima naqueles segundos fatais teria visto uma bola de fogo muito mais brilhante que o Sol atravessando o céu. Então teria havido um intenso clarão de luz quando o asteroide atingiu o golfo do México, vaporizando instantaneamente quase 5 mil quilômetros cúbicos de rocha e liquefazendo uma vasta região da crosta da Terra para criar uma cratera de 180 quilômetros de largura e 2 quilômetros de profundidade. Os detritos ejetados formaram uma densa nuvem de poeira que bloqueou a luz solar, dando início a um inverno mortal que durou décadas.

Aproximadamente 80% de todas as espécies do planeta, inclusive todos os dinossauros (exceto suas primas, as aves), foram varridas no que foi chamado de "pior fim de semana na história do mundo". Contudo, não foi de fato o pior. Houve cinco extinções em massa na história do nosso planeta e uma série de extinções menores. A extinção do Permiano-Triássico, cerca de 250 milhões de anos atrás, fora muito mais devastadora, pois esterilizou o planeta, varrendo assombrosos 96% de todas as espécies conhecidas. Na verdade, uma sucessão de extinções em massa vem interrompendo regularmente o tranquilo progresso da seleção natural no planeta.

Os paleontologistas David M. Raup e J. John Sepkoski, da Universidade de Chicago, encontraram evidências para um padrão de extinções em massa a cada 26 milhões de anos aproximadamente. Como não existe nenhum ciclo terrestre conhecido com uma periodicidade tão longa, sua descoberta incentivou uma busca por respostas no céu. Uma das mais controversas é a teoria apresentada pelos físicos teóricos Lisa Randall e Matthew Reece, da Universidade Harvard, em Massachusetts. Eles argumentam que foi a matéria escura que matou os dinossauros.[3] Randall e Reece propuseram que a rotação do nosso sistema solar em torno da galáxia o conduz periodicamente para perto de um fino disco de matéria escura no plano galáctico, o qual perturba as órbitas de cometas e asteroides, enviando chuvas de destruição rochosa na direção da Terra.

À primeira vista, poderia parecer que tanto neutrinos quanto matéria escura são entidades além da necessidade no Universo, ainda mais se você fosse um dinossauro. Para descobrir por que nem nós nem os dinossauros teríamos existido sem eles, precisamos sondar as origens da matéria e, particularmente, sua variedade viva.

É preciso uma galáxia para criar um planeta

Em 1915 Albert Einstein aplicou sua teoria da relatividade geral a todo o Universo. Para sua surpresa, descobriu que o Universo não era estável: estava se contraindo ou se expandindo. Para compensar essa instabilidade e gerar um Universo estático, Einstein adicionou uma constante cosmológica, que é um tipo de energia do espaço que fornece uma espécie de pressão contra a contração. No entanto, em 1929 o astrônomo Edwin Hubble mediu a velocidade das galáxias e descobriu, para seu espanto, que elas estão se afastando de nós à medida que o Universo se expande. Einstein abandonou sua constante cosmológica, classificando-a como "a maior asneira" da sua vida.

Se o Universo está se expandindo para o futuro, então deve ter sido muito menor no passado. Se pegarmos nosso Universo atual e fizermos o relógio retroceder, poderemos inferir que aproximadamente 13,8 bilhões de anos atrás, quando nosso Universo tinha apenas 1 segundo de idade, toda a sua matéria estava espremida em uma esfera superquente mais ou menos do tamanho de uma maçã, preenchida por uma espécie de gás de partículas fundamentais. Esse Universo do tamanho de uma maçã subsequentemente se expandiu no Big Bang para fornecer o clarão de radiação que, 13,8 bilhões de anos mais tarde, Arno Penzias e Robert Woodrow Wilson detectaram em sua antena em forma de corneta montada no alto de um morro em Nova Jersey. No entanto, Penzias e Wilson jamais teriam estado no alto daquele morro, nem haveria morro nem Nova Jersey, se não fossem os neutrinos.

O primeiro papel que os neutrinos desempenharam na nossa existência foi ajudar a acender estrelas. À medida que o Universo se expandia após o Big Bang, hidrogênio e pequenas quantidades de hélio começaram a se aglutinar, sob a influência de sua gravidade, para formar protoestrelas. Inicialmente, estas eram objetos escuros, mas, à medida que sua densidade aumentava, os prótons de hidrogênio se fundiam para formar núcleos de hélio que acenderam os fornos nucleares das estrelas e liberaram as primeiras explosões de luz estelar do Universo. Neutrinos são essenciais para essa reação. São necessários para satisfazer uma daquelas leis de conservação requeridas pelo teorema de Noether – nesse caso, a lei da conservação de léptons, que demanda que o número total de léptons (elétrons, múons, partículas tau e neutrinos) permaneça constante. Isso só pode acontecer na fusão nuclear estelar por meio da liberação de quantidades massivas de neutrinos nas explosões estelares. Assim, longe de serem supérfluos, se os neutrinos não existissem, então o Universo seria escuro e sem vida.

Os neutrinos também desempenharam um importante papel ao distribuir elementos essenciais para a vida em regiões onde a vida pudesse surgir. O Big Bang criou hidrogênio e hélio, mas não carbono, nitrogênio, fósforo ou enxofre. Esses elementos mais pesados e essenciais para a vida foram originados por meio da nucleossíntese ocorrida no interior superquente das estrelas, mas não podiam ser acessados pela vida enquanto permaneciam trancados dentro dos objetos mais quentes do nosso Universo. É aí que aqueles minúsculos neutrinos fizeram outra grande diferença.

O destino das estrelas depende de seu tamanho e de sua composição. Se pequeninas, como o Sol, quando esgotam seu combustível de hidrogênio, expandem-se para formar gigantes vermelhas antes de se contraírem para se tornar inertes anãs brancas que, mais uma vez, trancam todos os seus preciosos elementos pesados essenciais para a vida. No entanto, estrelas massivas, mais de 10 vezes maiores que o Sol, tendem a se apagar mais com um estrondo do que com um gemido. Sua atração gravitacional as torna predatórias, engolindo estrelas menores próximas em um ciclo de feedback gravitacionalmente positivo, até que colapsem para formar uma estrela de nêutrons. O centro de uma estrela de nêutrons massiva pode se condensar mais ainda, de modo a se tornar um buraco negro, mais uma vez colocando fora de alcance seus elementos essenciais para a vida. No entanto, enquanto a estrela de nêutrons está colapsando, ela emite uma onda de choque que aciona uma expansão na camada externa da estrela, que inicialmente vacila, mas depois é reacendida quando um estouro de neutrinos escapa do núcleo. É essa deflagração de neutrinos que cria o evento mais energético no Universo, uma explosão de supernova, tal como aquela que Tycho Brahe observou em 1572.

Supernovas são responsáveis por lançar elementos pesados, como o carbono, o oxigênio e o fósforo, essenciais para a vida, em lugares mais frios, onde a vida pode fazer bom uso deles, tais como o nosso planeta. Atualmente é quase um clichê, mas, como cantava Joni Mitchell nos anos 1970, somos de fato feitos de poeira de estrelas, mas distribuída por pencas de minúsculos neutrinos. Longe de serem entidades além da necessidade, o Universo seria um espaço muito monótono sem essas partículas neutras quase sem massa.

Uma ecologia escura

A matéria escura, que pode ter sido responsável pelo extermínio dos dinossauros, representa cerca de 27% do Universo. Colossais 68% são compostos de outra entidade misteriosa, conhecida como energia escura. O Sol, as estrelas e os planetas visíveis representam apenas 5% da matéria-energia. Por que o Universo desperdiçou tanto seus recursos fazendo uma porção de coisa escura e aparentemente supérflua?

Na verdade, longe de ser uma entidade além da necessidade, a matéria escura desempenhou pelo menos dois papéis-chave na nossa existência. O primeiro foi ajudar a formar as galáxias. Isso foi uma espécie de enigma, porque, como observou Neil Turok (ver Introdução), a radiação cósmica de fundo em micro-ondas (RCFM) é extremamente regular, indicando que, em seu nascimento, o Universo era muito simples, muito regular e bastante monótono. Se tivesse continuado assim, galáxias e estrelas não poderiam ter se formado. No entanto, quando a RCFM (Figura 2, p. 12) é examinada em detalhe e suas irregularidades são amplificadas, podem-se discernir caroços, grumos e cordas de material ligeiramente mais denso. A matéria escura parece ter desempenhado um papel fundamental ao agir como uma espécie de agente aglutinador que ajudou a unir o gás difuso em nuvens encaroçadas que se tornaram galáxias, estrelas, planetas e seres vivos.

Outro papel da matéria escura surgiu da observação de que velhas galáxias, como a Via Láctea, continuam a produzir estrelas novas em uma taxa de cerca de uma por ano, em sua maioria nas extremidades. Esse é um quebra-cabeça, pois acreditava-se que a matéria-prima das estrelas havia sido formada no Big Bang e, a esta altura, teria se esgotado. As supernovas desempenham um papel importante em reciclar material estelar, mas, quando explodem, suas ejeções são projetadas no espaço a uma velocidade de cerca de mil quilômetros por segundo. Lembre-se de que o espaço é, em sua maior parte, espaço. Então dificilmente existe alguma coisa para impedir que os remanescentes de supernovas, com todos os seus elementos pesados essenciais para a vida, sejam arremessados para fora da nossa galáxia, para se perderem para sempre dentro da vasta imensidão do espaço intergaláctico. Se esse fosse o destino da maioria das ejeções de supernovas, as galáxias teriam sido despidas de seu gás e sua poeira estelares há muito tempo, emperrando os motores da formação de estrelas.

A razão para isso não ter acontecido foi fornecida por uma observação feita pela astrônoma americana Vera Rubin. Nascida em 1928, Vera era fascinada por astronomia desde os 10 anos de idade. Aos 14, construiu o próprio telescópio e, quando terminou a escola, nutriu a determinação de se tornar astrônoma profissional. Mas isso foi na década de 1940, quando as atitudes em relação a mulheres na ciência não eram mais progressistas nos Estados Unidos do que as que Emmy Noether enfrentou na Alemanha. Quando Vera se candidatou ao curso de graduação em ciência na Swarthmore College, Pensilvânia, o encarregado de admissões perguntou qual carreira ela desejava seguir e ela descreveu sua ambição de se tornar astrônoma. O entrevistador pareceu cético e indagou se ela teria outro interesse. Vera retrucou que gostava de pintar. O entrevistador respondeu: "Já pensou em trabalhar pintando quadros de objetos astronômicos?"[4] Essa fala acabou se tornando uma piada interna na família de Rubin. Sempre que alguém cometia um erro, outro gracejava: "Já pensou em trabalhar pintando quadros de objetos astronômicos?"

Vera, porém, estava determinada a seguir a carreira que desde cedo lhe ocorrera e se tornou uma das mais eminentes astrônomas de sua geração. Em 1965 assumiu uma posição na prestigiosa Carnegie Institution de Washington, onde, com seu colega Kent Ford, embarcou em um projeto de mensurar a distribuição de massa dentro de galáxias medindo a velocidade de rotação de estrelas. As leis de Newton insistem que a força gravitacional é proporcional à massa. Como a maior parte da massa de uma galáxia era supostamente concentrada em seu bojo central, esperava-se que as estrelas internas girassem depressa, e as externas, mais devagar, assim como os planetas externos orbitam o Sol mais lentamente que os internos.

Mas, quando mediram a rotação das estrelas na vizinha galáxia de Andrômeda, Rubin e Ford descobriram que a distância de uma estrela ao centro da galáxia não afetava sua velocidade. Em vez disso, as estrelas externas giravam com a mesma rapidez que aquelas próximas ao centro. De início, Rubin não acreditou nos dados, mas ela e Ford repetiram as medições para mais e mais estrelas e obtiveram exatamente o mesmo resultado. Acabaram concluindo que galáxias espirais continham seis vezes mais matéria que estrelas visíveis e que essa matéria escura era responsável por acelerar as estrelas externas da galáxia de Andrômeda.[5] As observações de Rubin e Ford foram subsequentemente confirmadas por muito mais observações de galáxias distantes. Cada uma parece estar cercada por um halo de matéria escura fria invisível.

A formação contínua de estrelas deve-se a esse halo invisível de matéria escura, que age como uma espécie de escudo de gravidade que desvia grande parte das ejeções das supernovas de volta para dentro da galáxia. Ali elas podem se condensar para formar novas estrelas, como o Sol, mas também planetas rochosos, como a Terra. Nós somos resultantes de ejeções de estrelas explodindo, mas precisamos da matéria escura para direcionar seus elementos pesados para lugares propícios à vida.

Tendo achado um papel para a matéria escura na nossa existência, podemos também encontrar o desempenhado pela energia escura? Ainda não. Ela continua muito misteriosa. O único sinal de sua existência é a surpreendente descoberta de que a expansão do Universo parece estar se acelerando. No entanto, considerando que não sabemos nada sobre a natureza da energia escura, não é possível especular qual é seu papel na nossa existência, mas, se eu estiver certo, há de haver um.

Resta um punhado de outros candidatos a entidades além da necessidade no Universo. As partículas de matéria das gerações II e III no modelo-padrão diferem apenas em sua massa das partículas da geração I e parecem existir além da necessidade, pois estão ausentes na matéria regular. Papéis ainda podem ser descobertos, talvez na síntese de elementos pesados dentro das estrelas ou dentro de supernovas ou na eliminação de antimatéria mortal.[6] Além disso, para que o Universo seja do jeito que é, as leis da física precisam distinguir entre partículas e antipartículas, bem como entre tempo avançando e tempo regredindo. Três gerações de partículas parecem ser o mínimo necessário para que o Universo faça essas distinções.

Assim, apesar de algumas pontas soltas, ainda é provável que habitemos um Universo que é próximo de ser tão simples quanto possivelmente poderia ser permanecendo habitável. Mas por quê? Para abordar essa questão, primeiro precisamos atacar um problema de sintonia.

A incrível improbabilidade de ser

O modelo-padrão da física de partículas inclui não só as partículas, como *quarks*, elétrons ou fótons e as forças que atuam entre eles, mas também alguns números muito improváveis. Estes incluem as massas de todas as partículas fundamentais, além da intensidade das forças que atuam entre elas. Esses valores não são preditos por nenhuma teoria. Em vez disso, são encaixados nos dados extraídos de colisores e partículas de forma muito semelhante àquela usada por Ptolomeu para encaixar seus epiciclos nos dados astronômicos 2 mil anos atrás. Seus valores são, até onde podemos saber, arbitrários.

Lembre-se do jogo de dados imaginário jogado pelos nossos estatísticos de Tunbridge Wells, Bayes e Price. Imagine que o reverendo Bayes mantenha todos os seus documentos importantes guardados em um cofre trancado por uma fechadura de combinação com 10 travas e que cada uma delas pode ser virada para um número particular entre 0 e 60 para a porta se abrir. No entanto, o reverendo perdeu a senha e não consegue abrir o cofre. O Sr. Price faz uma visita justamente quando o reverendo está começando a se desesperar, com medo de nunca mais conseguir recuperar os documentos. Acontece que o Sr. Price levou seu dado de 60 faces e, apenas para distrair o exasperado Bayes, sugere lançar o dado para ver se conseguem descobrir a combinação da fechadura. Bayes está, obviamente, muito cético, mas, na falta de alternativas, concorda em seguir a sugestão do amigo. Price lança o dado e saem os números 55, 23, 48, 5, 76, 22, 35, 59, 41 e 8. Bayes gira a fechadura seguindo essa combinação e fica atônito ao ver que ela abre o cofre.

A perplexidade de Bayes tem fundamento. A chance de Price chegar aleatoriamente à combinação correta de números é $1/60^{10}$. Em outras palavras, a probabilidade bayesiana de Price lançar o dado e sair essa particular combinação de números é de uma em 600 milhões. É claro que os lançamentos de Price podem ter sido pura sorte, mas o reverendo Bayes provavelmente buscaria uma explicação mais simples, como uma trapaça.

Os valores das constantes fundamentais são, da mesma forma, números extremamente raros e improváveis, mas cujo valor preciso é essencial para a nossa existência. Considere, por exemplo, as massas de elétrons, prótons e nêutrons que formam os átomos. Se atribuirmos o valor 1 para a massa do próton, então o elétron pesa apenas 0,0543% da massa do próton, enquanto a massa do nêutron é, como a do próton, 1. Não há motivo conhecido para qualquer uma dessas massas, porém basta modificá-las apenas uma fração e nós não existiríamos.

Por exemplo, a massa do nêutron não é exatamente a mesma do próton; se definirmos a massa relativa do próton mais precisamente como 1,000, então a massa do nêutron será 1,001, apenas 0,1% mais pesada que a do próton. É como se algum deus ou lei da física exigisse que suas massas fossem as mesmas, mas alguém errou na soma por apenas uma fração. Quem sabe isso não tenha importância? Na verdade, tem importância, sim, e é enorme, pois essa diferença de 0,1% é responsável pelo bizarro caráter Dr. Jekyll e Mr. Hyde do nêutron, que é essencial para o mundo ser do jeito que é.

Primeiro, o desagradável caráter de Hyde. Nêutrons livres são altamente radiativos e rapidamente decaem para próton, elétron e antineutrino, com um tempo de vida de aproximadamente 15 minutos. Esse é um decaimento muito rápido, cerca de 1.600 vezes mais rápido até mesmo que o de um elemento altamente radiativo como o plutônio. A instabilidade do nêutron ocorre porque sua pequena massa extra é apenas o suficiente para que ele decaia em próton e elétron, além de antineutrino, que quase não tem massa. Essa reação desempenha um papel fundamental dentro da fusão nuclear estelar dos elementos pesados essenciais para a vida. Contudo, os nêutrons também compõem cerca de 20% da massa do nosso corpo. Se os nêutrons presentes nos átomos dentro do nosso corpo fossem tão radiativos, nossa carne se desintegraria em minutos.

O fato de nossa carne não se desgrudar dos ossos deve-se ao bem-comportado caráter de Jekyll que os nêutrons adotam quando estão dentro dos átomos. Ali, aquela pequena massa extra que era suficiente para permitir que o nêutron decaísse fora do átomo é insuficiente para permitir que o mesmo ocorra dentro de um átomo. Isso acontece porque, para que ocorra o decaimento, ele deve ter energia suficiente para superar as forças de coesão nucleares, o que requer apenas uma fraçãozinha a mais de energia do que aquela fornecida pelo 0,1% a mais na massa. Assim, os nêutrons são bem-comportados e estáveis dentro dos átomos. Contudo, se o nêutron fosse só 0,1% mais pesado do que é, ou seja, apenas 0,2% mais pesado que o próton, então os nêutrons decairiam dentro dos átomos e a matéria, tal como a conhecemos, seria impossível.

As coisas não estariam melhores se o nêutron fosse um pouco mais leve. Se ele fosse apenas uma fração menos massivo que o próton, então nêutrons livres seriam estáveis, de modo que eles, e não os prótons, teriam sido o produto principal do Big Bang. Os nêutrons não têm carga, então, ao contrário dos prótons, são incapazes de atrair os elétrons para formar os átomos de hidrogênio estáveis que compõem as estrelas. Um Universo hipotético dominado por nêutrons estáveis não teria átomos, matéria, estrelas, planetas nem nós. Aquele pouquinho de massa extra não é somente necessário, mas precisa estar na direção correta.

A física está cheia dessas "coincidências" e desses valores esquisitos que parecem sintonizar com as exigências de um Universo propício à vida. Isso foi inicialmente percebido por vários cientistas, inclusive os físicos John Barrow, inglês, e Frank Tipler, americano, que escreveram *The Anthropic Cosmological Principle*[7] (O princípio cosmológico antrópico) em 1986. Eles destacam muitos outros valores de parâmetros e coincidências em física que são inexplicáveis e, no entanto, essenciais para a nossa existência. Se voltarmos para a analogia do cofre de Bayes, é como se um Universo propício à vida, tal como o que habitamos, dependesse de que um vasto número de lançamentos de um dado de múltiplas faces desse a combinação certa para centenas de cofres. A compreensão de como o Universo veio a ter esses valores é conhecida como o problema da sintonia fina.

Barrow e Tipler argumentam que esses valores extraordinariamente improváveis só podem ser explicados pelo fato de vivermos em um *Universo antrópico*, no sentido de que, se as constantes fundamentais tivessem valores diferentes, não estaríamos aqui para lamentar nossa não existência. O princípio antrópico não explica os valores improváveis; ele meramente aceita a necessidade da sua existência. E não explica como o Universo chegou à sua combinação finamente sintonizada de constantes fundamentais, tampouco quem ou o que lançou os dados.

Parece haver apenas um limitado número de possibilidades. Os teístas se apegam a essas coincidências cósmicas como evidência de uma mão divina girando conscientemente as rodas da combinação para seus números precisos, exatamente como William Paley argumentou que um relojoeiro divino deve ter fabricado estruturas biológicas complexas, como o olho. Esse é mais uma vez um argumento para o deus das lacunas, que, na realidade, não resolve nada, pois simplesmente passa o baralho explanatório do Universo conhecido para as mãos de um Deus hipotético.

A outra solução é a teoria do multiverso, também conhecida como teoria dos muitos mundos ou dos universos paralelos. Essa ideia, familiar aos entusiastas da ficção científica, propõe a existência de um número vasto, potencialmente infinito, de universos paralelos, cada um com diferentes valores das constantes fundamentais. A maioria deles é estéril, mas uma pequena fração, por acaso, tem suas constantes fundamentais em sintonia com os valores improváveis que são compatíveis com a vida. Habitamos um desses afortunados universos e não há ninguém na vasta maioria dos desafortunados em volta para lamentar sua ausência de átomos, estrelas, elementos pesados, planetas ou vida inteligente.

O cosmo que evolui

Lee Smolin nasceu na cidade de Nova York e estudou física teórica na Universidade Harvard antes de se envolver em uma carreira de pesquisa, primeiro no Instituto de Estudos Avançados em Princeton, onde tanto Albert Einstein quanto Hermann Weyl se abrigaram durante a guerra. Ele ainda ocupou diversos postos de prestígio antes de se tornar um dos membros fundadores do corpo docente do mundialmente renomado Instituto Perimeter, em Ontário, no Canadá. Ao longo de toda a sua carreira, Smolin esteve envolvido na busca de uma teoria que unificaria todas as forças e partículas da física. Ele é um dos arquitetos da teoria das cordas e das supercordas, que está na linha de frente das tentativas de juntar a gravidade com as partículas e forças do modelo-padrão.

As teorias das cordas (há várias) propõem que as partículas de matéria (*quarks*, elétrons, prótons e assim por diante) sejam todas expressões de cordas vibrantes muito menores. No entanto, para que as teorias sejam plausíveis, as cordas precisam vibrar em um Universo de 26 ou de 10 dimensões. Infelizmente, com tantas dimensões, o número de possíveis teorias das cordas explode para um montante astronomicamente grande, potencialmente infinito. Assim como o sistema solar ptolomaico, o excesso de complexidade permite que as teorias das cordas sejam finamente sintonizadas, de modo a se ajustarem a quase toda a realidade. Essas teorias são, atualmente, incapazes de fazer qualquer predição testável.

Desencantado pelo fracasso da teoria das cordas em conectar-se com a realidade, Smolin buscou um modo alternativo de explicar o problema da sintonia fina. Nos livros *The Life of the Cosmos*[8] (A vida do cosmos), publicado em 1999, e, mais recentemente, *Time Reborn*[9] (Tempo renascido), publicado em 2013, Smolin argumenta que a seleção natural poderia explicar a improbabilidade do Universo. Ele propõe que o Universo seja produto de um processo evolutivo cósmico, aproximadamente análogo à seleção natural, que ele chama de seleção natural cosmológica.

Ecologia cósmica

Fazer a seleção natural funcionar com universos requer um alto grau de sintonia fina por si só. Smolin precisa provê-los com os três ingredientes vitais da seleção natural: autorreplicação, hereditariedade e mutação. Buracos negros desempenham um papel crucial em cada um. Começaremos com a autorreplicação. Os buracos negros são o ponto final do colapso de estrelas massivas, cuja atração gravitacional se tornou tão grande que nem mesmo a luz consegue escapar. Acredita-se que eles estejam no centro da maioria das galáxias, inclusive na nossa, engolindo estrelas vizinhas para liberar enormes quantidades de energia.

Um dos cenários possíveis para o fim do Universo é que toda a sua matéria acabará sendo engolida por um buraco negro supermassivo em um evento conhecido como Big Crunch (Grande Esmagamento). Agora, imagine filmar esse cenário sombrio e passar o filme de trás para a frente. O primeiro quadro desse registro visual seria a imagem do buraco negro do Big Crunch que acabou de engolir os últimos remanescentes do nosso Universo. Como não há nada mais no Universo, não há uma régua que possa medir alguma coisa; assim, o buraco negro do Big Crunch seria um ponto adimensional em um espaço adimensional. No entanto, um momento depois (no filme de trás para a frente), o buraco negro invisível supermassivo cuspiria partículas elementares e energia, que, ao longo de bilhões de anos, se fundiriam em átomos, estrelas e até mesmo planetas habitados. Esse cenário do Big Crunch de trás para a frente é muito parecido com a origem do Universo no Big Bang.

Como as leis da física são simétricas no tempo, esse Big Crunch invertido é tão viável fisicamente quanto o Big Bang. A simetria dos dois eventos leva muitos cosmólogos a argumentar que o que parece ser um buraco negro devorador de estrelas no Universo pode ser o outro lado do Big Bang de outro universo. Inversamente, o outro lado do Big Bang que deu início ao nosso Universo, argumenta Smolin, pode ter sido o Big Crunch do universo que o originou. Assim, segundo Smolin (e muitos outros cosmólogos), o tempo não começou no Big Bang, mas continua de trás para a frente através do nosso Big Bang até a morte por Big Crunch de seu universo genitor, através de seu nascimento a partir de um buraco negro, e assim por diante, estendendo-se para trás no tempo, potencialmente até o infinito. E Smolin não para por aí: como o nosso Universo é preenchido com estimados 100 milhões de buracos negros, ele propõe que cada um seja o genitor de um dos 100 milhões de universos que descendem do nosso.

Com buracos negros atuando como células reprodutoras, ou gametas, de universos, o modelo de Smolin inclui um tipo de processo de autorreplicação. O próximo ingrediente para seu cenário é a hereditariedade. Smolin a inclui propondo que cada universo-prole herda de seu genitor os parâmetros, os valores das constantes fundamentais, as massas das partículas etc. Poderíamos imaginá-los como genes cosmológicos* que codificam as propriedades dos universos assim como os genes biológicos codificam as propriedades das criaturas vivas.

Por fim, Smolin teve que solucionar o problema que atormentou a teoria da seleção natural de Darwin e Wallace: encontrar uma fonte de nova variação em que a seleção natural pudesse cravar seus dentes. Inspirado mais uma vez pela biologia, Smolin propõe que a passagem tumultuada de um universo e seus *genes* cósmicos através de um buraco negro às vezes faz com que seus valores precisos sejam alterados por algo parecido com mutação.

Não é nova a ideia de que as leis da física possam estar sujeitas a alterações. Smolin ressalta que o filósofo americano do século XIX Charles Sanders Peirce (1839-1914), que era profundamente influenciado pelo darwinismo, propôs que as leis da física poderiam evoluir, assim como os organismos vivos. O matemático e filósofo inglês William Kingdon Clifford (1845-1879) fazia uma alegação similar. Até mesmo teólogos medievais, como Guilherme de Ockham, argumentavam que Deus poderia ter criado mundos diferentes do nosso. Os físicos John Archibald Wheeler, Richard Feynman e Seth Lloyd propuseram que as leis da física poderiam estar sujeitas a alterações[10] tanto no espaço quanto no tempo. Ainda assim, o argumento para leis mutáveis dentro do nosso Universo é fraco porque, até onde podemos saber, precisamente as mesmas leis operam tanto nos momentos

---

* Entendo que igualar os parâmetros do modelo-padrão aos genes é espichar a analogia talvez além do que ela pode tolerar. Mas esse exercício também apresenta algumas questões interessantes. Por exemplo, se a informação genética está escrita em DNA, então qual é o substrato para os genes do Universo?

mais primordiais quanto nas mais longínquas bordas do nosso Universo. Não obstante, como ressalta Smolin, isso não impede que as leis da física sejam alteradas em universos diferentes.

O ponto de partida para a teoria de Smolin é uma espécie de equivalente cosmológico do cenário da origem da vida na biologia, no qual, em algum momento do passado remoto, não havia absolutamente nada. No entanto, uma das características mais bizarras da mecânica quântica é que não podemos sequer ter certeza de nada. Essa é outra consequência peculiar do princípio da incerteza de Heisenberg, que nos impede de ter certeza até mesmo de que o vácuo absoluto é vazio de massa e energia. A mecânica quântica deixa, assim, um espaço existencial para que partículas virtuais estourem para dentro e para fora da existência, mesmo no espaço vazio do vácuo. Em 1982 Alexander Vilenkin, cosmólogo nascido na Rússia, fez uma argumentação ainda mais surpreendente, de que o Universo surgiu da forma mais simples possível, como uma flutuação quântica "do nada".[11]

Atualmente o cenário mais aceito para a origem do Universo começa com uma flutuação quântica aleatória. Muito provavelmente, esse minúsculo Universo não era interessante, uma vez que os valores selecionados de maneira aleatória de suas constantes fundamentais eram incompatíveis inclusive com a existência de matéria. Tão rápido quanto entraram na existência, as energias positiva e negativa desse Universo inviável para matéria teriam se recombinado para sumir de volta no nada. No entanto, flutuações quânticas adicionais teriam continuado a gerar universos a partir do nada cosmológico até que, depois de talvez muitos trilhões de buscas pelo espaço paramétrico, nasceu um Universo com valores que promoveram a formação de matéria, estrelas, planetas e pelo menos uns poucos buracos negros.

A formação de buracos negros é, no cenário de Smolin, o equivalente cosmológico da origem da vida: eles tornaram o Universo autorreplicativo. Os primeiros universos primordiais provavelmente teriam gerado poucos buracos negros e assim produzido apenas um punhado de descendentes. Mas, enquanto esse punhado fosse maior que um, o número de universos aumentaria. Além disso, como é proposto que a passagem das constantes fundamentais através do buraco negro altere seus valores, o multiverso descendente teria se diversificado em uma espécie de ecossistema de universos com diferentes tipos de matéria, estrelas, planetas e número variável de buracos negros.

Entretanto, os universos não teriam sido criados todos iguais. Alguns teriam sido mais fecundos que outros. Aqueles que herdaram valores de parâmetros que levavam a uma concentração maior de matéria dentro de estrelas que colapsaram em buracos negros deixariam muitos descendentes. E vice-versa: qualquer universo que falhasse em produzir estrelas ou buracos negros acabaria sendo apagado da existência para se tornar extinto. De maneira gradual, ao longo de muitíssimas gerações cosmológicas, o multiverso seria dominado pelo universo mais apto e mais fecundo sustentado pelos valores raros das constantes fundamentais que geram o número máximo de buracos negros. Assim como a seleção natural guiou a evolução da vida rumo a criaturas improváveis, como dinossauros, elefantes ou humanos, esse mesmo processo, a seleção natural cosmológica, sintonizou finamente as constantes fundamentais da física na direção dos valores altamente improváveis que são necessários para gerar estrelas, planetas, buracos negros e nós.

Essa é uma teoria muito notável, mas é também muito difícil de provar. Mesmo assim, ela faz diversas predições de evolução do Universo que Smolin investigou em simulações de computador. Por exemplo, a teoria prediz que o Universo, sendo descendente de universos anteriormente bem-sucedidos, deveria ser finamente sintonizado para formar uma abundância de buracos negros, de modo que qualquer modificação naqueles valores fosse o resultado de uma quantidade menor de buracos negros. Smolin testou essa predição construindo um modelo computadorizado do nosso Universo e suas constantes fundamentais, e então alterou seus valores. Ele descobriu que até mesmo pequenas alterações nos parâmetros do modelo-padrão reduziam o número predito de buracos negros ou resultavam em mudança alguma. Nenhuma das mutações cosmológicas no modelo computadorizado predizia como resultado mais buracos negros. Sua análise sugere que o nosso Universo seja, de fato, próximo de ser tão bom quanto possível em criar buracos negros, assim como prediz a seleção natural cosmológica.

A navalha cosmológica?

Embora a teoria da seleção natural cosmológica de Smolin pudesse responder pela sintonia fina das constantes fundamentais, ela não explica, por si só, o porquê. Neil Turok afirma que o Universo acabou se revelando "impressionantemente simples". Com a navalha de Ockham, deve ser mesmo.

Primeiro devo enfatizar que o próximo argumento não é parte da teoria da seleção natural cosmológica de Smolin. Na verdade, o próprio Smolin é cético em relação ao fato de o mundo ser o mais simples possível. Ele aponta características que já discutimos; por exemplo, que duas das três gerações de partículas de matéria parecem ser supérfluas. Já apresentei algumas funções possíveis para essas partículas extras. Outra pode ser que elas sejam necessárias com base na simetria, sendo o equivalente cosmológico de mamilos masculinos: desnecessários, mas difíceis de eliminar. Além disso, como as partículas das gerações II e III são raras, geralmente encontradas apenas em aceleradores de partículas ou raios cósmicos, nenhuma delas tem probabilidade de facilitar ou dificultar a formação de buracos negros. Elas podem ser invisíveis para a seleção natural cosmológica da mesma forma que pseudogenes do rato-toupeira-pelado deixaram de ser visíveis para a seleção natural biológica.

Para ver como a navalha cosmológica poderia fazer evoluir universos simples ao máximo, imaginemos que o nosso Universo contenha dois buracos negros que são mães corujas de dois universos-bebês. Quando as constantes fundamentais passam através do primeiro buraco negro, elas emergem incólumes, codificando precisamente os mesmos valores. Seus descendentes herdarão, portanto, constantes idênticas àquelas do nosso Universo e construirão átomos e estrelas a partir das 17 partículas do modelo-padrão, para produzir um universo muito parecido com o nosso, que chamaremos de Universo 17P, refletindo as 17 partículas fundamentais.

Imagine que, quando essas mesmas constantes fundamentais passam através do outro buraco negro, elas sofram uma mutação cosmológica que deflagra a gênese não somente das 17 partículas do modelo-padrão, mas também de uma 18ª partícula adicional vestigial (aproximadamente análoga aos membros vestigiais de uma baleia ou ao apêndice humano) nesse Universo-bebê 18P. Essa partícula extra não tem nenhuma utilidade; fica só pendente, talvez em nuvens intergalácticas. A 18ª partícula é, portanto, uma entidade além da necessidade no Universo 18P.

Ainda que não tenha nenhum papel na formação de estrelas, buracos negros ou pessoas, a 18ª partícula, mesmo assim, influenciará sua formação roubando-lhes um pouco da massa. Hipoteticamente, vamos imaginar que ela tenha massa e abundância médias para partículas fundamentais, de modo que é responsável por 1/18 da massa total do Universo 18P. Esse desvio de recursos de massa nas nuvens intergalácticas da 18ª partícula diminuirá a quantidade de matéria/energia disponível para a formação de buracos negros, reduzindo, assim, o número de buracos em 1/18, ou cerca de 5%. Como os buracos negros são as mães dos universos, o Universo 18P gerará cerca de 5% menos descendência que seu irmão, o Universo 17P. Se nada mais mudar, então essa diferença em fecundidade continuará ao longo de gerações sucessivas, até que, mais ou menos na 20ª geração, descendentes do Universo 18P terão um terço da abundância dos descendentes do mais parcimonioso Universo 17P. No mundo natural, mutações que levam a uma redução de apenas 1% em aptidão são suficientes para conduzir à extinção; então um decréscimo de 5% em aptidão eliminaria ou reduziria drasticamente a abundância de universos de dezoito partículas em relação aos mais parcimoniosos universos de dezessete partículas.

Não está claro se o tipo de multiverso concebido pela teoria de Smolin é finito ou infinito. Se infinito, o universo mais simples capaz de formar buracos negros será infinitamente mais abundante que o segundo universo mais simples. Nessa infinidade de universos, podemos perguntar: qual deles teremos probabilidade de habitar? A resposta é que temos uma probabilidade infinitamente maior de habitar o universo mais simples possível que seja compatível com a vida.

Se, em vez disso, o suprimento de universos for finito, então teremos uma situação semelhante à evolução biológica na Terra. Universos competirão pelos recursos disponíveis – matéria e energia – e o mais simples capaz de converter mais da sua massa em buracos negros deixará o maior número de descendentes. Mais uma vez, se perguntarmos qual universo temos a maior probabilidade de habitar, a resposta será: o mais simples. Quando habitantes desses universos, como Robert Wilson e Arno Penzias, observarem os céus para descobrir sua radiação cósmica de fundo em micro-ondas e perceberem sua incrível regularidade, eles, como Neil Turok, continuarão assombrados com o fato de seu universo ter conseguido fazer tanta coisa a partir de um começo "impressionantemente simples". Em suma, habitarão um universo muito parecido com o nosso.

A teoria de Smolin, com ou sem toque ockhamista, tem uma última e espantosa implicação. Ela sugere que a lei fundamental do Universo não é a mecânica quântica, nem a relatividade geral, nem mesmo as leis da matemática. É a lei da seleção natural descoberta por Charles Darwin e Alfred Russel Wallace. Como insistiu o filósofo Daniel Dennett, essa é "a melhor ideia que alguém já teve".[12] E pode ser também a ideia mais simples que qualquer universo já tenha tido.

Epílogo

Depois que chegou a Munique, por volta de 1329, Guilherme de Ockham permaneceu sob a proteção do sacro imperador romano Luís, lá mesmo ou nos arredores da cidade, até sua morte, mais ou menos aos 60 anos. Durante esse período, os franciscanos separatistas continuaram a deter o selo oficial da Ordem e mantiveram uma espécie de governo no exílio. Também continuaram a escrever tratados políticos condenando o papa João XXII e seus sucessores, bem como comentando uma vasta gama de assuntos políticos, particularmente os limites dos poderes papal e monárquico. Estudiosos simpáticos a eles visitavam os exilados, incluindo escribas ansiosos por copiar seus escritos. A cópia do *Summa logicae*, de Ockham, feita por Conrad de Vipeth com o retrato de Guilherme, data desse período. Ela agora se encontra na Biblioteca da Gonville and Caius College, em Cambridge. Em um catálogo sobre a influência dos franciscanos na arte inglesa, está anotada como "sem valor".

Como força política contemporânea, o movimento rebelde instigado por Guilherme e seus colegas franciscanos fracassou. O papa João XXII providenciou um novo selo oficial para os franciscanos e nomeou um novo e cordato ministro-geral, que se encarregou de extinguir as dissidências na Ordem. Mesmo assim, como descobrimos, apesar das condenações e proscrições, as ideias de Guilherme ressoaram através do mundo medieval, sobrevivendo à peste negra para ressurgir, de modo geral sem reconhecimento, na Renascença, na Reforma e no Iluminismo.

Infelizmente, pouco conhecemos sobre os últimos anos da vida de Guilherme, embora saibamos que ele às vezes viajava por cidades europeias para dar palestras, ainda perseguido pelos agentes papais. Um destes chegou a ameaçar incendiar a cidade de Tournai, na atual Bélgica, simplesmente para capturar o erudito fugitivo.[1]

Em 1342, quando Michele de Cesena morreu, Guilherme se tornou o guardião do selo dos franciscanos até sua morte, em 10 de abril de 1347, ano em que a peste assolou a Europa. Guilherme foi enterrado, provavelmente com o selo franciscano, na Igreja de São Francisco, em Munique. Uma inscrição identificando seu túmulo foi mantida no local até a igreja ser derrubada em 1803 e a lápide, destruída. Atualmente existe ali um teatro de ópera. A movimentada rua Occamstrasse fica nas redondezas, abrigando um Hotel Occam e um bar de vinhos e delicatéssen muito acolhedor chamado Occam Deli.

O bar fica na esquina da Occamstrasse com a Feilitzschstrasse. Caminhando alguns minutos por esta última, virando à esquerda na Leopoldstrasse e andando mais uns 10 minutos, nos encontramos sob os portões da Universidade Ludwig Maximilian de Munique, onde, entre 1874 e 1877, Max Planck estudou física. A mecânica quântica nasceu em 19 de outubro de 1900, quando Planck apresentou sua equação que soprou para longe uma das nuvens de lorde Kelvin. Como todos os grandes avanços científicos, ela envolvia uma simplificação. Em baixas frequências, a lei de Rayleigh-Jeans predizia corretamente a radiação do corpo negro, ao passo que a lei de Wien era necessária para predizer o espectro de altas frequências. Planck não refutou nenhuma das duas, mas mostrou que sua equação revolucionária servia para toda a gama de frequências. Como disse o químico Roald Hoffmann, laureado com o Prêmio Nobel, Planck seguiu "a lógica, uma lógica da navalha de Ockham, para a hipótese quântica".[2]

É claro que Max Planck não citou nem Guilherme de Ockham nem sua navalha em seu revolucionário artigo. Não precisava. Àquela altura, todos os cientistas já tinham como certa sua preferência por soluções simples, apesar do fato de que a maioria teria passado por maus bocados para justificá-la. Optar por uma teoria complexa quando uma mais simples consegue fazer o serviço é, para qualquer cientista moderno, simplesmente não científico. Ainda assim, como vimos, essa firme preferência pela simplicidade dentro da ciência é uma inovação relativamente recente e deve tudo a Guilherme de Ockham, que espantou para longe as empoeiradas teias de aranha da doutrina medieval para dar espaço a uma ciência mais enxuta e afiada. Com a navalha de Ockham nas mãos, essa ciência provou seu valor ao dar sentido a um Universo espantoso e ao proporcionar uma vida mais feliz, mais longa, mais saudável e mais realizadora do que aquela apreciada ou suportada pela maioria dos nossos ancestrais.

Muitas vezes penso na navalha de Ockham quando saio para minha corrida matinal no Wimbledon Common, no sudoeste de Londres, perto de onde moro. O trajeto que costumo seguir vai ao longo de Beverley Brook, passando por Fishponds Wood, onde há diversos laguinhos que um dia foram as lagoas de pesca do Priorado de Merton, estabelecido em 1117 por monges agostinianos. Ele ainda prosperava no começo do século XIV, quando Guilherme de Ockham vivia e estudava nas proximidades, a uma caminhada de três horas ou uma hora de bicicleta, em Greyfriars, Londres. Pergunto a mim mesmo se, nos cerca de cinco anos que Guilherme passou em Greyfriars, ele viajou para o sul para visitar o famoso priorado, talvez até mesmo participando de alguma tempestuosa discussão sobre teologia científica ou as duras implicações da onipotência de Deus. Se o tempo estivesse bom, talvez tenha aproveitado para desfrutar de um passeio pelos campos, ribeirões, lagoas e bosques como um refrescante descanso das ruas estreitas e movimentadas e dos odores sufocantes das confusões que cercavam seu mosteiro.

Talvez, assim como eu em minha corrida matinal, ele possa ter pegado uma direção errada na floresta, perdendo-se no caminho. Oito séculos depois, encontrei-me precisamente nessa situação (foto ao lado). Sem nenhuma pista da direção necessária para escapar do espesso matagal de arbustos, o progresso seria impossível. Mas se, como eu, ele desse alguns passos adiante e virasse à direita, teria descoberto que já estava em uma trilha limpa para fora da floresta (foto ao lado). Uma pequena mudança de perspectiva é suficiente para nos permitir escapar do matagal da complexidade e emergir em um mundo mais simples e mais razoável.

A navalha de Ockham está em todo lugar. Ela abriu uma trilha em meio à mata de concepções errôneas, dogmas, fanatismos, vieses, credos, falsas crenças e pura baboseira que atravancaram o progresso na maior parte do tempo e na maioria dos lugares. Não é que a simplicidade tenha sido incorporada à ciência moderna; a simplicidade é a ciência moderna e, por meio dela, o mundo moderno. Simplicidades adicionais estão esperando para serem descobertas pelos cientistas, especialmente a partir de uma base muito mais ampla de gênero, raça ou orientação sexual, livres de óbvios preconceitos, dogmas e desvantagens que restringiram a história até aqui. E há muito mais trabalho a ser feito até mesmo no coração da navalha de Ockham, a física, onde ninguém encontrou um meio de unificar a melhor teoria que temos para a estrutura do cosmo – a relatividade geral – com a melhor teoria que temos para a estrutura dos átomos – a mecânica quântica. Como declarou um dos maiores físicos do século XX, John Archibald Wheeler: "Por trás de tudo há, seguramente, uma ideia tão simples, tão bonita, que quando a agarrarmos – em uma década, um século ou um milênio – todos diremos, uns para os outros, como poderia ter sido diferente?"[3]

A vida é de fato simples.

Agradecimentos

Gostaria de agradecer a todos aqueles que gentilmente leram e comentaram alguns ou todos os esboços deste livro, incluindo (sem ordem particular) Sharon Kaye, Michael Brooks, John Gribbin, Bernard V. Lightman, Jim Al-Khalili, Jenny Pelletier, Rondo Keele, Mark Pallen, Philip Pullman, Michelle Collins, Tom McLeish, Patricia Fara, Jennifer Deane, Seb Falk, Robin Headlam Wells, Sara L. Uckelman, Greg Knowles, Tanya Baron, Philip Kim e Axel Theorell.

Gostaria de agradecer particularmente a meu agente, Patrick Walsh, e a sua maravilhosa equipe, por continuarem acreditando na história de Guilherme de Ockham e sua navalha mesmo em momentos tão difíceis. Por fim, gostaria de agradecer aos meus brilhantes editores Jamie Colman, Sarah Caro, Caroline Westmore e Martin Bryant, e assumo a responsabilidade por quaisquer erros que tenham permanecido.

Créditos

Figura 1: Gado Images/Alamy Stock Photos.

Figura 2: NASA/WMAP Science Team WMAP #121238.

Figura 4: Mars motion 2018.png/Tomruen/Creative Commons Attribution-ShareAlike 4.0 International (CC BY-SA 4.0).

Figuras 6, 11 e 21: Granger Historical Picture Archive/Alamy Stock Photos.

Figura 10: Classic Image/Alamy Stock Photos.

Figuras 13 (embaixo) e 26: Interfoto/Alamy Stock Image.

Figura 22: Louis Fibuler, *Ocean World: Being a Descriptive History of the Sea and its Living Inhabitants*, 1868, Prancha XXVII. Cortesia de Freshwater e Marine Image Bank/University of Washington Libraries.

Figura 23: Paulo Oliveira/Alamy Stock Photos.

Figura 24: Jacob van Maerlant, *Der Naturen Bloeme*, c.1350, foto Darling Archive/Alamy Stock Photos.

Figura 27: The Natural History Museum/Alamy Stock Photos.

Figura 28: Vários fósseis de amonites ilustrando o discurso de Hooke sobre terremotos. Wellcome Collection/Q5QW2R83. Creative Commons Attribution licence 4.0 International (CC BY 4.0).

Figura 29: Henry Walter Bates, *The Naturalist on the River Amazons*, v. 1, 1863, frontispício.

Figura 30: Andrew Wood/Alamy Stock Photos.

Figura 32: Naked mole rat. National Museum of Nature and Science.jpg Momotarou2012/Creative Commons Attribution-ShareAlike 3.0 Unported (CC BY-SA 3.0).

Figura 34: Cortesia do Dr. G. Breitenbach.

Figura 35: Ian Dagnall Computing/Alamy Stock Photos.

Figura 36 e fotos das páginas 343 e 344: Coleção do autor.

Figura 38: Shutterstock.com (dado de seis faces); D60 60men-saikoro.jpg/ Saharasav/Creative Commons Attribution-ShareAlike 4.0 International (CC BY-SA 4.0) (dado de 60 faces).

Figuras 3, 5, 7, 8, 9, 12, 13 (em cima), 14, 15, 16, 17, 18, 19, 20, 25, 31, 33, 37, 39, 40 e 41: Desenhos de Penny Amerena.

Notas

Introdução

1. WILKINSON, D. T.; PEEBLES, P. *In: Particle Physics and the Universe.* World Scientific, 2001. p. 136-141.
2. TUROK, N. *The Astonishing Simplicity of Everything.* Conferência Pública no Perimeter Institute for Theoretical Physics (Instituto Perimeter de Física Teórica), Ontário, Canadá, 7 de outubro de 2015. Disponível em: https://www.youtube.com/watch?v=f1x9lgX8GaE. Acesso em: 25 mar. 2022.
3. SOBER, E. *Ockham's Razors.* Cambridge University Press, 2015.
4. DOYLE, A. C. *The Sign of Four.* Broadview Press, 2010.
5. BARNETT, L.; EINSTEIN, A. *The Universe and Dr Einstein.* Courier Corporation, 2005.
6. WOOTTON, D. *The Invention of Science: A New History of the Scientific Revolution.* Penguin Books, 2015; GRIBBIN, J. *Science: A History.* Penguin Books, 2003; IGNOTOFSKY, R. *Women in Science: 50 Fearless Pioneers Who Changed the World.* Ten Speed Press, 2016; KUHN, T. S. *The Structure of Scientific Revolutions.* University of Chicago Press, 2012.

CAPÍTULO 1: De eruditos e hereges

1. OCKHAM, W. *William of Ockham: "A Letter to the Friars Minor" and Other Writings.* Cambridge University Press, 1995.
2. KNYSH, G. "Biographical Rectifications Concerning Ockham's Avignon Period". *Franciscan Studies,* n. 46, p. 61-91, 1986.

3. VILLEHARDOUIN, G.; DE JOINVILLE, J. *Chronicles of the Crusades*. Courier Corporation, 2012.
4. EVANS, J. *Life in Medieval France*. Phaidon Paperback, 1957.
5. SPARAVIGNA, A. C. "The Light Linking Dante Alighieri to Robert Grosseteste". *PHILICA*, artigo n. 572, 2016.
6. GILL, M. J. *Angels and the Order of Heaven in Medieval and Renaissance Italy*. Cambridge University Press, 2014.
7. JOWETT, B.; CAMPBELL, L. *Plato's Republic*. v. 3, 518c. Clarendon Press, 1894.
8. SMITH, A. M. "Saving the Appearances of the Appearances: The Foundations of Classical Geometrical Optics". *Archive for History of Exact Sciences*, p. 73-99, 1981.
9. DEAKIN, M. A. "Hypatia and Her Mathematics". *American Mathematical Monthly*, n. 101, p. 234-243, 1994.
10. CHARLES, R. H. *The Chronicle of John, Bishop of Nikiu: Translated from Zotenberg's Ethiopic Text*, v. 4. Arx Publishing, 2007.
11. MUNITZ, M. K. *Theories of the Universe*. Simon and Schuster, 2008.

CAPÍTULO 2: A física de Deus

1. LAISTNER, M. "The Revival of Greek in Western Europe in the Carolingian Age". *History*, n. 9, p. 177-187, 1924.
2. CLARK, G. "Growth or Stagnation? Farming in England, 1200-1800". *Economic History Review*, n. 71, p. 55-81, 2018.
3. NORDLUND, T. "The Physics of Augustine: The Matter of Time, Change and an Unchanging God". *Religions*, n. 6, p. 221-244, 2015.
4. GILL, T. *Confessions*. Bridge Logos Foundation, 2003.
5. AL-KHALILI, J. *Pathfinders: The Golden Age of Arabic Science*. Penguin Books, 2010.
6. DINKOVA-BRUUN, G. et al. *The Dimensions of Colour: Robert Grosseteste's De Colore*. Institute of Medieval and Renaissance Studies, 2013.
7. HANNAM, J. *The Genesis of Science: How the Christian Middle Ages Launched the Scientific Revolution*. Regnery Publishing, 2011.
8. ZAJONC, A. *Catching the Light: The Entwined History of Light and Mind*. Oxford University Press, 1995.

9. MERI, J. W. *Medieval Islamic Civilization: An Encyclopedia*. Routledge, 2005.
10. LOMBARD, P. *The First Book of Sentences on the Trinity and Unity of God*. Disponível em: https://franciscan-archive.org/lombardus/I-Sent.html. Acesso em: 25 mar. 2022.
11. SYLLA, E. D. *In: The Cultural Context of Medieval Learning*. Springer, 1975. p. 349-396.
12. RIDDELL, J. *The Apology of Plato*. Clarendon Press, 1867.

CAPÍTULO 3: A navalha

1. HAMMER, C. I. "Patterns of Homicide in a Medieval University Town: Fourteenth-Century Oxford". *Past & Present*, p. 3-23, 1978.
2. Ibid.
3. LITTLE, A. G. *Franciscan History and Legend in English Mediaeval Art*. Manchester University Press, 1937. v. 19.
4. LAMBERTINI, R. "Francis of Marchia and William of Ockham: Fragments from a Dialogue". *Vivarium*, n. 44, p. 184-204, 2006.
5. LEFF, G. *William of Ockham: The Metamorphosis of Scholastic Discourse*. Manchester University Press, 1975.
6. TORNAY, S. C. "William of Ockham's Nominalism". *Philosophical Review*, n. 45, p. 245-267, 1936.
7. Ibid.
8. LOUX, M. J. *Ockham's Theory of Terms: Part I of the Summa Logicae*. St. Augustine's Press, 2011.
9. GODDU, A. *The Physics of William of Ockham*. Brill Archive, 1984. v. 16.
10. FREDDOSO, A. J. *Quodlibetal Questions*. Yale University Press, 1991.
11. KAYE, S. M.; MARTIN, R. M. *On Ockham*. Wadsworth/Thompson Learning Inc., 2001.
12. SYLLA, E. D. *In: The Cultural Context of Medieval Learning*. Springer, 1975. p. 349-396.
13. SHEA, W. R. "Causality and Scientific Explanation, v. I: Medieval and Early Classical Science by William A. Wallace". *Thomist: A Speculative Quarterly Review*, n. 37, p. 393-396, 1973.

14. LEFF. *William of Ockham*.
15. SPADE, P. V. *The Cambridge Companion to Ockham*. Cambridge University Press, 1999.
16. Ibid.
17. KAYE; MARTIN. *On Ockham*.
18. KEELE, R. *Ockham Explained: From Razor to Rebellion*. Open Court Publishing, 2010. v. 7.
19. OCKHAM, W. *William of Ockham: "A Letter to the Friars Minor" and Other Writings*. Cambridge University Press, 1995.
20. MOLLAT, G. *The Popes at Avignon: 1305-1378*. Traduzido para o inglês por J. Love. Thomas Nelson & Sons, 1963.
21. BRAMPTON, C. K. "Personalities at the Process against Ockham at Avignon, 1324-26". *Franciscan Studies*, n. 26, p. 4-25, 1966; BIRCH, T. B. *The De Sacramento Altaris of William of Ockham*. Wipf and Stock Publishers, 2009.

CAPÍTULO 4: Quão simples são os direitos?

1. VAN DUFFEL, S.; ROBERTSON, S. *Ockham's Theory of Natural Rights*. Disponível em: SSRN 1632452, 2010.
2. DEANE, J. K. *A History of Medieval Heresy and Inquisition*. Rowman & Littlefield Publishers, 2011.
3. MARIOTTI, L. *A Historical Memoir of Frà Dolcino and his Times; Being an Account of a general Struggle for Ecclesiastical Reform and of an anti-heretical crusade in Italy, in the early part of the fourteenth century*. Longman, Brown, Green, 1853.
4. BURR, D. *The Spiritual Franciscans: From Protest to Persecution in the Century After Saint Francis*. Penn State Press, 2001.
5. HAFT, A. J.; WHITE, J. G.; WHITE, R. J. *The Key to "The Name of the Rose": Including Translations of All Non-English Passages*. University of Michigan Press, 1999.
6. OCKHAM, W. *William of Ockham: "A Letter to the Friars Minor" and Other Writings*. Cambridge University Press, 1995.
7. KNYSH, G. "Biographical Rectifications Concerning Ockham's Avignon Period". *Franciscan Studies*, n. 46, p. 61-91, 1986.

8. LEFF, G. *William of Ockham: The Metamorphosis of Scholastic Discourse*. Manchester University Press, 1975.
9. TIERNEY, B. *The Idea of Natural Rights: Studies on Natural Rights, Natural Law, and Church Law, 1150-1625*. Wm. B. Eerdmans Publishing, 2001. v. 5.
10. TIERNEY, B. The Idea of Natural Rights-Origins and Persistence. *Northwestern Journal of International Human Rights*, v. 2, n. 2, 2004.
11. Ibid.
12. WITTE JUNIOR, J.; VAN DER VYVER, J. D. *Religious Human Rights in Global Perspective: Religious Perspectives*. Wm. B. Eerdmans Publishing, 1996. v. 2.
13. TIERNEY, B. "Villey, Ockham and the Origin of Individual Rights". *In*: WITTE, J. (Org.). *The Weightier Matters of the Law: Essays on Law and Religion*. Scholars Press, 1988. p. 1-31.
14. CHROUST, A.-H. "Hugo Grotius and the Scholastic Natural Law Tradition". *New Scholasticism*, n. 17, p. 101-133, 1943.
15. TRACHTENBERG, O. "William of Ockham and the Prehistory of English Materialism". *Philosophy and Phenomenological Research*, n. 6, p. 212-224, 1945.

CAPÍTULO 5: A centelha

1. ETZKORN, G. J. "Codex Merton 284: Evidence of Ockham's Early Influence in Oxford". *Studies in Church History Subsidia*, n. 5, p. 31-42, 1987.
2. ALEKSANDER, J. "The Significance of the Erosion of the Prohibition against Metabasis to the Success and Legacy of the Copernican Revolution". *Annales Philosophici*, p. 9-22, 2011.
3. MCGINNIS, J. "A Medieval Arabic Analysis of Motion at an Instant: The Avicennan Sources to the forma fluens/fluxus formae Debat". *British Journal for the History of Science*, v. 39, n. 2, p. 189-205, 2006.
4. COPLESTON, F. *A History of Philosophy*. Paulist Press, 1954. v. 3 (*Ockham to Suarez*).
5. GODDU, A. "The Impact of Ockham's Reading of the Physics on the Mertonians and Parisian Terminists". *Early Science and Medicine*, n. 6, p. 204-236, 2001.
6. SYLLA, E. D. "Medieval Dynamics". *Physics Today*, n. 61, p. 51, 2008.
7. COURTENAY, W. J. "The Reception of Ockham's Thought in Fourteenth-Century England". *In: From Ockham to Wyclif*. Boydell and Brewer, 1987. p. 89-107.

8. GODDU. "The Impact of Ockham's Reading of the Physics".
9. HEYTESBURY, W. *On Maxima and Minima: Chapter 5 of Rules for Solving Sophismata: With an Anonymous Fourteenth-Century Discussion*. Springer Science & Business Media, 2012. v. 26.
10. WIKIPEDIA. Definition of "speed" (Definição de "velocidade" da Wikipédia), Disponível em: https://en.wikipedia.org/wiki/Speed#Historical_definition. Acesso em: 25 mar. 2022.
11. BARNETT, L.; EINSTEIN, A. *The Universe and Dr Einstein*. Courier Corporation, 2005.
12. KLIMA, G. *John Buridan*. Oxford University Press, 2008.
13. GODDU, A. *The Physics of William of Ockham*. Brill Archive, 1984. v. 16.
14. TACHAU, K. *Vision and Certitude in the Age of Ockham: Optics, Epistemology and the Foundation of Semantics 1250-1345*. Brill, 2000.
15. HANNAM, J. *God's Philosophers: How the Medieval World Laid the Foundations of Modern Science*. Icon Books, 2009.
16. Ibid.
17. SHAPIRO, H. *Medieval Philosophy: Selected Readings from Augustine to Buridan*. Modern Library, 1964.

CAPÍTULO 6: O interregno

1. ALFANI, G.; MURPHY, T. E. "Plague and Lethal Epidemics in the Pre-Industrial World". *Journal of Economic History*, n. 77, p. 314-343, 2017.
2. NICHOLL, C. *Leonardo da Vinci: The Flights of the Mind*. Penguin Books, 2005.
3. Ibid.
4. Ibid.
5. RETI, L. "The Two Unpublished Manuscripts of Leonardo da Vinci in the Biblioteca Nacional of Madrid – II". *Burlington Magazine*, n. 110, p. 81-91, 1968.
6. DUHEM, P. "Research on the History of Physical Theories". *Synthese*, n. 83, p. 189-200, 1990.
7. RANDALL, J. H. "The Place of Leonardo Da Vinci in the Emergence of Modern Science". *Journal of the History of Ideas*, p. 191-202, 1953.

8. LONG, M. P. "Francesco Landini and the Florentine Cultural Elite". *Early Music History*, n. 3, p. 83-99, 1983.
9. FUNKENSTEIN, A. *Theology and the Scientific Imagination: From the Middle Ages to the Seventeenth Century*. Princeton University Press, 2018.
10. MATSEN, H. "Alessandro Achillini (1463-1512) and 'Ockhamism' at Bologna (1490-1500)". *Journal of the History of Philosophy*, n. 13, p. 437-451, 1975.
11. DUTTON, B. D. "Nicholas of Autrecourt and William of Ockham on Atomism, Nominalism, and the Ontology of Motion". *Medieval Philosophy & Theology*, n. 5, p. 63-85, 1996.
12. RETI. "The Two Unpublished Manuscripts of Leonardo da Vinci".
13. GILLESPIE, M. A. *Nihilism Before Nietzsche*. University of Chicago Press, 1995.
14. Ibid.
15. BOYSEN, B. "The Triumph of Exile: The Ruptures and Transformations of Exile in Petrarch". *Comparative Literature Studies*, n. 55, p. 483-511, 2018.
16. PETRARCA, F. "On His Own Ignorance and That of Many Others". Traduzido para o inglês por Hans Nicod. *In*: CASSIRER, E.; KRISTELLER, P. O.; RANDALL, J. H. (Org.). *The Renaissance Philosophy of Man: Petrarca, Valla, Ficino, Pico, Pomponazzi, Vives*. University of Chicago Press, 2011. p. 47-133.
17. MEDIEVAL SOURCEBOOK. *Petrarch: The Ascent of Mount Ventoux*. Disponível em: https://sourcebooks.fordham.edu/source/petrarch-ventoux.asp. Acesso em: 25 mar. 2022.
18. RAWSKI, C. H. *Petrarch's Remedies for Fortune Fair and Foul: A Modern English Translation of De Remediis Utriusque Fortune, with a Commentary. References: Bibliography, Indexes, Tables and Maps*. Indiana University Press, 1991. v. 2.
19. TRINKAUS, C. "Petrarch's Views on the Individual and His Society". *Osiris*, n. 11, p. 168-198, 1954.
20. BOUCHER, H. W. "Nominalism: The Difference for Chaucer and Boccaccio". *Chaucer Review*, p. 213-220, 1986.
21. KEIPER, H.; BODE, C.; UTZ, R. J. *Nominalism and Literary Discourse: New Perspectives*. Rodopi, 1997. v. 10.
22. DVOŘÁK, M. *The History of Art as a History of Ideas*. Traduzido para o inglês por John Hardy. Routledge & Kegan Paul, 1984.
23. HAUSER, A. *The Social History of Art*. Routledge, 2005. v. 2 (*Renaissance*).
24. KIECKHEFER, R. *Magic in the Middle Ages*. Cambridge University Press, 2000.

25. HOLBORN, H. *A History of Modern Germany: The Reformation*. Princeton University Press, 1982. v. 1.
26. OBERMAN, H. *The Dawn of the Reformation: Essays in Late Medieval and Early Reformation Thought*. Wm. B. Eerdmans Publishing, 1992.
27. GILLESPIE, M. A. *The Theological Origins of Modernity*. University of Chicago Press, 2008.
28. PEKKA, K. *In:* LAGERLUND, H. (Org.). *Encyclopedia of Medieval Philosophy: Philosophy between 500 and 1500*. Springer, 2011. p. 14-45.

CAPÍTULO 7: O cosmo heliocêntrico, mas hermético

1. KRAUZE-BŁACHOWICZ, K. "Was Conceptualist Grammar in Use at Cracow University?". *Studia Antyczne i Mediewistyczne*, n. 6, p. 275-285, 2008.
2. MATSEN, H. "Alessandro Achillini (1463-1512) and 'Ockhamism' at Bologna (1490-1500)". *Journal of the History of Philosophy*, n. 13, p. 437-451, 1975.
3. EDELHEIT, A. *Ficino, Pico and Savonarola: The Evolution of Humanist Theology 1461/2-1498*. Brill, 2008.
4. BARBOUR, J. B. *The Discovery of Dynamics: A Study from a Machian Point of View of the Discovery and the Structure of Dynamical Theories*. Oxford University Press, 2001.
5. SOBEL, D. *A More Perfect Heaven: How Copernicus Revolutionised the Cosmos*. A & C Black, 2011.
6. Ibid.
7. GINGERICH, O. "'Crisis' Versus Aesthetic in the Copernican Revolution". *Vistas in Astronomy*, n. 17, p. 85-95, 1975.
8. COPERNICUS, N. *On the Revolutions*. Traduzido para o inglês e comentado por Edward Rosen. Johns Hopkins University Press, 1978. Disponível em: http://www.geo.utexas.edu/courses/302d/Fall_2011/Full%20text%20-%20Nicholas%20Copernicus,%20_De%20Revolutionibus%20(On%20the%20Revolutions),_%201.pdf. Acesso em: 25 mar. 2022.
9. GINGERICH, O. "'Crisis' Versus Aesthetic in the Copernican Revolution". *Vistas in Astronomy*, n. 17, p. 85-95, 1975.

CAPÍTULO 8: Quebrando as esferas

1. THOREN, V. E. *The Lord of Uraniborg: A Biography of Tycho Brahe*. Cambridge University Press, 1990.
2. Ibid.
3. OBERMAN, H. A. *The Harvest of Medieval Theology: Gabriel Biel and Late Medieval Nominalism*. Harvard University Press, 1963.
4. METHUEN, C. *Kepler's Tübingen: Stimulus to a Theological Mathematics*. Ashgate, 1998.
5. FIELD, J. V. "A Lutheran Astrologer: Johannes Kepler". *Archive for History of Exact Sciences*, n. 31, 1984.
6. SPIELVOGEL, J. J. *Western Civilization*. Cengage Learning, 2014.
7. BIALAS, V. *Johannes Kepler*. CH Beck, 2004. v. 566.
8. CHANDRASEKHAR, S. *The Pursuit of Science*. Minerva, 1984. p. 410-420.
9. KEPLER, J. *The Harmony of the World*. American Philosophical Society, 1997. v. 209.
10. POINCARÉ, H.; MAITLAND, F. *Science and Method*. Courier Corporation, 2003.
11. DIRAC, P. A. M. "XI. – The Relation between Mathematics and Physics". *Proceedings of the Royal Society of Edinburgh*, n. 59, p. 122-129, 1940.
12. KEPLER. *The Harmony of the World*.
13. MARTENS, R. *Kepler's Philosophy and the New Astronomy*. Princeton University Press, 2000.
14. SOBER, E. *Ockham's Razors*. Cambridge University Press, 2015; SOBER, E. "What is the Problem of Simplicity". *Simplicity, Inference, and Econometric Modelling*, p. 13-32, 2002.
15. FRASER, J. "The Ever-Presence of Eternity". *Dialog*, n. 39, p. 40-45, 2000.

CAPÍTULO 9: Trazendo simplicidade para a Terra

1. SOBER, E. *Ockham's Razors*. Cambridge University Press, 2015.
2. REEVES, E. A. *Galileo's Glassworks: The Telescope and the Mirror*. Harvard University Press, 2009.
3. Ibid.

4. GALILEI, G.; VAN HELDEN, A. *Sidereus Nuncius, or the Sidereal Messenger.* University of Chicago Press, 2016.
5. WOOTTON, D. *Galileo: Watcher of the Skies.* Yale University Press, 2010.
6. GALILEI, G.; WALLACE, W. A. *Galileo's Early Notebooks: The Physical Questions. A Translation from the Latin, with Historical and Paleographical Commentary.* University of Notre Dame Press, 1977.
7. BUCHWALD, J. Z. *A Master of Science History: Essays in Honor of Charles Coulston Gillispie.* Springer Science & Business Media, 2012. v. 30.
8. SOBER. *Ockham's Razors.*

CAPÍTULO 10: Espíritos sapientes e átomos

1. WOJCIK, J. W. *Robert Boyle and the Limits of Reason.* Cambridge University Press, 1997.
2. HUNTER, M. *Boyle: Between God and Science.* Yale University Press, 2010.
3. Ibid.
4. Ibid.
5. Ibid.
6. Ibid.
7. PILKINGTON, R. *Robert Boyle: Father of Chemistry.* John Murray, 1959.
8. DESCARTES, R. *Discourse on the Method of Rightly Conducting the Reason, and Seeking Truth in the Sciences.* Sutherland and Knox, 1850.
9. GODDU, A. *The Physics of William of Ockham.* Brill Archive, 1984. v. 16.
10. HULL, G. "Hobbes's Radical Nominalism". *Epoché: A Journal for the History of Philosophy*, n. 11, p. 201-223, 2006.
11. HOBBES, T. *Hobbes's Leviathan.* Google Books, 1967. v. 1.
12. Ibid.
13. GILLESPIE, M. A. *The Theological Origins of Modernity.* ReadHowYouWant.com, 2010.
14. LINDBERG, D. C.; NUMBERS, R. L. *When Science and Christianity Meet.* University of Chicago Press, 2008.
15. MEDAWAR, P. *The Art of the Soluble.* Methuen, 1967.
16. MILTON, J. R. "Induction Before Hume". *British Journal for the Philosophy of Science*, n. 38, p. 49-74, 1987.

17. HUNTER. *Boyle*.
18. GREENE, R. A. "Henry More and Robert Boyle on the Spirit of Nature". *Journal of the History of Ideas*, p. 451-474, 1962.
19. WOJCIK. *Robert Boyle*.
20. Ibid., p. 174.
21. DESCARTES, R. "Rules for the Direction of the Mind". *In: The Philosophical Works of Descartes*. Traduzido para o inglês por E. S. Haldane e G. R. T. Ross. Dover Publications, 1955. v. 1.
22. WOOD, A.; BLISS, P. *Athenæ Oxonienses: An Exact History of All the Writers and Bishops who Have Had Their Education in the University of Oxford. To which are Added, the Fasti Or Annals, of the Said University*. F. C. & J. Rivington, 1820.

CAPÍTULO 11: A noção de movimento

1. STEWART, L. "Other Centres of Calculation, or, Where the Royal Society Didn't Count: Commerce, Coffee-Houses and Natural Philosophy in Early Modern London". *British Journal for the History of Science*, n. 32, p. 133-153, 1999.
2. KOYRÉ, A. "An Unpublished Letter of Robert Hooke to Isaac Newton". *Isis*, n. 43, p. 312-337, 1952.
3. WHITEHEAD, A. N. *Principia mathematica*. 1913.
4. COPLESTON, F. *A History of Philosophy*. Paulist Press, 1954. v. 3 (*Ockham to Suarez*).
5. Apud KAYE, S. M.; MARTIN, R. M. *On Ockham*. Wadsworth/Thompson Learning, 2001.

CAPÍTULO 12: Fazendo o movimento funcionar

1. FEUER, L. S. "The Principle of Simplicity". *Philosophy of Science*, n. 24, p. 109-122, 1957.
2. KITCHER, P. *The Advancement of Science: Science Without Legend, Objectivity Without Illusions*. Oxford University Press on Demand, 1995.

3. BROWN, S. C. "Count Rumford and the Caloric Theory of Heat". *Proceedings of the American Philosophical Society*, n. 93, p. 316-325, 1949.

CAPÍTULO 13: A faísca vital

1. VON WALDE-WALDEGG, H. "Notes on the Indians of the Llanos of Casanare and San Martin (Colombia)". *Primitive Man*, n. 9, p. 38-45, 1936.
2. VON HUMBOLDT, A.; BONPLAND, A.; ROSS, T. *Personal Narrative of Travels to the Equinoctial Regions of America: During the Years 1799-1804*. G. Bell & Sons, 1894. v. 1-3.
3. LATTMAN, P. "The Origins of Justice Stewart's 'I Know It When I See It'". *Wall Street Journal*, 27 de setembro de 2007. Disponível em: https://www.wsj.com/articles/BL-LB-4558. Acesso em: 26 mar. 2022.
4. LAERTIUS, R. D. D.; HICKS, R. D. *Lives of Eminent Philosophers*. Traduzido para o inglês por R. D. Hicks. Heinemann, 1959.
5. FINGER, S.; PICCOLINO, M. *The Shocking History of Electric Fishes: From Ancient Epochs to the Birth of Modern Neurophysiology*. Oxford University Press, 2011.
6. COPENHAVER, B. P. "A Tale of Two Fishes: Magical Objects in Natural History from Antiquity Through the Scientific Revolution". *Journal of the History of Ideas*, n. 52, p. 373-398, 1991.
7. Ibid.
8. FINGER; PICCOLINO. *The Shocking History of Electric Fishes*.
9. SOLOMON, S. *et al*. "Safety and Effectiveness of Cranial Electrotherapy in the Treatment of Tension Headache". *Headache*, n. 29, p. 445-450, 1989.
10. COPENHAVER. "A Tale of Two Fishes".
11. COMPAGNON, A. *Nous*: Michel de Montaigne. Le Seuil, 2016.
12. FINGER; PICCOLINO. *The Shocking History of Electric Fishes*.
13. Ibid.
14. WULF, A. *The Invention of Nature*: Alexander Von Humboldt's New World. Alfred A. Knopf, 2015.
15. FINKELSTEIN, G. *Emil Du Bois-Reymond: Neuroscience, Self, and Society in Nineteenth-Century Germany*. MIT Press, 2013.
16. GORBY, Y. A. *et al*. "Electrically Conductive Bacterial Nanowires Produced by

Shewanella oneidensis Strain MR-1 and Other Microorganisms". *Proceedings of the National Academy of Sciences*, n. 103, p. 11.358-11.363, 2006.
17. VANDENBERG, L. N.; MORRIE, R. D.; ADAMS, D. S. "V-ATPase-Dependent Ectodermal Voltage and pH Regionalization Are Required for Craniofacial Morphogenesis". *Developmental Dynamics*, n. 240, p. 1.889-1.904, 2011.

CAPÍTULO 14: A direção crucial da vida

1. WALLACE, A. R. *Darwinism: An Exposition of the Theory of Natural Selection with Some of its Applications*. Cosimo, Inc., 2007.
2. KAYE, S. M. *William of Ockham*. Oxford University Press, 2015.
3. NATURAL HISTORY MUSEUM. *Wallace Letters online*. Londres. Disponível em: https://www.nhm.ac.uk/research-curation/scientific-resources/collections/library-collections/wallace-letters-online/index.html. Acesso em: 26 mar. 2022.
4. WALLACE, A. R. "On the Law Which Has Regulated the Introduction of New Species (1855)". *Alfred Russel Wallace Classic Writings*, Paper 2, 2009. Disponível em: http://digitalcommons.wku.edu/dlps_fac_arw/2. Acesso em: 26 mar. 2022.
5. ERESHEFSKY, M. "Some Problems with the Linnaean Hierarchy". *Philosophy of Science*, n. 61, p. 186-205, 1994.
6. WINCHESTER, S. *The Map That Changed the World: A Tale of Rocks, Ruin and Redemption*. Penguin Books, 2002.
7. Ibid.
8. GOODHUE, T. W. *Fossil Hunter: The Life and Times of Mary Anning (1799-1847)*. Academica Press, 2004.
9. RABY, P. *Alfred Russel Wallace: A Life*. Princeton University Press, 2002.
10. BOWLER, P. J. *Evolution: The History of an Idea*. 25th Anniversary Edition, with a New Preface. University of California Press, 2009.
11. RABY. *Alfred Russel Wallace*.
12. VAN WYHE, J. "The Impact of AR Wallace's Sarawak Law Paper Reassessed". *Studies in History and Philosophy of Science Part C: Studies in History and Philosophy of Biological and Biomedical Sciences*, n. 60, p. 56-66, 2016.
13. Ibid.

14. DAVIES, R. "1 July 1858: What Wallace Knew; What Lyell Thought He Knew; What Both He and Hooker Took on Trust; And What Charles Darwin Never Told Them". *Biological Journal of the Linnean Society*, n. 109, p. 725-736, 2013.
15. BEDDALL, B. G. "Darwin and Divergence: The Wallace Connection". *Journal of the History of Biology*, n. 21.1, p. 1-68, 1988.
16. SHERMER, M. *In Darwin's Shadow: The Life and Science of Alfred Russel Wallace: A Biographical Study on the Psychology of History*. Oxford University Press on Demand, 2002; COWAN, I. *A Trumpery Affair: How Wallace Stimulated Darwin to Publish and Be Damned*. Disponível em: http://wallacefund.info/sites/wallacefund.info/files/A%20Trumpery%20Affair.pdf. Acesso em: 26 mar. 2022.
17. KUTSCHERA, U. "Wallace Pioneered Astrobiology Too". *Nature*, n. 489, p. 208, 2012.
18. DENNETT, D. C. *Darwin's Dangerous Idea: Evolution and the Meanings of Life*. Simon & Schuster, 1996.
19. WALLACE, A. R.; BERRY, A. *The Malay Archipelago*. Penguin Books, 2014.

CAPÍTULO 15: De ervilhas, prímulas, moscas e roedores cegos

1. WALLACE, A. R. *Mimicry, and Other Protective Resemblances Among Animals*. Read Books Limited, 2016.
2. VORZIMMER, P. "Charles Darwin and Blending Inheritance". *Isis*, n. 54, p. 371-390, 1963.
3. DE CASTRO, M. "Johann Gregor Mendel: Paragon of Experimental Science". *Molecular Genetics & Genomic Medicine*, n. 4, p. 3, 2016.
4. MENDEL, G. *Experiments on Plant Hybrids* (1866). Traduzido para o inglês e comentado por Staffan Müller-Wille e Kersten Hall. British Society for the History of Science Translation Series (Série de traduções para a Sociedade Britânica para a História da Ciência), 2016. Disponível em: http://www.bshs.org.uk/bshs-translations/mendel. Acesso em: 26 mar. 2022.
5. Ibid.
6. DOBZHANSKY, T. "Nothing in Biology Makes Sense Except in the Light of Evolution". *American Biology Teacher*, n. 35, p. 125-129, 1973.

7. BERGSON, H. *Creative Evolution*. University Press of America, 1911. v. 231.
8. WATSON, J. *The Double Helix*. Weidenfeld & Nicolson, 2010; MADDOX, B. *Rosalind Franklin*: The Dark Lady of DNA. HarperCollins, 2002; WATSON, J. D.; BERRY, A.; DAVIES, K. *DNA: The Story of the Genetic Revolution*. Knopf, 2017.
9. KARAFYLLIDIS, I. G. "Quantum Mechanical Model for Information Transfer from DNA to Protein". *Biosystems*, n. 93, p. 191-198, 2008.
10. DAWKINS, R. *The Selfish Gene*. Oxford University Press, 1976.
11. SHERMAN, P. W.; JARVIS, J. U.; ALEXANDER, R. D. *The Biology of the Naked Mole-Rat*. Princeton University Press, 2017.
12. KIM, E. B. *et al.* "Genome Sequencing Reveals Insights into Physiology and Longevity of the Naked Mole Rat". *Nature*, n. 479, p. 223-227, 2011.
13. MEREDITH, R. W.; GATESY, J.; CHENG, J.; SPRINGER, M. S. "Pseudogenization of the Tooth Gene Enamelysin (MMP20) in the Common Ancestor of Extant Baleen Whales". *Proceedings of the Royal Society of London B: Biological Sciences*, rspb20101280, 2010.
14. ZHAO, H.; YANG, J.-R.; XU, H.; ZHANG, J. "Pseudogenization of the Umami Taste Receptor Gene Tas1r1 in the Giant Panda Coincided with Its Dietary Switch to Bamboo". *Molecular Biology and Evolution*, n. 27, p. 2.669-2.673, 2010.
15. LI, X. *et al.* "Pseudogenization of a Sweet-Receptor Gene Accounts for Cats' Indifference Toward Sugar". *PLoS Genetics*, p. 1, 2005.

CAPÍTULO 16: O melhor de todos os mundos possíveis?

1. HEISENBERG, W. *Physics and Beyond: Encounters and Conversations (1969)*. HarperCollins, 1971.
2. GRIBBIN, J. *Science: A History*. Penguin Books, 2003; GRIBBIN, J. *Schrodinger's Kittens: And the Search for Reality*. Weidenfeld & Nicolson, 2012; ROVELLI, C. *The Order of Time*. Riverhead, 2019; FARA, P. *Science: A Four Thousand Year History*. Oxford University Press, 2010; COX, B.; FORSHAW, J. *Why Does E= mc2?* Da Capo, 2009. AL-KHALILI, J. *The World According to Physics*. Princeton University Press, 2020; GREEN, B. *The Fabric of the Cosmos: Space, Time, and the Texture of Reality*. Penguin Books, 2004.
3. NORTON, J. D. "Nature is the Realization of the Simplest Conceivable Mathematical Ideas: Einstein and the Canon of Mathematical Simplicity". *Studies in*

History and Philosophy of Science Part B: Studies in History and Philosophy of Modern Physics, n. 31, p. 135-170, 2000.
4. Ibid.

CAPÍTULO 17: Um *quantum* de simplicidade

1. BETTEN, F. S. "Review of: De Sacramento Altaris of William of Ockham by T. Bruce Birch". *Catholic Historical Review*, n. 20, p. 50-56, 1934.
2. MCFADDEN, J. *Quantum Evolution*. HarperCollins, 2000.
3. AL-KHALILI, J.; MCFADDEN, J. *Life on the Edge: The Coming of Age of Quantum Biology*. Bantam Press, 2014.
4. TENT, M. B. W. *Emmy Noether: The Mother of Modern Algebra*. CRC Press, 2008.
5. BREWER, J. W.; NOETHER, E.; SMITH, M. K. *Emmy Noether: A Tribute to Her Life and Work*. Dekker, 1981.
6. ARNTZENIUS, F. *Space, Time, and Stuff*. Oxford University Press, 2014; CHEN, E. K. *An Intrinsic Theory of Quantum Mechanics: Progress in Field's Nominalistic Program, Part I*. Oxford University Press, 2014.
7. WIGNER, E. P. "The Unreasonable Effectiveness of Mathematics in the Natural Sciences". *Communications on Pure and Applied Mathematics*, n. 13, p. 1-14, 1960.

CAPÍTULO 18: Abrindo a navalha

1. RUSSELL, B. *Our Knowledge of the External World*. Jovian Press, 2017.
2. BELLHOUSE, D. R. "The Reverend Thomas Bayes, FRS: A Biography to Celebrate the Tercentenary of His Birth". *Statistical Science*, n. 19, p. 3-43, 2004.
3. WILMOTT, J. *The Debt to Pleasure*. Carcanet, 2012.
4. JEFFREYS, H. *The Theory of Probability*. Oxford University Press, 1998.
5. GULL, S. F. In: *Maximum-Entropy and Bayesian Methods in Science and Engineering*. Springer, 1988. p. 53-74; JEFFERYS, W. H.; BERGER, J. O. *Sharpening Ockham's Razor on a Bayesian Strop*. Technical Report, 1991.
6. SOBER, E. *Ockham's Razors*. Cambridge University Press, 2015.

7. KUHN, T. S. *The Structure of Scientific Revolutions*. University of Chicago Press, 2012.
8. KOESTLER, A. *The Sleepwalkers: A History of Man's Changing Vision of the Universe*. Penguin Books, 2017.
9. FEYERABEND, P. *Against Method*. Verso, 1993.
10. KAYE, S. M.; MARTIN, R. M. *On Ockham*. 2001.
11. KUHN. *The Structure of Scientific Revolutions*.
12. RORTY, R. *Contingency, Irony, and Solidarity*. Cambridge University Press, 1989.
13. BLAEDEL, N. *Harmony and Unity: The Life of Niels Bohr*. Science Tech. Publ., 1988.
14. CAREY, N. *The Epigenetics Revolution: How Modern Biology is Rewriting Our Understanding of Genetics, Disease, and Inheritance*. Columbia University Press, 2012.
15. CHATER, N.; VITÁNYI, P. "Simplicity: A Unifying Principle in Cognitive Science?". *Trends in Cognitive Sciences*, n. 7, p. 19-22, 2003.
16. GOODMAN, N. "The Test of Simplicity". *Science*, n. 128, p. 1.064-1.069, 1958.

CAPÍTULO 19: O mais simples de todos os mundos possíveis?

1. MCCURDY, E. *The Notebooks of Leonardo da Vinci*. G. Braziller, 1958. v. 156.
2. FEE, J. "Maupertuis, and the Principle of Least Action". *Scientific Monthly*, n. 52, p. 496-503, 1941.
3. RANDALL, L.; REECE, M. "Dark Matter as a Trigger for Periodic Comet Impacts". *Physical Review Letters*, n. 112, 161301, 2014.
4. CARROLL, S. "Painting Pictures of Astronomical Objects". *Discover*. Disponível em: https://www.discovermagazine.com/the-sciences/painting-pictures-of-astronomical-objects#.WcJ-s8ZJnIU. Acesso em: 26 mar. 2022.
5. RUBIN, V. C.; FORD JR, W. K. "Rotation of the Andromeda Nebula from a Spectroscopic Survey of Emission Regions". *Astrophysical Journal*, n. 159, p. 379, 1970.
6. OAKNIN, D. H.; ZHITNITSKY, A. "Baryon Asymmetry, Dark Matter, and Quantum Chromodynamics". *Physical Review D*, n. 71, 023519, 2005.

7. BARROW, J. D.; TIPLER, F. J. *The Anthropic Cosmological Principle.* Clarendon Press, 1986.
8. SMOLIN, L. *The Life of the Cosmos.* Oxford University Press, 1999.
9. SMOLIN, L. *Time Reborn: From the Crisis in Physics to the Future of the Universe.* Houghton Mifflin Harcourt, 2013.
10. LLOYD, S. *Programming the Universe: A Quantum Computer Scientist Takes on the Cosmos.* Knopf, 2006.
11. VILENKIN, A. "Creation of Universes from Nothing". *Physics Letters B*, n. 117, p. 25-28, 1982.
12. DENNETT, D. C. "Darwin's Dangerous Idea". *Sciences*, n. 35, p. 34-40, 1995.

Epílogo

1. SPADE, P. V. *The Cambridge Companion to Ockham.* Cambridge University Press, 1999; RIEZLER, S. *Vatikanische Akten Zur Deutschen Geschichte in Der Zeit Kaiser Ludwigs Des Bayern.* Wentworth Press, 2018.
2. HOFFMANN, R.; MINKIN, V. I.; CARPENTER, B. K. "Ockham's Razor and Chemistry". *Bulletin de la Société Chimique de France*, n. 2, p. 117-130, 1996.
3. WHEELER, J. A. "How Come the Quantum?". *Annals of the New York Academy of Sciences*, n. 480, p. 304-316, 1986.

CONHEÇA OUTRO TÍTULO DA EDITORA SEXTANTE

O poder do infinito
Steven Strogatz

Sem o cálculo não haveria celulares nem GPS. Não teríamos desvendado o DNA nem criado o coquetel que neutralizou a aids. Não conseguiríamos armazenar milhares de músicas num aparelho que cabe na palma da mão. Os astronautas não teriam acertado o caminho até a lua.

Este livro é um convite a esquecer o temor que a simples expressão "cálculo diferencial e integral" desperta em muitos de nós e embarcar numa viagem eletrizante sobre a construção dessa linguagem matemática.

Quem nos guia é um matemático fascinado pelo cálculo e por seus poderes infinitos.

Voltamos aos gregos e aos primeiros vislumbres do que seria essa linguagem misteriosa e maravilhosa. Visitamos os desafios que o cálculo impôs a cada momento da história da humanidade.

Com a ajuda do ogro Shrek e do velocista Usain Bolt, deixamos de ver o cálculo como algo complicado e entendemos como ele veio para simplificar — fatiando problemas em partes minúsculas e as reorganizando em soluções que evocam milagres e revigoram nosso maravilhamento diante do universo.

CONHEÇA ALGUNS DESTAQUES DE NOSSO CATÁLOGO

- **Brené Brown:** *A coragem de ser imperfeito – Como aceitar a própria vulnerabilidade, vencer a vergonha e ousar ser quem você é* (600 mil livros vendidos) e *Mais forte do que nunca*

- **T. Harv Eker:** *Os segredos da mente milionária* (2 milhões de livros vendidos)

- **Dale Carnegie:** *Como fazer amigos e influenciar pessoas* (16 milhões de livros vendidos) e *Como evitar preocupações e começar a viver* (6 milhões de livros vendidos)

- **Greg McKeown:** *Essencialismo – A disciplinada busca por menos* (400 mil livros vendidos) e *Sem esforço – Torne mais fácil o que é mais importante*

- **Haemin Sunim:** *As coisas que você só vê quando desacelera* (450 mil livros vendidos) e *Amor pelas coisas imperfeitas*

- **Ana Claudia Quintana Arantes:** *A morte é um dia que vale a pena viver* (400 mil livros vendidos) e *Pra vida toda valer a pena viver*

- **Ichiro Kishimi e Fumitake Koga:** *A coragem de não agradar – Como a filosofia pode ajudar você a se libertar da opinião dos outros, superar suas limitações e se tornar a pessoa que deseja* (200 mil livros vendidos)

- **Simon Sinek:** *Comece pelo porquê* (200 mil livros vendidos) e *O jogo infinito*

- **Robert B. Cialdini:** *As armas da persuasão* (350 mil livros vendidos) e *Pré-suasão – A influência começa antes mesmo da primeira palavra*

- **Eckhart Tolle:** *O poder do agora* (1,2 milhão de livros vendidos) e *Um novo mundo* (240 mil livros vendidos)

- **Edith Eva Eger:** *A bailarina de Auschwitz* (600 mil livros vendidos)

- **Cristina Núñez Pereira e Rafael R. Valcárcel:** *Emocionário – Um guia prático e lúdico para lidar com as emoções* (de 4 a 11 anos) (800 mil livros vendidos)

sextante.com.br